Die

moderne Erzeugung und Verwendung

der

Elektrischen Energie.

Gemeinfasslich dargestellt

von

Joseph Spennrath

Direktor der Städtischen gewerblichen Schulen und der Königl. Baugewerkschule in Aachen.

Mit 113 Abbildungen im Text.

Vorrede.

Das vorliegende Buch verfolgt die Aufgabe, den Leser in gemeinverständlicher Darstellung über dasjenige zu unterrichten, was man die moderne Elektrotechnik nennt. Die ausserordentliche und stetig fortschreitende Entwicklung dieser Technik hat in weitesten Kreisen das Bedürfnis nach einer Unterweisung geweckt, um so mehr, als sich die Elektricität der sinnlichen Wahrnehmung entzieht und die elektrische Energie als etwas Geheimnisvolles erscheint. Die Art der Darstellung bedingte den Verzicht auf die sonst üblichen Hilfsmittel, insbesondere auf die Benutzung mathematischer und chemischer Formeln; auch war es nötig, zu den bildlichen Hilfsmitteln einfache schematische Zeichnungen zu verwenden, die auch dem Nichttechniker ohne weiteres verständlich sind. Im übrigen aber wurde die Erörterung durchaus wissenschaftlich gehalten. Die Behandlung des Stoffes weicht von der sonst üblichen vielfach ab; sie geht überall von der Grundlage der modernen Physik, dem Gesetz der Erhaltung der Energie, aus und stützt sich auf diese. — Auf die Elektrochemie wurde nicht eingegangen. Ihr Verständnis setzt weitgehende chemische Vorkenntnisse voraus, und das Interesse für sie beschränkt sich wesentlich auf die Fachkreise.

Unter dem Titel: „Die Bedienung und Wartung elektrischer Anlagen und Maschinen. Leitfaden zur Einführung in die Elektrotechnik“ erschien im April d. J. in demselben Verlage ein zu Unterrichtszwecken bestimmter Auszug aus diesem Buche. Die überaus günstige Aufnahme und Beurteilung, welche dieser erfahren hat, lässt mich hoffen, dass auch das vorliegende Buch sich Freunde erwerben wird.

Aachen, im November 1901.

Der Verfasser.

Inhaltsverzeichnis.

EINLEITUNG.

Unter der „Elektrotechnik“ versteht man die Erzeugung und praktische Verwendung derjenigen Energieform, welche in gespannter Elektricität enthalten ist, und die wir aus diesem Grunde elektrische Energie nennen. Das Verständnis des Gegenstandes erfordert die Kenntnis des Begriffs der Energie im allgemeinen, der elektrischen Energie im besonderen, der Eigenschaften und des Verhaltens der gespannten Elektricität, endlich der Vorrichtungen und Arbeiten, welche zur Erzeugung und Verwendung der elektrischen Energie erforderlich sind. Hierüber soll im Nachstehenden das Nötige mitgeteilt werden.

I.

Energie im allgemeinen und elektrische Energie im besonderen.

§ 1. Begriff der Energie.

Die Grundlage der modernen Physik bildet das Gesetz der Erhaltung der Energie. Auf ihm baut sich die heutige physikalische Wissenschaft auf, und seine Erkenntnis hat die Anschauungen dieser Wissenschaft neu gestaltet, ihre Entwicklung mächtig gefördert. Für das Verständnis und die Beurteilung physikalischer und insbesondere auch elektrischer Vorgänge ist deshalb die Kenntnis dieses Gesetzes und demzufolge vorab des Begriffes „Energie“ unerlässlich.

Wir haben kein deutsches Wort, welches dasselbe bezeichnen könnte, was die Physik mit dem technischen Ausdruck „Energie“ sagen will. Will man den Ausdruck umschreiben, so sagt man: Jeder Körper besitzt Energie, welcher im stande ist, Arbeit zu leisten. Was das bedeuten soll, wird am besten an einem Beispiel erkannt.

Denken wir uns, eine schwere Metallkugel werde auf irgend eine Weise, etwa durch Abschiessen aus einem senkrecht aufwärts gerichteten Rohr, in die Höhe geschleudert. Die Kugel verlässt den Lauf mit einer bestimmten Geschwindigkeit. Die Geschwindigkeit vermindert sich in dem Masse, wie die Kugel höher steigt; sie wird schliesslich gleich Null, d. h. der Körper hört auf zu steigen. Von diesem Augenblicke ab beginnt die Kugel sich abwärts zu bewegen, sie fällt. Auf dem Wege von dem höchsten erreichten Punkte der Bahn bis zum Ausgangspunkte des Steigens zurück nimmt die Geschwindigkeit der Kugel in dem Masse wieder zu, in welchem sie vorhin abgenommen hatte, so dass an jedem gleich hohen Punkte der Bahn die Geschwindigkeit der steigenden und der fallenden Kugel dieselbe ist. Die niederfallende Kugel kommt somit mit derselben Geschwindigkeit unten an, mit welcher sie den Lauf verlassen hat. — Die Abweichungen, welche durch den Luftwiderstand hervorgerufen werden, bleiben hierbei und weiterhin unberücksichtigt.

Man sagt nun von einem in Bewegung befindlichen Körper, er leiste mechanische Arbeit, wenn er einen Widerstand, der sich seiner Bewegung entgegensetzt, überwindet. Bei der emporgeschleuderten Kugel trifft diese Bedingung offenbar zu. Die Kugel hat ein bestimmtes Gewicht, d. h. sie wird mit einer bestimmten Kraft von der Erde angezogen. Auf dem Wege von der Mündung des Rohres bis zum höchsten Punkte ihrer Bahn ist sie sich selbst überlassen, und auf diesem Wege muss sie die entgegenwirkende Schwerkraft überwinden. Es ist also klar, dass beim Verlassen des Rohres ein gewisser Arbeitsvorrat in ihr aufgespeichert sein muss, den sie allmählich verbraucht. Sobald dieser verbraucht ist. hört das Steigen auf. Diesen Arbeitsvorrat nennt die Wissenschaft die Energie der Kugel.

Die Energie der Kugel kann sich auch in anderer Weise als durch Ueberwindung der Anziehungskraft der Erde äussern, bezw. ihr Energievorrat kann auch durch Ueberwindung irgend eines anderen Widerstandes verbraucht werden. Zunächst ist ersichtlich, dass, wenn man die Kugel nicht auf der Erde, sondern auf einem Himmelskörper abschiessen könnte, dessen Anziehungskraft beispielsweise doppelt so gross wäre, wie diejenige der Erde, die Kugel dort nur die Hälfte der Höhe erreichen würde. Besässe dagegen dieser Himmelskörper nur die Hälfte der Anziehungskraft der Erde, oder, was dasselbe sagt, hätte die Kugel auf ihm die Hälfte ihres Gewichts auf der Erde, so würde sie doppelt so hoch fliegen. Schiessen wir die Kugel nicht senkrecht in die Luft, sondern in irgend einer Richtung in loses Erdreich, so wird sie ihre Energie verbrauchen, indem sie den Widerstand der sich ihr entgegenstellenden Erdmassen überwindet und in das Erdreich eindringt. Lassen wir sie gegen eine feste Wand fliegen, so kann sie die Wand zertrümmern, oder in die Wand eindringen, oder von der Wand zurückprallen, oder endlich sich abplatten und neben der Wand niederfallen. Immer bemerken wir, dass die Energie der Kugel sich darin äussert, dass sie einen ihrer Bewegung entgegentretenden Widerstand überwindet, also Arbeit leistet.

Das erwähnte Gesetz der Erhaltung der Energie behauptet nun, die einem Körper innewohnende Energie sei ebenso unzerstörbar, wie der Stoff oder die Materie, aus welcher der Körper gebildet ist. Damit steht es anscheinend im Widerspruch, wenn vorhin gesagt wurde, die senkrecht in die Höhe geschleuderte Kugel „verbrauche“ in dem Masse ihre Energie, wie sie höher steigt, und am höchsten Punkte ihrer Bahn angelangt, habe sie dieselbe vollständig aufgebraucht. Wo ist denn der Arbeitsvorrat geblieben, den die Kugel besass, als sie den Lauf verliess? Die steigende Kugel hat allerdings ihre Energie dazu verbraucht, um auf der ganzen Länge ihrer Bahn die Anziehungskraft der Erde zu überwinden, aber dafür hat sie, am höchsten Punkte der Bahn angelangt, die Fähigkeit erworben, den ganzen ihr ursprünglich mitgeteilten und während der Aufwärtsbewegung verbrauchten Arbeitsvorrat wieder zu sammeln und neuerdings zu verbrauchen. Schiessen wir eine Kugel senkrecht abwärts in weiches Erdreich, so wird sie bis zu einer gewissen Tiefe eindringen. Wird die gleiche Kugel mit derselben Kraft senkrecht aufwärts geschossen, so wird sie nachher beim Niederfallen und Auftreffen auf dasselbe Erdreich genau bis zur gleichen Tiefe eindringen. Es ist also klar, dass die fallende Kugel in dem Augenblicke, wo sie den Erdboden berührt, dieselbe Energie besitzt, wie unmittelbar beim Verlassen des Rohres. Mit anderen Worten, die fallende Kugel hat während des Fallens dieselbe Energie angenommen, gesammelt, welche die steigende Kugel während des Steigens verloren, verbraucht hatte.

Es ist also thatsächlich nicht richtig, zu sagen, die Energie der Kugel sei während des Steigens verbraucht worden. An ihrem höchsten Punkte angelangt, steht die Kugel eine, wenn auch sehr kurze Zeit still, ehe sie die Bewegung abwärts beginnt. In diesem Zustande leistet sie allerdings keine Arbeit, aber sie besitzt die Fähigkeit oder Möglichkeit, Arbeit zu leisten.

Es ist hiernach nötig, zwischen zwei Formen der Energie zu unterscheiden. Die von einem bewegten Körper gelieferte oder gethane Arbeit nennt man t h ä t i g e E n e r g i e, auch wohl l e b e n d i g e K r a f t. Von einem Körper, welcher die Fähigkeit oder Möglichkeit besitzt, Arbeit zu leisten, sagt man, er besitze E n e r g i e d e r L a g e. Diese Form der Energie nennt man auch t o t e K r a f t oder, und zwar besser, S p a n n k r a f t. Beide Energieformen lassen sich ineinander verwandeln. Die thätige Energie der steigenden Kugel verwandelt sich in dem Masse in Energie der Lage. wie die Kugel höher steigt. Die Energie der Lage der am höchsten Punkte angelangten Kugel verwandelt sich in dem Masse in thätige Energie oder lebendige Kraft, wie die Kugel tiefer fällt, indem sie die Geschwindigkeit der fallenden Kugel vergrössert. Denken wir uns, dass die fallende Kugel auf eine elastische Feder auftrifft, so wird sie diese soweit zusammendrücken, bis ihre Energie verbraucht ist. Die zusammengedrückte Feder aber ist jederzeit im stande, Arbeit zu leisten. Die lebendige Kraft der auffallenden Kugel hat sich also in eine gleichgrosse Spannkraft der elastischen

Feder umgesetzt. Diese können wir wiederum benutzen, um neuerdings einen Körper emporzuschleudern, also wieder in lebendige Kraft umsetzen etc.

Energie der Lage besitzt beispielsweise das hochgezogene Gewicht oder die aufgezogene Feder einer Uhr. Spannkraft besitzen die gespannten Dämpfe eines Dampfkessels, thätige Energie oder lebendige Kraft aber ist der Arbeitsvorrat des umlaufenden Schwungrades einer Dampfmaschine, welche von diesen gespannten Dämpfen getrieben wird. Energie der Lage besitzt das aufgestaute Oberwasser eines Wasserrades oder einer Turbine. In dem von ihm getriebenen Rade aber setzt sich die Energie der Lage in Energie der Bewegung oder thätige Energie um.

Allein, wenn auch diese Thatsachen eine Einwendung nicht zulassen, so ist die Behauptung, dass eine vorhandene Energiemenge weder zerstört noch überhaupt vermindert werden kann, anscheinend noch nicht für alle Fälle bewiesen. Denken wir uns, dass eine grosse Bleikugel senkrecht emporgeschossen wird und beim Herabfallen auf einen harten Felsen auftrifft. Dass diese Kugel beim Beginn des Aufstieges einen gewissen Energievorrat besitzt, ist klar, auch dass sie diesen während des Aufsteigens allmählich in Energie der Lage umsetzt, diese endlich während des nachfolgenden Fallens wieder in lebendige Kraft verwandelt. Beim Auffallen auf dem Felsen plattet sie sich ab. Sie leistet also dadurch Arbeit, dass sie den Widerstand, den die Masse der Kugel ihrer Formveränderung entgegensetzt, überwindet. Nach dem Satze von der Erhaltung der Energie muss aber die gesamte Energiemenge auch nach dem Abplatten der Kugel noch vorhanden sein. Wo aber steckt dieselbe jetzt? Anscheinend ist, sobald die Kugel zur Ruhe gelangt, die Energie verschwunden, also vernichtet. Allerdings sowohl als Energie der Bewegung wie als Energie der Lage ist sie ohne weiteres nicht mehr zu entdecken, sehen wir aber genauer zu, so werden wir sie doch wieder ausfindig machen. Haben wir hinreichend empfindliche Instrumente, so können wir feststellen, dass sowohl die Bleikugel als die Stelle des Felsens, wo die Kugel niedergefallen ist, sich erwärmt haben. Fehlen uns solche feinen Instrumente, so können wir uns in anderer Weise von der eingetretenen Erwärmung Gewissheit verschaffen. Lassen wir nicht eine Bleikugel auf einen Felsen fallen, sondern legen wir die Bleikugel auf den Felsen oder eine sonstige hinreichend widerstandsfähige Unterlage und schlagen nun mit einem Hammer so lange auf die Kugel, bis aus ihr eine Platte geworden ist. Nehmen wir jetzt die Platte in die Hand, so fühlen wir deutlich, dass sie warm, sogar heiss geworden ist. Wir haben auch in diesem Falle Arbeit in einer Form verbraucht. Der niederfallende Hammer besass bei jedem Schlage einen Vorrat thätiger Energie und gab diesen an die Kugel ab. Die Kugel aber behielt diesen Arbeitsvorrat nicht als lebendige Kraft, verwandelte ihn auch nicht in Energie der Lage, sondern setzte ihn in Wärme um. Ganz dasselbe thut das kalte Metallplättchen, welches als heisse Münze aus der Prägmaschine herauskommt. Die lebendige Kraft des niederfallenden Prägestempels ist in Wärme verwandelt worden. Es ist also möglich, thätige Energie oder lebendige Kraft in Wärme umzusetzen, und wir ziehen daraus den Schluss, dass die Wärme nichts anderes sei, als eine besondere Form der Energie. Wir können diesen Schluss durch den Nachweis erhärten, dass überall da, wo thätige Energie durch Schlag, Stoss, Druck, Reibung verbraucht wird, eine entsprechende Wärmemenge auftritt.

Wenn dies aber wahr ist, so muss es auch möglich sein, umgekehrt Wärme in thätige Energie oder lebendige Kraft umzusetzen. Dass dies möglich ist, brauchen wir aber nicht erst zu beweisen, wir sehen dies tagtäglich und überall bei jeder Dampfmaschine, Gaskraftmaschine, Heissluftmaschine etc., überhaupt bei jeder sogenannten Wärmekraftmaschine.

Damit ist indessen unser Gegenstand noch nicht erschöpft. Nicht allein die Wärme ist eine Form der Energie, sondern alles dasjenige, was der Physiker unter den verschiedenen Bezeichnungen als mechanische Kraft, Wärme, Licht, elektrische Wirkungen u. a. kennt und behandelt, und was früher allgemein der Einteilung seiner Wissenschaft zu Grunde lag und heute noch vielfach die Einteilung bestimmt. Hierzu tritt als weitere Form die chemische Energie, die sich darin äussert, dass die kleinsten Teilchen der Grundstoffe, welche die Körper zusammensetzen, andere Gleichgewichtslagen einzunehmen bestrebt sind, also Umsetzungen hervorrufen und neue Körper bilden.

Alle diese Energieformen lassen sich ineinander umformen, übertragen. Jeder in einer gegebenen Form auftretenden Energiemenge entspricht eine stets gleichbleibende Menge einer anderen Energieform. Mit anderen Worten: durch Aufwand einer bestimmten Menge von Wärme kann eine bestimmte Menge von mechanischer Arbeit, oder elektrischer Energie oder chemischer Energie u. a. erzeugt werden, und umgekehrt. Wir können das Verhältnis der einzelnen Energieformen zueinander auch zahlenmässig ausdrücken, sobald wir wissen, wie wir die einzelnen Formen zu messen haben. Ein sehr schönes Beispiel der Umwandlung der Energie in ihre verschiedenen Formen bietet eine durch Dampfkraft getriebene Dynamomaschine. Auf dem Rost unter dem Kessel werden Kohlen verbrannt und es wird Wärme erzeugt. Das Verbrennen der Kohlen ist eine chemische Umsetzung. Es wird chemische Energie verbraucht und dafür Wärme eingetauscht. Die in Form von Wärme in den Dampfkessel geschickte Energie verwandelt sich hier in die Spannkraft des Wasserdampfes. Diese treibt die Dampfmaschine und setzt sich in derselben in thätige Energie oder lebendige Kraft um. Die von der Dampfmaschine getriebene Dynamomaschine verwandelt die lebendige Kraft in elektrische Energie. Benutzen wir nun den von der Dynamomaschine gelieferten Strom zum Treiben eines Elektromotors, so verwandeln wir die elektrische Energie wieder in mechanische Arbeit; in der elektrischen Lampe setzt sie sich um in Wärme und Licht, im galvanischen Bade wiederum in chemische Energie etc.

Die Kenntnis und Nutzbarmachung der Möglichkeit, die Energie in ihre verschiedenen Formen umzuwandeln, ist eine der Hauptgrundlagen der heutigen Technik.

Jeder Körper besitzt nicht allein eine bestimmte Menge von Stoff, sondern auch eine bestimmte Menge von Energie. Letztere mag nun bestehen in lebendiger Kraft, in Energie der Lage, in Wärme, elektrischer Energie u. a. Der Stoff, aus welchem der Körper besteht, ist unzerstörbar; er kann nur verschiedene äussere Erscheinungsformen annehmen. Die Kohlen, welche auf dem Roste verbrennen, verschwinden nur scheinbar. Der brennbare Bestandteil derselben geht in Form und als Bestandteil unsichtbarer Gase durch den Schornstein. Es ist Aufgabe der Chemie, nachzuweisen, wie derselbe Stoff verschiedene äussere Formen annimmt, d. h. neue Körper erzeugt. Auch der Energievorrat, den ein Körper besitzt, ist unzerstörbar. Er kann nur, wie der Stoff, verschiedene Formen annehmen. Aufgabe der Physik ist es, die Umwandlung der Energie in ihre verschiedenen Formen zu verfolgen und ihre Gesetze klarzulegen. Die Veränderungen des Stoffes sind immer mit Aenderungen der Energie verbunden; man kann deshalb Physik und Chemie nicht vollständig von einander trennen und getrennt behandeln. Insbesondere ist auch die Wissenschaft, welche die Umwandlung der verschiedenen Energieformen in elektrische Energie und die Umsetzung dieser in die anderen Energieformen behandelt, nicht nur eine physikalische, sondern auch in hervorragendem Masse eine chemische Disciplin.

Die Körper, welche das gesamte Weltall zusammensetzen, besitzen insgesamt eine gewisse Menge von Stoff. Diese Stoffmenge kann nicht vermehrt und nicht vermindert werden. Jeder Körper des Weltalls, ob gross oder klein, besitzt auch einen bestimmten Energievorrat. Diesen Satz, welcher neben dem von der Unveränderlichkeit der Stoffmenge die Grundlage der heutigen Naturanschauung bildet, fasste einer der hervorragendsten Begründer der modernen Naturlehre, der verstorbene Clausius, in die kurzen, aber inhaltschweren Worte zusammen: Die Energie des Weltalls ist unveränderlich.

§ 2. Die elektrische Energie.

Fliesst ein elektrischer Strom durch einen Leitungsdraht, so wird in dem Draht Wärme erzeugt, d. h. es kommt Energie in der Form zum Vorschein, die wir Wärme nennen. Schicken wir den elektrischen Strom durch eine wässerige Lösung von Kochsalz, so wird das Salz in seine chemischen Bestandteile, Natrium und Chlor, gespalten. Hier wird also chemische Arbeit geleistet. Wickeln wir den stromdurchflossenen Draht zu einer Spule auf und bringen wir an das untere Ende der senkrecht gehaltenen Spule einen dünnen

Eisenstab, so wird der Stab von der Spule unter Ueberwindung der Schwerkraft in das Spuleninnere hineingezogen. Hier also tritt eine Energieäusserung in Form von mechanischer Arbeit auf. Die Erscheinungen sind umkehrbar: es lässt sich durch Aufwand von Wärme, von chemischer und von mechanischer Arbeit ein elektrischer Strom hervorbringen. Diese Thatsachen, welche hier nur erwähnt, nicht erklärt werden sollen, beweisen, dass in einem elektrischen Strom Energie enthalten sein muss, denn Energie kann nur aus Energie entstehen und in sie verwandelt werden. Es giebt darnach eine Energieform, deren Träger Elektricität ist.

Man muss aber unterscheiden zwischen Elektricität und elektrischer Energie, ähnlich wie zwischen Wasser und Wasserkraft, zwischen Dampf und Dampfkraft. Das Wasser ist keine Energie, aber es besitzt Energie der Lage, wenn es aufgestaut oder sonstwie auf eine Höhe gehoben ist, und lebendige Kraft oder thätige Energie, wenn es infolge seines Gefälles in Bewegung ist, also strömt. Der Dampf einer Flüssigkeit ist Träger von Energie, sobald er Spannung besitzt. Der gewöhnliche Sprachgebrauch ist in diesen Bezeichnungen wenig genau. Man sagt von einer Dampfmaschine, sie verbrauche stündlich so und soviel Kilogramm Dampf, von einem Wasserrade oder einer Turbine, der Apparat verbrauche in der Zeiteinheit diese oder jene Wassermenge. Thatsächlich verbraucht keine Dampfmaschine wirklich Dampf und kein Wassermotor wirklich Wasser. Der Dampf, welcher aus der Leitung in den Cylinder einströmt, geht an einem anderen Orte bis zum letzten Rest wieder hinaus, und das dem Wasserrade oder der Turbine zuströmende Wasser fliesst bis zum letzten Tropfen wieder ab. Die Dampfmaschine verbraucht nicht den Dampf, sondern seine Spannung und damit die ihm innewohnende Energie, und der Wassermotor verbraucht die Energie der Lage des aufgestauten und die lebendige Kraft des zuströmenden Wassers, keineswegs aber das Wasser selbst.

Auch die Elektricität als solche ist noch keine Energie, aber sie besitzt solche, wenn sie unter Druck oder Spannung steht, oder wenn sie infolge ihrer Spannung sich in Bewegung befindet. Was Elektricität eigentlich ist, ob ein Stoff oder eine von der gewöhnlichen Materie abweichende feinere

Flüssigkeit (Aether), kann hierbei vorerst ausser acht gelassen werden. Für die praktische Verwendung der elektrischen Energie hat überhaupt die Frage, was Elektricität ist, nicht die Bedeutung, welche ihr vielfach zugeschrieben wird. Wir würden beispielsweise unsere Wassermotoren geradeso wie jetzt nutzbar machen können, wenn wir nicht wüssten, was Wasser ist, d. h. wenn wir das Wasser und viele seiner Eigenschaften nicht sinnlich wahrnehmen könnten. Es genügt, zu wissen, dass das Wasser eine Flüssigkeit ist, die dem Gesetz der Schwere unterliegt, und dass infolgedessen in ihm Energie aufgespeichert werden kann.

Es ist insbesondere für den Laien nützlich und wichtig, sich über den Unterschied zwischen Elektricität und elektrischer Energie klar zu werden. Wie nirgendwo Elektricität verbraucht wird, so wird auch nirgendwo solche erzeugt. Die Dynamomaschine erzeugt keine Elektricität, sondern sie bringt gegebene oder vorhandene Elektricität unter Druck oder Spannung, genauso, wie eine Druckpumpe kein Wasser erzeugt, sondern vorhandenes Wasser auf eine bestimmte Höhe hebt. Die Dynamomaschine erzeugt elektrische Energie, d. h. eine Energieform, deren Träger eben Elektricität ist. Die elektrische Kraftmaschine verbraucht keine Elektricität. Der elektrische Strom beispielsweise, welcher aus der Zuführungsleitung einer elektrischen Eisenbahn zu dem Elektromotor des Wagens geführt wird, fliesst bis zum letzten Rest durch die Schienen ab. Der aus dem Elektromotor austretende Strom besitzt aber eine viel niedere Spannung, als der aus der Zuleitung in die Maschine eintretende. Die elektrische Kraftmaschine hat also nicht Elektricität, sondern Spannung der Elektricität verbraucht.

Die elektrische Energie ist dadurch ausgezeichnet, dass sie sich mit Leichtigkeit in andere Energieformen umwandeln, meistens auch aus ihnen herstellen lässt. Wo elektrische Energie zur Verfügung steht, kann mit überraschender Einfachheit und Leichtigkeit mechanische Arbeit, Licht, Wärme, chemische Energie aus ihr gewonnen werden. Der gegenwärtige Aufschwung der elektrischen Industrie datiert von dem Zeitpunkte, wo es praktisch möglich wurde, elektrische Energie durch Aufwand mechanischer Arbeit und damit verhältnismässig billig im Grossen zu gewinnen. Zu den

Vorzügen der elektrischen Energie kommt noch hinzu, dass man sie ohne erhebliche Kosten und ohne grossen Verlust auf weite Strecken transportieren kann. Dies schafft die Möglichkeit, die Naturkräfte in weitestem Umfange nutzbar zu machen, indem man sie an Ort und Stelle in elektrische Energie umsetzt, diese an die Verbrauchsstelle befördert und dort wieder in diejenige Energieäusserung umformt, deren man zu einem gegebenen Zweck bedarf.

Unter Spannung stehende Elektricität kann unbewegt und in Bewegung sein. Wir unterscheiden darnach die Energie der ruhenden und die Energie der bewegten Elektricität.

§ 3. Energie der ruhenden Elektricität.

Ruhende oder statische gespannte Elektricität ist mit der Energie der Lage vergleichbar, wie wir sie an aufgestautem Wasser, an gespannten Dämpfen, einem aufgezogenen Gewicht, einer gespannten Feder etc. beobachten. Wie das aufgestaute Wasser eine Stauvorrichtung, der gespannte Dampf ein umschliessendes Gefäss, das hochgezogene Gewicht eine haltende Schnur, die gespannte Feder eine Sperrvorrichtung erfordern, so setzt auch die gespannte Elektricität etwas voraus, was sie unter Druck oder Spannung hält. Einen Körper, welcher im stande ist, Elektricität aufzustauen, unter Druck oder Spannung zu halten, nennt man ein Dielektrikum. Das entscheidende Merkmal eines solchen Körpers ist, dass sich Elektricität durch ihn hindurch nicht bewegen, also auch dem Druck, unter welchem sie steht, nicht folgen kann. Wir sagen von einem Körper, auf welchem Elektricität unter Druck steht, also gespannt ist, er sei elektrisiert oder mit Elektricität geladen, sprechen in einem solchen Falle auch von der Elektricitätsmenge, welche auf dem Körper angehäuft ist. Aus dem Ausdruck „Elektricitätsmenge“ darf man jedoch nicht ohne weiteres herleiten, die Elektricität sei ein Stoff mit räumlicher Ausdehnung. Wir sprechen auch von einer Wärmemenge, obschon wir wissen, dass die Wärme kein Stoff ist. Immerhin ist der Begriff der Menge geeignet, die Vorstellung zu erleichtern. Je mehr Wärme einem gegebenen Körper mitgeteilt wird, um so höher steigt der Druck der Wärme, d. h. das, was wir den Wärmegrad oder die Temperatur nennen, und je mehr Elektricität wir einem gegebenen Körper zuführen, um so höher steigt der Druck oder die Spannung der Elektricität. Füllen wir einen Hohlraum von gegebener Grösse mit irgend einem Gas, so drückt das Gas auf die umschliessenden Wandungen, und der Druck steigt in dem Masse, wie wir mehr Gas in den Hohlraum hineinbringen. Daraus folgt nicht, dass die Elektricität ein Gas ist, wohl aber, dass sie sich in dieser Beziehung wie ein Gas verhält.

Hier ist nun zunächst der Ort, mit einer landläufigen Vorstellung zu brechen. Man unterscheidet von altersher zwischen Leitern und Nichtleitern der Elektricität, und es ist hinlänglich bekannt, dass den Leitern vor den Nichtleitern besondere Wichtigkeit beigelegt wird. Man hat neuerdings sich zu anderen Anschauungen bekehren müssen. Nicht die sogenannten Leiter, sondern die Nichtleiter sind es, in und an denen sich die elektrischen Vorgänge abspielen, und welche für diese wesentlich in Betracht kommen. Ein Nichtleiter ist nicht, wie man früher dachte, ein Körper, mit dem für die Elektricität eigentlich nichts anzufangen wäre, sondern das, was vorhin ein Dielektrikum genannt wurde und heute allgemein so heisst, somit ein Körper, welcher im stande ist, Elektricität unter Druck oder Spannung zu halten und damit für die praktische Verwendung geeignet und bereit zu machen. Um sich das klar zu machen, benutze man den Vergleich mit einer Dampfrohrleitung, durch welche gespannter Dampf geht. Man unterscheidet an der Leitung zweierlei: die umschliessende Wandung und den umschlossenen Hohlraum. Wer hält denn nun hier den Dampf unter Druck oder Spannung? Doch nicht der Hohlraum, sondern die umschliessende Rohrwandung. Auf die Wandung, also auf das, was den Dampf nicht durchlässt, nicht leitet, wird der Druck des Dampfes ausgeübt, und die Druckwirkungen kommen ausschliesslich hier zum Vorschein. Wird der Dampfdruck zu stark, so hat das keinen Einfluss auf den Hohlraum, sondern auf die Wandung, d. h. diese wird durchbrochen. Statt der Dampfrohrleitung kann man auch den unter Druck stehenden Dampfkessel zum Vergleich heranziehen. Auch hier sind es die Kesselwandungen, welche die Dämpfe einschliessen und unter Druck oder Spannung halten. Was beim gespannten Dampf die einschliessenden Wandungen, das sind bei der unter Druck oder Spannung befindlichen Elektricität die Dielektrika, oder, wie man früher sagte, die Nichtleiter der Elektricität; die Leiter bedeuten dasselbe, was beim Kessel oder bei der Dampfrohrleitung die umschlossenen Hohlräume sind. Haben wir einen elektrischen Leitungsdraht, welcher dem Motorwagen einer elektrischen Bahn Strom, d. h. unter Druck stehende Elektricität zuführt, so können wir die Vorrichtung vollständig mit einer Dampfrohrleitung vergleichen. Der Leitungsdraht ist aber nicht das zuführende Rohr, sondern der Hohlraum dieses Rohres; die einschliessende und die die Druckwirkung ermöglichende Wandung ist das den Draht umgebende Dielektrikum, bei einem blanken Draht also die umgebende Luft. Die Möglichkeit, elektrische Energie auf diese bequeme Art zu transportieren, wird dadurch geschaffen, dass die Luft ein sogenannter Nichtleiter, richtiger gesagt, ein Dielektrikum ist.

Wird die Spannung der in einem Kupferdraht transportierten Elektricität zu gross, so wird der Draht ebensowenig beschädigt, wie bei zu hohem Dampfdruck in einem Kessel oder in einer Rohrleitung der umschlossene Raum, durchbrochen wird das umgebende Dielektrikum; es tritt eine gewaltsame Entladung, eine Art Explosion ein, das Dielektrikum, die Isolation wird durchbrochen, durchschlagen. Für höhere Dampfspannungen muss man bekanntlich entsprechend stärkeres Material und grössere Dicke für die Rohr- und Kesselwandungen nehmen. Auch bei steigender elektrischer Spannung genügt nicht jedes Dielektrikum und nicht jede Dicke desselben. Für die stoffliche Festigkeit der umhüllenden Wandung beim Dampfdruck haben wir bei elektrischer Spannung die sogenannte dielektrische Festigkeit, d. h. das Vermögen, der Druckwirkung der Elektricität das Gleichgewicht zu halten. Bei der stofflichen Festigkeit der verschiedenen Materialien rechnen wir mit einer Masseinheit, welche Festigkeitsgrösse, Festigkeitskoeffizient genannt wird; in ähnlicher Weise sprechen wir bei der Festigkeit gegen Elektricitätsdruck von einer Dielektricitätsgrösse oder einer Dielektricitätskonstante und rechnen mit ihr als mit einer Masseinheit.

Jedermann wird es als widersinnig bezeichnen, einen Raum mit gespannten Dämpfen füllen zu wollen, ohne dass eine umschliessende Wandung vorhanden ist, welche erst die Druckwirkung der eingeschlossenen Dämpfe ermöglicht. Ein Dampfkessel ohne Kesselwandung, eine Dampfrohrleitung ohne Rohrwandung ist undenkbar. In gleicher Weise aber ist es auch unmöglich und widersinnig, auf oder in einem sogenannten elektrischen Leiter Elektricität aufstauen oder unter Druck stellen zu wollen, und wenn auch in weiten Kreisen diese Vorstellung gepflegt wird, so ist sie doch nichtsdestoweniger falsch. Man kann einen elektrischen Leiter ebensowenig elektrisieren, wie man, wenn die Vorstellung gestattet ist, einen Eimer mit Wasser füllen kann, der keinen Boden und keine Wandungen hat. Man wird sagen, ein Eimer ohne Boden und Wandung ist eben kein Eimer, überhaupt kein zur Aufnahme einer Flüssigkeit geeignetes Gefäss. Ganz richtig! Aber ein sogenannter elektrischer Leiter ist in Bezug auf die Elektricität auch nichts anderes als ein Hohlraum, der nur dann Elektricität festhalten kann, wenn er umschliessende Wandungen hat, d. h. wenn und soweit er von einem Dielektrikum oder Nichtleiter oder Isolator umgeben ist. Zu den elementaren Versuchen über die sogenannte Reibungselektricität, welche wesentlich dasselbe bedeutet, was wir ruhende oder statische Elektricität nennen, gehört das Laden eines Konduktors. Man versteht unter einem Konduktor einen Metallkörper von kugelförmiger oder cylindrischer Gestalt, welcher auf isolierenden Glasfüssen ruht, d. h. wie man zu sagen pflegt, gegen die Erde isoliert ist. Leitet man diesem Körper Elektricität zu, so entsteht nach der landläufigen Vorstellung auf ihm eine Spannung, man sagt, der Konduktor sei mit Elektricität geladen. Thatsächlich wird das Metall des Konduktors von dem Druck der Elektricität gar nicht beeinflusst, oder richtiger gesagt, das Metall stellt und hält die Elektricität nicht unter Spannung, sondern dies thut lediglich die Luft, welche den Konduktor umgiebt, oder irgend ein anderes Dielektrikum, welches das Metall umhüllt. Das Metall des Konduktors ist nichts anderes als ein Hohlraum für die Elektricität, welcher sie nicht aufzuhalten vermag, und in welchem sie sich folglich sofort so weit verbreitet, bis sie auf ein Hindernis, d. h. auf ein Dielektrikum stösst. Es lässt sich sogar experimentell zeigen, dass man bei einem sogenannten geladenen Konduktor den Konduktor selbst entfernen kann, ohne dass das vorhin von ihm berührte Dielektrikum unelektrisch wird, also ohne dass der Druck oder die Spannung der Elektricität aufhört. Ein geladener Konduktor muss in derselben Weise und aus ähnlichen Gründen gegen die Erde isoliert sein, wie man einen Dampfkessel nur so lange unter Druck halten kann, wie sein Hohlraum keine offene, leitende Verbindung mit der freien Atmosphäre hat.

Es wurde in dem Vorstehenden fortwährend von dem Druck oder der Spannung der Elektricität geredet. Es fragt sich nun, wie diese Kraft sich äussert und wie sie gemessen wird. Vorab sei bemerkt, dass die Ausdrücke Spannung und Druck nicht ganz dasselbe bedeuten. Spannung und Druck entspringen derselben Quelle, werden auch durch dasselbe Mass gemessen, sind offenbar auch gleich gross, aber der Druck ist nicht die Spannung, sondern die Folge der Spannung. Bei einem unter Druck stehenden Dampfkessel sprechen wir von der Spannung des eingeschlossenen Dampfes; unter dem Druck aber verstehen wir die Wirkung des gespannten Dampfes auf die Kessel- und Rohrwandungen und schliesslich auf den Kolben im Dampfcylinder. Offenbar ist der Druck gleich der Spannung, aber doch nicht dasselbe, was die Spannung. Ist die Elektricität in Bewegung, haben wir also das, was wir einen elektrischen Strom nennen, so setzt und hält die Spannung die Elektricität in Bewegung, und alsdann sprechen wir von einer elektromotorischen, d. h. die Elektricität bewegenden Kraft. Es ist klar, dass die elektromotorische Kraft durch dasselbe Mass gemessen wird, wie die Spannung der Elektricität, auch ihr an Grösse gleich ist, aber doch als eine Wirkung jener angesehen werden muss.

§ 4. Messen der elektrischen Energie.

Will man 1 kg Wasser auf eine Höhe von 1 m heben, so ist klar, dass dazu eine bestimmte Arbeit, ein bestimmter Energieaufwand erforderlich ist. Ebenso ist klar, dass das gehobene Kilogramm Wasser die aufgewandte Arbeit in Form von Energie der Lage enthält und sie durch Herabgehen auf die frühere Höhe jederzeit in thätige Energie umsetzen kann. Ferner ist ersichtlich, dass man, um 1 kg Wasserdampf auf eine Spannung zu bringen, die um 1 Atmosphäre[1]) grösser ist, als sie vorhin war, eine gewisse Energiemenge aufwenden muss, und dass der Dampf bei der Rückkehr auf die frühere Spannung sie wieder abgeben kann. Der weitere Gedankengang sagt uns, dass der erforderliche Aufwand an Arbeit und somit auch die aufgespeicherte Energie der Lage auf das Doppelte anwächst, wenn wir 2 kg Wasser auf 1 m Höhe oder 1 kg Wasser auf 2 m Höhe heben, ebenso wenn wir die Spannung von 2 kg Dampf um 1 Atmosphäre oder die Spannung von 1 kg Dampf um 2 Atmosphären erhöhen. Der Energievorrat des gehobenen Wassers und des gespannten Dampfes steigt also in dem Masse, wie die Wasser- bezw. Dampfmenge und wie die Höhe bezw. die Spannung grösser wird. Mit anderen Worten, der Energievorrat wird bestimmt durch das Produkt aus der Wasser- bezw. Dampfmenge und aus der Höhe bezw. der Spannung. Wir haben nur nötig, die Wasser- und Dampfmenge sowie die Höhe und Spannung durch die bekannten Masseinheiten auszudrücken, um im gegebenen Falle den Energievorrat zahlenmässig angeben zu können.

Mit der ruhenden Elektricität verhält es sich ebenso. Der Energievorrat wird auch bei ihr bestimmt durch die vorhandene Elektricitätsmenge und durch die Spannung, unter welcher sie steht. Es handelt sich also nur noch darum, für beide Grössen Masseinheiten zu gewinnen. Wir wissen nun nicht, ob Elektricität überhaupt räumliche Ausdehnung besitzt; deshalb kann man eine Elektricitätsmenge nicht mit einem Raummass messen. Elektricität steht auch nicht unter der Wirkung der Schwerkraft, wenigstens hat man bis heute keine sicheren Beweise dafür, dass sie Gewicht hat; deshalb sind auch Gewichtseinheiten als Elektricitätsmasse nicht verwendbar. Die Elektricität besitzt aber eine Eigenschaft, die mit der Schwerkraft, d. h. der allgemeinen Massenanziehung stofflicher Körper sehr nahe verwandt ist und in ähnlicher Weise wie diese sich äussert. Sie kann als Mittel zum Messen von Elektricitätsmengen benutzt werden und findet

---

[1]) Unter 1 Atmosphäre versteht man eine Spannung, welche auf eine Fläche von 1 qcm Ausdehnung einen Druck von 1 kg ausübt. Die Bezeichnung rührt daher, dass dieser Druck annähernd gleich dem der freien atmosphärischen Luft an der Erdoberfläche ist.

bis heute allgemein hierzu Anwendung. Es ist eine allgemeine Eigenschaft der stofflichen Massen, dass sie sich gegenseitig anziehen. Den Grund dieser Eigenschaft oder Kraftäusserung kennen wir ebensowenig, wie die entsprechende Kraftäusserung bei Elektricitätsmassen, dass sie sich gegenseitig abstossen. Die Gewohnheit verleitet uns allerdings, hierbei die gleichen Erscheinungen verschieden aufzufassen. Lassen wir einen in der Hand gehaltenen Gegenstand los, so findet es jedermann natürlich und klar, dass derselbe zur Erde fällt. Sehen wir aber, dass zwei frei bewegliche Körper, auf welchen Elektricität unter Spannung steht, sich voneinander abbewegen, d. h. sich abstossen, so finden wir das meistens höchst wunderbar. Wir wissen von beiden Erscheinungen gleich viel oder gleich wenig. Wir wissen nicht, warum der von der Hand losgelassene Körper fällt, und wir wissen auch nicht, weshalb zwei an einem Seidenfaden aufgehängte elektrisierte Holundermarkkügelchen sich abstossen. Sagen wir, der losgelassene Körper fällt, weil er schwer ist, oder weil die Erde ihn anzieht, so wird die Erscheinung damit nicht erklärt, sondern nur auf eine andere oder anders benannte, aber ebenso unerkannte Ursache zurückgeführt.

Ruhende gespannte Elektricität stösst ruhende gespannte Elektricität ab. Die Abstossung folgt demselben Gesetz, wie die Anziehung der stofflichen Massen. Diese Thatsache wurde schon 1785 von dem Franzosen Coulomb festgestellt und fand ihren Ausdruck in dem nach dem Entdecker benannten Coulombschen Gesetz.

Die Stoffmenge eines Körpers bestimmen wir allgemein durch sein Gewicht, d. h. durch die Kraft, mit welcher seine Masse von der Erde angezogen wird. Es ist aber klar, dass wir zu der Bestimmung der Stoffmenge eines Körpers auch gelangen können, wenn wir das Mass nicht auf die Anziehung gründen, die die in der Erde vereinigte, sondern welche irgend eine andere Stoffmenge auf ihn ausübt. Insbesondere könnten wir als Masseneinheit auch eine Stoffmenge bezeichnen, die auf eine ihr gleiche eine bestimmte anziehende Wirkung ausübt. Aehnlich verfährt man thatsächlich bei der Bestimmung von Elektricitätsmengen, und man ist zu diesem Ausweg gezwungen, weil uns bei der Elektricität nicht eine ähnliche gegebene und unveränderliche Elektricitätsmenge zur Verfügung steht, wie bei der stofflichen Anziehung die Erdmasse. Als Masseinheit für die Elektricität bezeichnet man darnach eine Elektricitätsmenge, welche auf eine ihr gleiche eine Abstossung von bestimmter Stärke ausübt. Es handelt sich also nur noch darum, für die Stärke der Abstossung einen festen Ausdruck zu finden.

Die abstossenden Kräfte bei Elektricitätsmengen folgen, wie gesagt, demselben Gesetze, wie die bei der Massenanziehung wirksamen. Dieses Gesetz sagt, dass die wirksame Kraft in dem Masse grösser wird, wie die Massen zunehmen, und um so kleiner, je grösser die gegenseitigen Entfernungen der anziehenden oder abstossenden Massen sind. Teilt man also jede Masse durch ihre Entfernung von der anderen, so ergiebt das Produkt aus beiden gefundenen Grössen die anziehende oder abstossende Kraft. Man kann auch sagen und sagt gewöhnlich auch, dass die Kraft wächst, wie das Produkt der beiden Massen, und abnimmt im umgekehrten Quadrat der Entfernung, d. h. dass bei gegebenen Massen die Kraft auf $^1/_4$, $^1/_9$, $^1/_{16}$, $^1/_{25}$ etc. sinkt, wenn die Entfernung der Massen auf das 2-, 3-, 4-, 5fache anwächst.

Wichtig für uns ist hierbei zunächst nur, dass sowohl bei stofflichen als auch bei elektrischen Massen die Anziehung bezw. Abstossung von der Entfernung der Massen abhängig ist, wir folglich, wenn es sich um die Bestimmung dieser Kraft handelt, eine bestimmte Entfernung voraussetzen oder zu Grunde legen müssen. Als diese Entfernung wird 1 cm angenommen. Wir kommen also nunmehr dahin, zu sagen, die Einheitsmenge der Elektricität sei diejenige, welche auf eine ihr gleiche in der Entfernung von 1 cm eine bestimmte abstossende Kraft ausübt. Das Mass für die Kraft wird in folgender Weise festgesetzt.

Nehmen wir an, dass auf einen ruhenden aber vollkommen frei beweglichen Körper eine Zugkraft stetig wirkt. Die Kraft wird den Körper zunächst aus dem Ruhezustande in einen Bewegungszustand versetzen und ihm stetig, d. h. in jedem noch so kurz gedachten Zeitmoment einen neuen Bewegungsantrieb verleihen. Die Geschwindigkeit des bewegten Körpers wird also wachsen, die Bewegung wird, wie man zu sagen pflegt, beschleunigt werden. Der Geschwindigkeitszuwachs heisst allgemein die Beschleunigung. Es ist klar, dass bei gleich bleibender beschleunigender Kraft die Grösse des Geschwindigkeitszuwachses in gleichen Zeitabschnitten dieselbe sein wird. Mit anderen Worten, unter dem Einfluss der bewegenden Kraft wird der bewegte Körper in jeder Sekunde einen gleichen Geschwindigkeitszuwachs, eine gleiche Beschleunigung erhalten. Als Geschwindigkeit eines Körpers bezeichnen wir nun den in 1 Sekunde zurückgelegten Weg. Wir sagen von einem bewegten Körper, er habe eine Geschwindigkeit von 1 m, 1 cm, 1 km, wenn er in 1 Sekunde einen Weg von bezw. 1 m, 1 cm, 1 km zurücklegt. Es hat somit auch einen bestimmten Sinn, wenn wir sagen, eine Kraft verleihe einem Körper eine sekundliche Beschleunigung von 1 cm. Wir wollen damit ausdrücken, dass, wenn diese Kraft 1 Sekunde auf den Körper eingewirkt hat, sie ihn zu einer Geschwindigkeit von 1 cm gebracht hat, wenn sie auf ihn im Ruhezustande wirkte, und dass sie seine Geschwindigkeit um 1 cm erhöhte, wenn die Beschleunigung zu der vorhin schon vorhandenen Geschwindigkeit hinzukam.

Die Mechanik erklärt nun als Krafteinheit diejenige Kraft, welche der Masse von 1 Kubikcentimeter (1 ccm) Wasser in jeder Sekunde eine Beschleunigung von 1 cm verleiht. Diese Massgrösse wird 1 Dyne genannt. Das Wort Dyne ist hergeleitet von dem griechischen Worte dynamis, die Kraft.

Die Kraft, mit welcher 1 ccm Wasser von der Erde angezogen wird, heisst bekanntlich das Gewicht dieser Wassermenge. Sie wird allgemein als Gewichtseinheit angenommen und heisst 1 Gramm (1 g). Steht nun ein frei beweglicher, oder, wie man gewöhnlich zu sagen pflegt, ein frei fallender Körper unter der Einwirkung der Erdanziehung, also der Schwerkraft, so erhält er in jeder Sekunde einen Geschwindigkeitszuwachs von 9,81 m = 981 cm. Daraus ergiebt sich sofort, dass

$$1 \text{ g} = 981 \text{ Dynen}$$
$$1 \text{ Dyne} = {}^{1}/_{981} \text{ g}$$

ist. 1 kg (= 1000 g) ist also = 981 000 Dynen, 1 t (= 1000 kg) = 981 000 000 Dynen.

Man kann also sagen, dass 1 Dyne gleich annähernd 1 Milligramm ist. Nunmehr sind wir in der Lage, die Masseinheit für die Elektricitätsmenge sofort festzusetzen. Wir bezeichnen als solche eine Elektricitätsmenge, welche auf eine ihr gleiche in der Entfernung von 1 cm eine abstossende Kraft gleich 1 Dyne ausübt. Diese heisst Einheit der ruhenden Elektricität (elektrostatische Einheit). Für die meisten praktischen Rechnungen ist diese Masseinheit unbequem, weil sie zu klein ist. Man hat deshalb, ähnlich wie bei den Gewichtsmassen, aus Zweckmässigkeitsgründen aus ihr eine grössere Masseinheit zusammengestellt. Diese ist das Coulomb[1]; es bedeutet 3000 Millionen der vorhin erklärten Einheit der ruhenden Elektricität und steht in demselben Verhältnis zu dieser, wie eine stoffliche Masse von 3000 t zu der Masse von 1 g.

Es bleibt nun noch übrig, eine Masseinheit für das zu bestimmen, was wir die Spannung der ruhenden Elektricität nennen. Dazu gelangt man in folgender Weise:

Denken wir uns zwei gleich grosse Dampfkessel *A* und *B* nebeneinander, jeden mit gespanntem Dampf gefüllt. Die Spannung in *A* aber soll 12 Atmosphären, die in *B* 4 Atmosphären betragen. Verbinden wir die beiden Kessel durch ein Rohr miteinander, so wird von *A* nach *B* so lange Dampf überströmen, bis die Spannung in beiden Kesseln dieselbe geworden ist. Der von *A* nach *B* strömende Dampf leistet hierbei Arbeit, denn er muss den Dampf in *B* auf höhere Spannung bringen, als dieser vorhin besass. Wir können auch sagen, die Energiemenge, welche der Kessel *A* abgiebt, nimmt der Kessel *B* auf. Die gleiche Erscheinung zeigt sich, wenn wir zwei Elektricitätsmengen von ungleicher Spannung in leitende Verbindung bringen. Auch hier wird Energie von dem höher gespannten Vorrat in *A* nach dem niedriger gespannten in *B* übertragen. Die Menge der übertragenen Energie hängt in beiden Fällen von dem Spannungsunterschied der Dampf- bezw. Elektricitätansammlungen ab, kann somit auch als Mass für den Spannungsunterschied und damit für die Spannung selbst benutzt werden.

Wie wir nun im vorliegenden Falle bei den beiden

---

[1]) Es ist üblich geworden, die elektrischen Masseinheiten nach den Namen von Forschern zu benennen, welche auf dem Gebiete der Physik und insbesondere der Elektricität bahnbrechend thätig gewesen sind. Daher die Bezeichnungen 1 Coulomb, 1 Ampere, 1 Ohm u. a. — Coulomb, Charles Augustin, geb. 14. Juni 1736, gest. 23. August 1806, Ingenieur, später Oberstleutnant im Geniekorps, General-Inspektor der Pariser Universität, Mitglied der Akademie der Wissenschaften und des späteren Instituts.

Dampfkesseln sagen, es strömen so und so viel Kilogramm Dampf oder Bruchteile eines Kilogramm Dampf von *A* nach *B*, so sagen wir bei den elektrischen Ladungen, es werden so und so viel Coulomb oder Bruchteile eines Coulomb transportiert. Die transportierte Dampfmenge ist noch nicht die übertragene Energie, ebensowenig die transportierte Elektricitätsmenge; es kommt für beide noch in Frage, mit welcher Spannung, also mit welchem Druck die Bewegung erfolgt ist. Folglich können wir sagen, als Masseinheit der elektrischen Spannung soll derjenige Elektricitätsdruck angesehen werden, welcher beim Transport von 1 Coulomb Elektricität eine bestimmte Arbeit leistet. Somit handelt es sich jetzt noch um die Festsetzung einer bestimmten Arbeitsgrösse.

Mechanische Arbeit wird nun, wie früher dargelegt, geleistet, wenn eine Masse bewegt und dabei ein Widerstand überwunden wird; mit anderen Worten, wenn eine Kraft auf einer Strecke zur Wirkung kommt. Nimmt man nun als Krafteinheit die Dyne, als Wegeinheit 1 cm, sagen wir folglich, dass 1 Dyne auf einer Strecke von 1 cm wirksam ist, oder dass unter der Wirkung von 1 Dyne ein Körper sich um 1 cm in der Kraftrichtung fortbewegt, so ist das eine ebenso bestimmte Arbeitsgrösse, als wenn wir sagen, 1 kg wirkt auf einer Strecke von 1 m, oder ein Gewicht von 1 kg wird um 1 m gehoben. Letztere Arbeitsgrösse heisst bekanntlich 1 Kilogrammeter (1 kgm), erstere dagegen bildet die sogenannte absolute Arbeitsgrösse und wird 1 Erg genannt (ergon griechisch = Arbeit).

Demnach könnten wir nun sagen, diejenige Spannung der ruhenden Elektricität sei die Masseinheit für die Spannung, welche beim Transport von 1 Coulomb gerade 1 Erg Arbeit leistet. Theoretisch ist das vollkommen richtig, nur ist die gewonnene Massgrösse wiederum unbequem klein. Man nimmt deshalb für praktische Rechnungen wieder eine grössere Masseinheit und zwar eine solche, bei welcher nicht 1 Erg, sondern 10 000 000 Erg geleistet werden. Die Spannung nun, welche beim Transport von 1 Coulomb Elektricität eine Arbeit von 10 000 000 Erg erzeugt, heisst 1 Volt.[1])

[1]) Volt abgeleitet von Volta. — Volta, Alessandro, geb. 19. Februar 1745, gest. 5. März 1827, Professor der Physik am Gymnasium zu Cômo (1774—1779), dann an der Universität zu Pavia bis 1804.

Die Energie der ruhenden Elektricität ist das Produkt aus der Elektricitätsmenge und aus ihrer Spannung, also aus der Zahl der Coulomb und der Zahl der Volt, ähnlich wie die Energie eines gehobenen Wassers als das Produkt aus der Zahl der Kilogramm des Wassers und aus der Zahl der Meter der Erhebung erhalten wird. Wie man als Masseinheit für die Energie des aufgestauten Wassers 1 kgm = 1 kg × 1 m nimmt, so bezeichnet man die Masseinheit der Energie der ruhenden Elektricität zweckmässig mit dem Namen 1 Volt-coulomb = 1 Volt × 1 Coulomb. Es ist üblich geworden, für diese Massgrösse auch noch einen anderen Namen und zwar 1 Joule[1]) zu gebrauchen.

Elektrische Energie kann man, wie wiederholt gesagt, in andere Energieformen übertragen. Wird beispielsweise 1 Joule in Wärme umgesetzt, so kann man mit der erhaltenen Wärmemenge 0,24 g Wasser um 1° C, oder 1 g Wasser um 0,24° C erwärmen. Setzt man sie in mechanische Arbeit um, so kann man $\frac{1}{9,81}$ kgm leisten, also 1 kg auf eine Höhe von $\frac{1}{9,81}$ m = annähernd 102 mm heben.

§ 5. Aufspeicherung elektrischer Energie in Form von ruhender Elektricität. Kapacität.

Die Erscheinungen und Wirkungen der ruhenden Elektricität finden in der modernen Elektrotechnik wenig praktische Verwendung. Auf die Mittel und Wege zur Erzeugung dieser Form der elektrischen Energie, insbesondere auf die verschiedenen Reibungs- und Influenzelektrisiermaschinen soll deshalb hier nicht eingegangen werden. Die bisherigen Ausführungen aber waren nötig, um gewisse Grundbegriffe klarzustellen, und insbesondere, um die Herleitung und Feststellung der wichtigsten Masseinheiten zu erläutern. Es erscheint nützlich, dem Gegenstand noch einige weitere Worte zu widmen, zumal sich dabei Gelegenheit bietet, verschiedene Ausblicke zu thun, die des allgemeinen Interesses nicht entbehren.

---

[1]) Joule, James Prescott, geb. 24. Dezember 1818, gest. 11. Oktober 1889, Brauer in Salford bei Manchester, seit 1842 Mitglied der Phil. Soc. in Manchester, seit 1850 der Royal Soc. in London.

Füllen wir einen geschlossenen Hohlraum, etwa einen Dampfkessel, mit Wasser, so liefert die Menge des eingebrachten Wassers ein Mass für den Rauminhalt oder das Fassungsvermögen des Kessels. Etwas anderes ist es, wenn wir den Kessel mit einer Flüssigkeit füllen, die sich zusammendrücken lässt. Hier können wir aus der Menge der eingebrachten Flüssigkeit nicht ohne weiteres auf das Fassungsvermögen des Hohlraumes schliessen, wir müssen vielmehr, um zu genauen Masszahlen zu kommen, die Dichtigkeit und somit den Druckzustand der Flüssigkeit berücksichtigen. Eine zusammendrückbare Flüssigkeit ist nun jeder gasförmige Körper. Bringen wir in den geschlossenen Raum 1 kg eines Gases, so füllt dieses unter allen Umständen den ganzen Hohlraum aus; bringen wir 2 kg, 5 kg, 10 kg etc. hinein, so wird der Raum von der 2-, 5-, 10fachen Gasmenge ebenfalls ausgefüllt. In dem Masse aber, wie wir mehr Gas einfüllen, steigt die Spannung des eingeschlossenen Gases und sein Druck auf die umschliessenden Wandungen. Wollen wir deshalb zwei Hohlräume in Bezug auf ihr Fassungsvermögen für Gase miteinander vergleichen, so müssen wir den Druck, unter welchem das Gas eingebracht wird, berücksichtigen, und es hat nur dann Sinn, zu sagen, ein Hohlraum fasse die doppelte, dreifache etc. Gasmenge, wie ein anderer, wenn dabei ausdrücklich oder stillschweigend vorausgesetzt wird, dass die Dichtigkeit und somit der Druck des Gases dieselben sind. Weiterhin können wir dann auch sagen, ein Kessel fasse, oder sein Fassungsvermögen, seine Kapacität betrage 1 kg, 50 kg, 100 kg Dampf, wenn dabei eine bestimmte unveränderliche Spannung des Dampfes, etwa 1 Atmosphäre, zu Grunde gelegt wird.

Mit der ruhenden Elektricität verhält es sich ähnlich oder ebenso. Ein allseitig von einem Dielektrikum umgebener Leiter ist, wie wir annehmen, ein Hohlraum, welcher Elektricität aufnehmen kann. Je mehr Elektricität nun hineingebracht wird, um so höher steigt ihre Spannung und somit ihr Druck auf das umgebende Dielektrikum. Wollen wir also von dem Fassungsvermögen, der Kapacität des durch den Leiter gebildeten Hohlraumes im Dielektrikum reden, so können wir darunter nur die Elektricitätsmenge verstehen, welche er bei bestimmter Spannung fasst. Wie wir nun bei der

Spannung von Dämpfen und Gasen als Mass die Atmosphäre benützen, so legen wir bei elektrischer Spannung die uns im vorigen Paragraph bekanntgewordene Masseinheit, das Volt, zu Grunde. Wir können sagen, derjenige Dampfkessel besitzt die Kapacität 1, d. h. eine Kapacität, die wir als Masseinheit für das Fassungsvermögen gebrauchen, welcher beim Einbringen von 1 kg Dampf diesen Dampf gerade unter 1 Atmosphäre Spannung hält. Ebenso können wir sagen, derjenige zur Aufnahme von Elektricität geeignete Hohlraum besitzt die Kapacität 1, welcher bei Aufnahme von 1 Coulomb Elektricität diese unter einer Spannung von gerade 1 Volt hält.

Man spricht gewöhnlich von der Kapacität eines elektrischen Leiters. Richtig ist das nur, wenn man den Leiter als einen Hohlraum in dem umgebenden Dielektrikum, also gewöhnlich in der umgebenden Luft auffasst. Man muss sich stets vor Augen halten, dass nicht der Leiter, sondern das ihn umgebende Dielektrikum es ermöglicht, Elektricität unter Spannung zu bringen.

Für die Masseinheit der elektrischen Kapacität hat man eine besondere Bezeichnung eingeführt; man nennt sie 1 Farad.[1]) Wir sagen demnach von einem Körper, er besitze beispielsweise eine elektrische Kapacität von 10 Farad, wenn er bei Aufnahme von 10 Coulomb ruhender Elektricität diese Elektricität unter einer Spannung von 1 Volt hält, ähnlich wie wir von einem Dampfkessel sagen würden, er besitze die Kapacität von 10, — eine besondere Bezeichnung für die Masseinheit besteht hier nicht —, wenn er bei Aufnahme von 10 kg Dampf dem eingeschlossenen Dampfe eine Spannung von 1 Atmosphäre verleiht. Waren die früher hergeleiteten Masseinheiten für die Elektricitätsmenge und für die elektrische Spannung unbequem klein, so dass man aus ihnen für den praktischen Gebrauch grössere Masse zusammenstellen musste, so ist das Farad umgekehrt für die

---

[1]) Farad abgeleitet von Faraday. — Faraday, Michael, geb. 22. September 1791, gest. 25. August 1867, anfangs Buchbinderlehrling, dann (seit 1813) Assistent am chemischen Laboratorium der Royal Institution in London erst unter H. Davy, darauf unter Th. Brande, dem er 1827 in der Professur für Chemie an dieser Anstalt folgte. Mitglied der Royal Soc. seit 1824, auswärtiges Mitglied der Berliner Akademie der Wissenschaften seit 1842, des Pariser Instituts seit 1844. Dr. jur. in Oxford seit 1832.

praktische Rechnung meistens unbequem gross. Dies hat dazu geführt, den millionsten Teil desselben als praktische Masseinheit einzuführen. Das so gewonnene neue Mass heisst ein Mikrofarad.

Vorrichtungen zum Aufspeichern elektrischer Energie in Form von ruhender Elektricität nennt man Kondensatoren. Gebräuchliche Formen derselben sind die allbekannte Leydener Flasche und die Franklinsche Tafel.

Die einfachste Form des Kondensators ist die Franklinsche Tafel. Man stellt sie her, indem man eine beiderseitig ebene Platte aus dielektrischer Substanz bis auf einige Entfernung vom Rande mit einem dünnen Metallblech, gewöhnlich mit Stanniol oder mit unechtem Blattgold oder Blattsilber belegt. Wird jetzt der eine Belag mit der Erde, der andere mit einem hinreichend grossen Vorrat gespannter Elektricität in leitende Verbindung gebracht, so wird ruhende Elektricität auf der Platte aufgespeichert und die Spannung wächst mit der zugeführten Menge. Man nennt dies das Laden des Kondensators.

Fig. 1.

In Fig. 1 ist die Franklinsche Tafel dargestellt. Als Dielektrikum werde eine Glasplatte angenommen. Die Metallbelegung stehe auf der einen Seite mit der Erde in leitender Verbindung, durch die andere Belegung wird gespannte Elektricität zugeleitet. Die Verbindung der Belegung mit der Erde hat den Zweck und die Wirkung, auf dieser Seite des Dielektrikums eine Spannung gleich der des ganzen Elektricitätsvorrates in der Erde zu erhalten. Auf der anderen Seite wird Elektricität unter höhere Spannung gebracht. Die Sache ist genau so, wie wenn gespanntes Gas in einem Kessel eingeschlossen ist. Die äussere Kesselwandung steht alsdann unter dem Druck der freien atmosphärischen Luft, während die Innenwandung den Druck des gespannten Gases erfährt. Wird das Innere des Kessels mit der Aussenluft in leitende Verbindung gebracht, so tritt Ausgleich, Entladung ein. Das von der Tafel an einem Seidenfaden hängende

Holundermarkkügelchen wird bei eintretender Spannung abgestossen. Fig. 2 zeigt die Leydener Flasche.

Hierbei ist nun zweierlei beachtenswert. Die gewöhnliche Vorstellung geht dahin, dass beim Laden des Kondensators die Elektricität auf den Metallplatten angehäuft werde. Thatsächlich ist das nicht der Fall. Nimmt man von dem geladenen Apparat die beiden Metallbelegungen an isolierenden Handhaben vorsichtig ab, so zeigt sich bei der Untersuchung, dass keine Spur elektrischer Spannung auf ihnen wahrzunehmen ist, während auf der dielektrischen Glasplatte die elektrische Spannung unverändert bestehen bleibt. Bringt man die abgenommenen Platten in Berührung miteinander, so tritt eine Entladung, d. h. ein Ausgleich der Spannungen nicht ein, weil eben auf den Platten keine Spannung vorhanden ist. Legt man sodann aber die Platten wieder auf die Glasplatte, so kann man den Apparat in bekannter Weise entladen, indem man eine leitende Verbindung der einen Platte der anderen so weit nähert, bis die zwischenliegende Luftschicht den Elektricitätsdruck nicht mehr zu tragen vermag und ein Funken überspringt. Wie ist der Vorgang nun zu erklären? Einfach dadurch, dass man die Metallplatten auf beiden Seiten der Glastafel als Zu- bezw. Ableitungsvorrichtungen ansieht, welche die gespannte Elektricität auf das Glas bringen, also als eine Art von Hohlraum, durch welchen sich die Elektricität sofort über die ganze von den Platten berührte Glasfläche verbreitet bezw. von ihr abfliesst. Will man einen rohen Vergleich zulassen, so denke man sich, es handele sich darum, die Glasplatte auf beiden Seiten in bestimmter Ausdehnung mit einer Flüssigkeit zu benetzen, und zwar soll die benetzende Flüssigkeit aus einem feinen Röhrchen ausströmen. Man kann alsdann die Benetzung ausführen, indem man mit der Spitze des feinen Röhrchens Punkt für Punkt über die ganze Glasfläche fährt, kann sich die Sache aber auch bequemer machen, indem man die Glasfläche in der gewünschten Ausdehnung mit einem porösen Löschpapier bedeckt und nun die Ausflussöffnung des Zuflussröhrchens nur an irgend eine Stelle auf das bedeckende Papier stellt. Die Flüssigkeit verbreitet sich alsdann durch das poröse Papier und damit auf die bedeckte Glasfläche. Nimmt man hernach

Fig. 2.

das Papier weg, so bleibt die Glasfläche doch nass. Allerdings hinkt der Vergleich insofern, als das die Flüssigkeit verbreitende Papier doch auch Flüssigkeit aufnimmt und festhält, was eben die die Elektricität zuleitende Metallplatte nicht thut. In einer Beziehung aber ist der Vergleich wieder vollkommen zutreffend. Man kann die Glasplatte ebenso ohne bedeckende Metallplatte mit ruhender Elektricität laden, wie man die Glasscheibe ohne Zuhilfenahme des porösen Papiers mit einer Flüssigkeit vollkommen nass machen kann. Fährt man mit dem zuleitenden Draht Punkt für Punkt über die ganze Glasfläche, so wird genausoviel Elektricität mit derselben Spannung aufgespeichert, wie bei Zuhilfenahme der Zuleitungsplatten. Auch die Entladung kann man in derselben Weise ohne die Platten vornehmen; sie ist nur jetzt weit umständlicher, weil sie sich in eine nahezu unendliche Zahl von Teilentladungen auflöst.

Bei gegebener Ausdehnung hat die Franklinsche Tafel eine bestimmte Kapacität, d. h. sie erfordert zur Herstellung einer vorgeschriebenen Spannung die Zufuhr einer bestimmten Zahl von Coulomb Elektricität. Bemerkenswert ist nun, dass die Kapacität eines Kondensators bei sonst gleichen Verhältnissen auch von der Wahl des Dielektrikums abhängt, auf welchem die Elektricität aufgestaut werden soll. Im vorliegenden Falle war als Dielektrikum Glas angenommen; man kann statt dessen, wie schon erwähnt, irgend ein anderes Dielektrikum nehmen. In jedem Falle aber wird dadurch die Kapacität des Ansammlungsapparates eine andere; am geringsten ist sie, wenn als Dielektrikum irgend ein Gas, also auch Luft gewählt wird, also wenn man die beiden metallischen Belagplatten einfach, wie man zu sagen pflegt, mit ihren Flächen parallel einander nahe gegenüberstellt. Die zwischenliegende Luftschicht bildet alsdann das Dielektrikum.

Nimmt man nun bei gleicher Grösse und gleichem Abstand der Zufuhrplatten als Dielektrikum einmal Luft, sodann sonstige Isolatoren, so ist die Kapacität des Apparates für diese jedesmal ein Vielfaches derjenigen für Luft. Dieses Vielfache nennt man die Dielektricitätskonstante der betreffenden als Dielektrikum verwandten Substanz. Die nachstehende Tabelle enthält eine kleine Zusammenstellung solcher Zahlen für die zumeist in Betracht kommenden Isolatoren.

Dielektricitätskonstanten:
Luft = 1.

Glas je nach der Sorte	3—10	Kautschuk, vulkanisiert	2,69
Schwefel	3,97	Guttapercha	2,46
Porzellan	4,38	Kolophonium	2,55
Glimmer	8,1	Olivenöl	3,08

Ein Kondensator in unserem Sinne ist auch jedes elektrische Kabel, welches mit einer Isolationshülle umgeben und in der Erde bezw. unter Wasser verlegt wird. Es hat begreiflicherweise praktische Wichtigkeit, festzustellen, welches die Kapacität eines solchen Kabels von bestimmter Länge ist, d. h. wieviel Coulomb Elektricität ihm zugeführt werden müssen, um eine gewisse Spannung in ihm zu erzeugen. Leider weichen die Ergebnisse der experimentellen Bestimmungen von Dielektricitätskonstanten bislang sehr voneinander ab.

Weiterhin aber zeigt sich, und das ist eine vor allem merkwürdige Erscheinung, dass die Kapacität eines Ansammlungsapparates für ruhende Elektricität nicht allein von der Beschaffenheit des angewandten Dielektrikums abhängt, sondern dass sich dabei eine eigentümliche Beziehung zwischen elektrischer Energie und derjenigen Energieform offenbart, die wir Licht nennen. Es hat damit folgende Bewandtnis. Geht ein Lichtstrahl aus der Luft etwa in Glas über und zwar in anderer als senkrechter Richtung zu der Trennungsfläche zwischen Luft und Glas, so wird er beim Eintritt in das Glas von seiner bisherigen gradlinigen Richtung abgelenkt. Man sagt, er werde gebrochen. Die gleiche Erscheinung kann an allen Körpern beobachtet werden, soweit sie das Licht durchlassen. Die Grösse der Ablenkung ist für die verschiedenen Körper verschieden, immer aber steht die Richtung des einfallenden zu der des gebrochenen Lichtstrahles in einer bestimmten Beziehung, deren mathematischen Ausdruck man das Brechungsverhältnis des betreffenden, den Lichtstrahl ablenkenden Körpers nennt. Man weiss nun ferner, dass die Lichtwirkungen hervorgebracht werden durch Schwingungen einer den Weltenraum ausfüllenden, von der gewöhnlichen Materie abweichenden Masse, die wir Aether nennen. Dieser Aether erfüllt nicht nur den freien Raum, sondern durchdringt auch alle Körper, jedoch ist man zu der Annahme gezwungen, dass er in den Körpern eine andere und je nach der Natur des einzelnen Körpers eine verschiedene Dichtigkeit hat. Von der Dichtigkeit des Aethers in dem Körper aber hängt die Stärke der Lichtbrechung, also die brechende Kraft der Substanz des Körpers ab; je grösser die Dichtigkeit des Lichtäthers, um so stärker die Brechung. An der Hand mathematischer Erörterungen und Schlussfolgerungen gelangte nun der Engländer Maxwell zu der Behauptung, dass der Aether, welcher die verschiedenen Lichterscheinungen hervorruft und vermittelt, auch der Träger und Vermittler der elektrischen Erscheinungen sei, und dass insbesondere die Dielektricitätskonstante eines Dielektrikums oder Nichtleiters mit seiner optischen Dichtigkeit, d. h. mit der Dichtigkeit des ihn erfüllenden Lichtäthers übereinstimme. Dieses merkwürdige Gesetz, welches nach seinem Entdecker das Maxwellsche Gesetz heisst, hat sich überall, wo man die Dielektricitätskonstante eines Isolators mit Sicherheit bestimmt hat, experimentell bestätigt.

Bei der von Maxwell angebahnten Theorie des Zusammenhanges zwischen Elektricität und Lichtäther ist es inzwischen nicht geblieben; ihr Ausbau hat zu weiteren ungeahnten und folgenschweren Schlussfolgerungen geführt, die insbesondere durch die experimentellen Untersuchungen von Hertz bestätigt und mächtig gefördert wurden. Es hat dies dazu geführt, dass man in Bezug auf die elektrischen Erscheinungen zu ganz neuen und von den früheren abweichenden Vorstellungen gelangte. Das Nähere wird die weitere Besprechung zeigen.

§ 6. Strömende Elektricität oder elektrischer Strom.

Im Gegensatz zu der ruhenden steht die bewegte Elektricität. Wir nennen sie bewegt, wenn sie infolge des Druckes, unter welchem sie steht, in Bewegung gesetzt und erhalten wird. Eine besondere Form oder einen einzelnen Fall derselben bildet die strömende Elektricität oder der elektrische Strom. Wir verstehen darunter die Fortbewegung der Elektricität in einem Leiter bezw. in dem durch den Leiter im umgebenden Dielektrikum gebildeten Hohlraum. Am bekanntesten und für die Praxis am wichtigsten ist der Fall, dass die Elektricität durch einen metallischen Leitungsdraht befördert wird. Nehmen wir an, es sei ein blanker Kupferdraht durch die Luft geführt. Die Sache ist dann so aufzufassen, dass das Metall des Drahtes einen Kanal durch die umgebende Luft zieht, und dass durch diesen Kanal die Elektricität hindurchgeht. Die Wandungen des Kanals werden also nicht von der Oberfläche des Leitungsdrahtes, sondern von der Luft gebildet, welche die Drahtoberfläche umgiebt und einschliesst.

Strömende Elektricität kann mit einer strömenden Flüssigkeit verglichen werden; der Vergleich erleichtert überdies in hohem Grade das Verständnis der Erscheinungen und Gesetze, welche dabei zu Tage treten.

Befindet sich gespannter Dampf in einer Rohrleitung, so ist klar, dass eine Bewegung des eingeschlossenen Dampfes zwischen zwei voneinander entfernten Punkten *A* und *B* der Rohrleitung nur stattfinden kann, wenn und so lange zwischen den zwei Punkten ein Spannungsunterschied vorhanden ist; ferner, dass der Dampf von *A* nach *B* strömen wird, falls in *B* eine niedere Spannung herrscht als in *A*. Das gleiche ist der Fall bei der unter Druck stehenden Elektricität in dem durch einen Leiter gebildeten Kanal. Auch hier bewegt sich die Elektricität von Stellen höherer Spannung zu Stellen niederer Spannung. Am deutlichsten wird das in den gedachten Fällen, dass ein Dampfkessel durch eine längere Rohrleitung mit der freien Atmosphäre, und dass ein elektrischer Generator, etwa eine Dynamomaschine, mit der Erde in leitende Verbindung gesetzt ist. Den Druck der freien Atmosphäre setzen wir, verglichen mit dem Druck im geheizten Kessel, gleich Null, und die elektrische Spannung in der Erde bezeichnen wir ebenfalls als Null. Der Dampf strömt alsdann vom Kessel in die Atmosphäre, und die Elektricität vom Generator in die Erde. Beide können an jeder Stelle der Leitung ihre Spannung und damit ihre Energie verbrauchen, um Arbeit zu leisten. Bei dem gespannten Dampf geschieht das durch Einschaltung einer Dampfmaschine in die Rohrleitung, bei der gespannten Elektricität etwa durch Einschaltung eines Elektromotors, d. h. einer elektrischen Kraftmaschine. Nun ist klar, dass weder beim strömenden Dampf noch bei der strömenden Elektricität am Ende der Leitung die Spannung Null zu herrschen braucht, um die Bewegung hervorzurufen; es genügt, dass zwischen Anfang und Ende der Leitung oder auch zwischen zwei beliebig gewählten Punkten derselben ein Spannungsunterschied vorhanden ist. Aus dem Spannungsunterschied ergiebt sich somit eine Kraft, welche die Elektricität in Bewegung setzt, und die deshalb elektromotorische Kraft heisst. Es liegt auf der Hand, dass diese elektromotorische Kraft zwar nicht der Spannungsunterschied selbst, sondern eine Wirkung desselben ist, dass sie aber durch dasselbe Mass gemessen werden muss, wie dieser, auch ihm an Grösse gleich ist. Ein Spannungsunterschied von **10**, **100** etc. Volt bewirkt auch eine elektromotorische Kraft von derselben Anzahl Volt.

Beim strömenden Dampf und bei der strömenden Elektricität wird Energie transportiert; beim ersteren ist der Träger derselben der Wasserdampf, bei letzterer die Elektricität. Die Energiemenge hängt beim strömenden Dampf ab von der Zahl der Kilogramm Dampf, welche in der Zeiteinheit an irgend einer Stelle durch den Querschnitt der Rohrleitung hindurchgehen, und von dem Druck, unter welchem die Bewegung erfolgt. In gleicher Weise hängt bei der strömenden Elektricität die transportierte Energiemenge ab von der Zahl der Coulomb Elektricität, welche in der Zeiteinheit durch den Querschnitt des Leitungsdrahtes hindurchgehen, und von dem Druck oder der elektromotorischen Kraft, mit welcher die Fortbewegung der Elektricität erfolgt. Hier wie dort giebt das Produkt aus der transportierten Dampf- bezw. Elektricitätsmenge und aus dem Druck bezw. der elektromotorischen Kraft die Energiemenge zahlenmässig an, sobald wir geeignete Massgrössen zu Grunde legen.

Es handelt sich also darum, zu ermitteln, wie gross die Elektricitätsmenge ist, welche unter gegebenen Bedingungen durch den Leitungsdraht hindurchgeht; insbesondere darum, festzustellen, unter welchen Bedingungen gerade 1 Coulomb Elektricität in 1 Sekunde durch einen Querschnitt des Leiters hindurchgeführt wird. Es ist nützlich, hierbei zunächst wieder auf den Vergleich mit dem gespannten Dampf zurückzugreifen.

Bringen wir an verschiedenen unter Druck stehenden Dampfkesseln Ausflussrohre gleicher Beschaffenheit, insbesondere also von gleicher Länge und gleichem lichten

Querschnitt an, so ist ersichtlich, dass durch jedes der Rohre um so mehr Dampf hindurchgehen wird, je höher die treibende Spannung des Dampfes im Kessel, also je grösser der Spannungsunterschied zwischen Kesselraum und freier Atmosphäre ist. Es lässt sich von vornherein annehmen, übrigens auch durch den Versuch direkt beweisen, dass der doppelte, dreifache, zehnfache Dampfdruck auch eine doppelte, dreifache, zehnfache Menge des in der Zeiteinheit ausströmenden Dampfes, also eine doppelte, dreifache, zehnfache Stärke des durch das Ausflussrohr gehenden Dampfstromes zur Folge haben wird. Die Elektricität verhält sich in dieser Beziehung genau wie ein unter Druck stehendes Gas. Man muss erwarten, und der messende Versuch bestätigt es auf das genaueste, dass mit dem Spannungsunterschied, also mit der elektromotorischen Kraft, die in der Zeiteinheit durch einen Querschnitt des Leitungsdrahtes beförderte Elektricitätsmenge, also auch die Stärke des durch die Leitung gehenden Elektricitätsstromes in gleichem Verhältnis zu- und abnimmt.

Wir gelangen damit zu einem weiteren und für die praktische Elektrotechnik sehr wichtigen Begriff, dem der Stromstärke, auch Stromintensität genannt. Man vergegenwärtige sich einen Wasserlauf, dessen Bett unregelmässig ist, sich bald erweitert, bald verengt. Bei unverändertem Wasserstand geht an jeder Stelle des Bettes durch den Querschnitt desselben in der Zeiteinheit die gleiche Wassermenge hindurch. Damit dies möglich ist, muss das Wasser an den breiteren Stellen des Bettes langsamer, an den engeren rascher fliessen. Jedermann weiss und hat sich zweifelsohne durch den Augenschein überzeugen können, dass dem wirklich so ist. Das Produkt aus dem vom Wasser erfüllten Querschnitt des Bettes und aus der Geschwindigkeit des Wassers ist also unveränderlich. Wir können dieses Produkt die Stärke des Wasserlaufes, auch die Stromstärke nennen. In ähnlicher Weise sprechen wir von der Stärke eines durch einen Leiter geführten elektrischen Stromes. Auch hier ist die Stromstärke an allen Stellen der Leitung dieselbe, d. h. es geht durch den Leitungsquerschnitt in derselben Zeit dieselbe Elektricitätsmenge hindurch.

Es wird nun leicht sein, sowohl für Flüssigkeiten wie für Elektricität, die durch Leitungen hindurchgehen, Masseinheiten für die Stromstärken aufzustellen. Wir können sagen, ein Wasserlauf habe die Stromstärke 1, d. h. seine Stärke diene als Masseinheit, welcher in jeder Sekunde 1 kg Wasser durch den Querschnitt des Laufes befördert, und wir können in gleicher Weise sagen, derjenige elektrische Strom habe die Stärke 1, welcher in jeder Sekunde 1 Coulomb Elektricität durch den Querschnitt der Leitung bewegt. In der Elektrotechnik spielt diese Masseinheit für die Stromstärke eine wichtige Rolle, man nennt sie 1 Ampere.[1])

Das Ampere bedeutet hiernach keine Elektricitätsmenge, sondern bezeichnet, wenn man so sagen darf, die Ausdehnung und Geschwindigkeit der strömenden Elektricität und führt erst dann zu dem Begriff der Elektricitätsmenge, wenn man die Zeitdauer der Strömung berücksichtigt. Nach der vorhin gegebenen Ableitung hat strömende Elektricität die Stärke von 1 Ampere, wenn sie in 1 Sekunde 1 Coulomb Elektricität befördert. Betrachtet man diese Elektricitätsmenge als gegebene oder vorhandene Masse, so nennt man sie eben 1 Coulomb; berücksichtigt man aber den Vorgang des Strömens, insbesondere also die Vorstellung, dass die Elektricität stetig durch den Querschnitt der Leitung hindurchgeht, so nennt man die in 1 Sekunde beförderte Elektricitätsmenge zweckmässig, wie es thatsächlich geschieht, 1 Amperesekunde. Die wirklichen Elektricitätsmengen sind in beiden Fällen dieselben, es ist also richtig, zu sagen:

1 Amperesekunde = 1 Coulomb.

Man kann also sagen: 1 Amperesekunde ist die Elektricitätsmenge, welche man bei einem Strome von 1 Ampere Stärke in 1 Sekunde erhält, und 1 Coulomb ist die Menge, welche man nach Ablauf von 1 Sekunde erhalten hat. Der festgestellte Begriff der Amperesekunde führt ohne Schwierigkeit zu den weiteren, der Ampereminute und der Amperestunde. Bedeutet 1 Amperesekunde die Elektricitätsmenge, welche ein Strom von der Stärke 1 Ampere in 1 Sekunde

[1]) Ampère, André Marie, geb. 20. Januar 1775, gest. 10. Juni 1836. Repetent an der Polytechn. Schule in Paris, Privatlehrer der Mathematik in Lyon, Professor der Physik in Bourg, Professor der Mathematik an der Polytechn. Schule und Professor der Physik am Collège de France in Paris. Mitglied der Akademie der Wissenschaften daselbst.

durch den Leiterquerschnitt transportiert, so ist entsprechend 1 Ampereminute die Elektricitätsmenge, welche von dem gleichen Strom in 1 Minute, und eine Amperestunde diejenige, welche in 1 Stunde befördert wird. Daraus ergiebt sich weiterhin, dass:

1 Ampereminute = 60 Coulomb,
1 Amperestunde = 60 × 60 = 3600 Coulomb.

In einem geladenen elektrischen Akkumulator oder Sammler ist Energie aufgespeichert, welche jederzeit in Form von strömender Elektricität entnommen werden kann. Nach dem Vorhergehenden wird es verständlich, wenn man sagt, die Ladung eines solchen Akkumulators betrage etwa 12 Amperestunden. Man will damit ausdrücken, dass aus ihm 12 × 3600 Coulomb Elektricität entnommen werden können, und dass diese 12 Stunden lang in jeder Sekunde 1 Coulomb durch den Querschnitt des Leiters hindurchführen, also einen Strom von 1 Ampere Stärke erzeugen kann. Natürlich ist damit nicht gesagt, dass der entnommene Strom unter allen Umständen diese Stärke haben muss; statt eines 12 Stunden lang fliessenden Stromes von 1 Ampere Stärke kann man etwa auch einen 24stündigen Strom von $^1/_2$ Ampere und einen 1stündigen Strom von 12 Ampere Stärke entnehmen. Die gelieferte Elektricitätsmenge ist offenbar in allen Fällen dieselbe.

Strömende Elektricität besitzt wie eine strömende Flüssigkeit thätige Energie oder lebendige Kraft. Die Menge der in der Zeiteinheit gelieferten Energie setzt sich zusammen aus der Zahl der in dieser Zeit durch den Leitungsquerschnitt transportierten Coulomb und aus dem Druck oder der elektromotorischen Kraft, mit welcher der Transport erfolgt. Wie wir aber bei der strömenden Elektricität neben dem Begriff der Elektricitätsmenge noch denjenigen der Stromstärke aufstellen, so können wir uns auch bei der transportierten Energie neben der Energiemenge auch die Grösse oder Stärke der beförderten Energie vorstellen. Darunter müssen wir offenkundig das Produkt aus Stromstärke und aus Druck oder elektromotorischer Kraft verstehen. Dies führt weiterhin dazu, als Masseinheit der Energiestärke diejenige Stärke zu bezeichnen, welche durch eine Stromstärke von 1 Ampere unter einer elektromotorischen Kraft von 1 Volt gebildet wird. Sie bildet eine praktisch sehr wichtige Massgrösse und wird 1 Voltampere oder 1 Watt[1]) genannt.

Die Energiestärke führt uns zu der Energiemenge, sobald wir die Zeitdauer der unter Druck strömenden Elektricität berücksichtigen. Wird elektrische Energie in der Stärke von 1 Watt 1 Sekunde lang stetig geliefert, so ergiebt das eine bestimmte Energiemenge, die man zweckmässig 1 Wattsekunde genannt hat. 1 Wattsekunde liefert also eine Elektricitätsmenge von 1 Coulomb unter dem Druck von 1 Volt. Im § 4 wurde nun dargelegt, dass 1 Coulomb ruhender Elektricität unter der Spannung von 1 Volt ebenfalls als Masseinheit für die Energie der ruhenden Elektricität benutzt und 1 Voltcoulomb oder 1 Joule genannt wird. Ihrem absoluten Werte nach sind beide Energiemengen natürlich einander gleich, so dass wir sagen können:

1 Wattsekunde = 1 Voltcoulomb = 1 Joule.

Wir müssen aber dabei im Auge behalten, dass die Wattsekunde die Masseinheit für die thätige Energie der strömenden und das Joule die Masseinheit für die Energie der Lage der ruhenden Elektricität ist. Wird ruhende Elektricität in Bewegung gesetzt, so erzeugt 1 Joule jedesmal 1 Wattsekunde, und wird strömende Elektricität aufgestaut, so entsteht aus einer Wattsekunde jedesmal 1 Joule.

Von der Wattsekunde gelangen wir ohne weiteres zu den grösseren Masseinheiten, welche in der Praxis unter den Bezeichnungen Wattminute, Wattstunde, Hektowattstunde, Kilowattstunde bekannt und im Gebrauch sind. Die Wattminute ist das 60fache, die Wattstunde das $60 \times 60 = 3600$fache der Wattsekunde; die Hektowattstunde bedeutet wiederum das 100fache, die Kilowattstunde das 1000fache der mit dem Namen Wattstunde bezeichneten Energiemenge.

Beim Bezug von elektrischem Strom handelt es sich stets um die Menge der gelieferten Energie. Es begreift sich demnach, weshalb der Verbrauch nach Wattstunden

---

[1]) Watt, James, geb. 19. Januar 1736, gest. 25. August 1819, Mechaniker in London, Universitäts-Instrumentenmacher in Glasgow, später Feldmesser und Civilingenieur. Mitglied der Royal Society zu Edinburg und London, korrespondierendes und auswärtiges Mitglied des Pariser Instituts, Dr. jur. in Glasgow.

berechnet und für die Rechnung ein Einheitspreis von 15 Pfg., 20 Pfg., 30 Pfg. etc. für die Kilowattstunde zu Grunde gelegt wird.

Es erscheint angezeigt, an dieser Stelle das Verhältnis zwischen dem Mass für die elektrische Energie, dem Watt, und dem Mass für die mechanische Energie, der Pferdekraft, welches wir bei unseren gebräuchlichen Kraftmaschinen anwenden, klar zu stellen. Unter 1 Pferdekraft versteht man bekanntlich eine Energiestärke von 75 kgm, d. h. die Energie, welche von einer Last von 75 kg bei einer verfügbaren Fallhöhe von 1 m dargestellt wird. Die Pferdekraftstunde ist die Energiemenge, welche bei der angenommenen Energiestärke in 1 Stunde geliefert wird. Wir können den Zusammenhang zwischen Watt und Pferdekraft bezw. zwischen Wattstunde und Pferdekraftstunde sofort ersehen, wenn wir beide Grössen in die absolute Masseinheit, das Erg, umrechnen. Wie aus den Darlegungen in § 4 ersichtlich ist, fanden wir, dass 1 Joule = 10 Millionen Erg ist. Demnach ist also auch:

$$1 \text{ Wattsekunde} = 10\,000\,000 \text{ Erg.}$$

Andererseits ist

$$1 \text{ kgm} = 1 \text{ kg} \times 1 \text{ m} = 1000 \text{ g} \times 100 \text{ cm} = 981\,000 \text{ Dyn} \times 100 \text{ cm} = 981 \times 100\,000 \text{ Erg.}$$

$$\text{Also } 1 \text{ Pferdekraft} = 75 \text{ kgm} = 75 \times 981 \times 100\,000 \text{ Erg} = 75 \times 9{,}81 \times 10\,000\,000 \text{ Erg.}$$

Daraus ergiebt sich, dass:

$$1 \text{ Pferdekraftsekunde} = 75 \times 9{,}81 \text{ Watt,}$$
$$= \text{rund } 736 \text{ Watt.}$$

Und daraus folgt weiter, dass:

$$1 \text{ Watt} = \frac{1}{736} \text{ Pferdekraft.}$$

Dies will also sagen, dass, wenn wir elektrische Energie in Form von strömender Elektricität etwa in eine elektrische Kraftmaschine, einen Elektromotor hineinschicken, und zwar in der Stärke von 736 Watt, so muss der Motor, falls bei der Umwandlung nicht Verluste entstehen, im stande sein, dafür 1 Pferdekraft an mechanischer Arbeit zu liefern. Umgekehrt muss ein elektrischer Generator, eine Dynamomaschine, wenn sie zum Betriebe 1 Pferdekraft erfordert, in jeder Sekunde 736 Watt an elektrischer Energie liefern, ebenfalls unter der Voraussetzung, dass die Umwandlung ohne Verlust bewirkt werden kann. Dass und weshalb dies nicht ohne Verlust geht, wird später zu erörtern sein.

§ 7. Der elektrische Widerstand. Ohmsches Gesetz.

Bei der strömenden Elektricität hängt, wie wir gesehen haben, die in der Zeiteinheit durch den Querschnitt des Leitungsdrahtes hindurchgeführte Elektricitätsmenge zunächst von der elektromotorischen Kraft ab, und sie ist dieser proportional, d. h. sie nimmt im selben Verhältnis zu und ab, wie diese. Allein es giebt noch einen zweiten Faktor, der hierbei in Betracht kommt, der elektrische Widerstand.

Der Vergleich der gespannten Elektricität mit einer unter Druck stehenden Flüssigkeit, insbesondere mit gespanntem Dampf, ist, wie sich bisher vielfach gezeigt hat, geeignet, das Verständnis elektrischer Erscheinungen zu erleichtern. Ganz besonders ist dies der Fall bei der Veranschaulichung des elektrischen Widerstandes bezw. des Leitungswiderstandes.

Wird gespannter Dampf durch eine Rohrleitung geführt, so ist bei unverändertem Druck die in der Zeiteinheit den lichten Rohrquerschnitt passierende Dampfmenge, also die Stromstärke des Dampfes, um so kleiner, je länger und enger die Leitung ist. Wollen wir die Thatsache begründen, so sagen wir, der Dampfstrom findet in der Leitung einen Bewegungswiderstand, der um so grösser wird, je länger die Leitung und je geringer ihre lichte Weite ist. Dieselbe Erscheinung beobachten wir bei strömender Elektricität. Die Stromstärke, also die Menge der in der Zeiteinheit durch den Leitungsquerschnitt gehenden Elektricität, nimmt in dem Masse ab, wie die Leitung länger und dünner wird. Wir nennen dieses Bewegungshindernis den elektrischen oder den Leitungswiderstand.

Bei dem Leitungswiderstande gegen strömende stoffliche Flüssigkeiten nehmen wir zur Erklärung an, dass die äusseren Flüssigkeitsschichten durch Massenanziehung von den Rohrwandungen festgehalten werden, so dass die der Rohrwandung zunächst benachbarte Flüssigkeitsschicht unbeweglich bleibt, und die Strömungsgeschwindigkeit in dem Masse zunimmt, wie die Schichten sich von der Wandung entfernen, in der Mitte des lichten Querschnittes also am grössten ist. Es folgt daraus, dass zwischen den ruhenden und den bewegten, bei letzteren wieder zwischen den langsamer und schneller bewegten Schichten ein Reibungswiderstand auftritt, zu dessen Ueberwindung Energie verbraucht wird. Der Dampfstrom muss also beim Durchgang durch eine Rohrleitung auch an Spannung verlieren.

Bei der elektrischen Leitung wird die Rohrwandung von dem die Leitung umschliessenden Dielektrikum gebildet. Es entsteht nun die Frage, ob die von dem Dielektrikum gebildeten Wandungen in ähnlicher Weise auf die durchgeleitete Elektricität einen Einfluss ausüben, wie die Rohrwandungen einer Wasser- oder Dampfleitung auf die durchgeleitete Flüssigkeit, insbesondere also, ob die dielektrische Substanz in ähnlicher Weise die Elektricität festzuhalten vermag, wie das Metall der Rohrleitung die Flüssigkeit. Wäre dem so, so würde sich weiter fragen, ob jede dielektrische Substanz unter gleichen Verhältnissen in gleicher Stärke hemmend wirkt, also ob das Anhaften, die Adhäsion der Elektricität an der dielektrischen Leitungswandung bei jedem Dielektrikum dieselbe oder je nach der Art des Dielektrikums eine verschiedene wäre; mit anderen Worten, ob eine Leitung aus Kupferdraht einen anderen Widerstand zeigt, je nachdem der Draht blank durch die Luft geführt wird oder isoliert, d. h. mit einem anderen Dielektrikum als Luft umgeben ist. Ferner haben wir bislang einen elektrischen Leiter als eine Art Hohlraum oder Kanal betrachtet, der in dem umgebenden Dielektrikum gebildet oder gezogen wird. Trifft diese Vorstellung vollkommen zu, so müsste es gleichgiltig sein, aus welchem Material der Leiter gebildet ist; ein Leitungsdraht aus Eisen beispielsweise müsste unter gleichen Verhältnissen, also bei gleicher Länge, gleichem Querschnitt und unter Annahme einer gleichen treibenden, also elektromotorischen Kraft in der Zeiteinheit dieselbe Elektricitätsmenge transportieren, wie ein Kupferdraht. Die Thatsachen aber lehren anders. Auf die Menge der transportierten Elektricität, also auf die Stromstärke, ist die Natur des den Strom einschliessenden Dielektrikums ohne Einfluss, wenigstens ist es bis jetzt nicht gelungen, einen Einfluss nachzuweisen; dagegen ist von ganz bedeutendem Einfluss die stoffliche Beschaffenheit des leitenden Materials, also desjenigen Körpers, den wir bisher der Elektricität gegenüber als nicht vorhanden, als Hohlraum ansahen. Anscheinend müssen wir daraufhin unsere Vorstellung, ein elektrischer Leiter sei ein Hohlraum oder Kanalraum für die Elektricität, fallen lassen. Thatsächlich ist dies nicht der Fall, wir müssen nur unsere Vorstellung etwas einschränken, oder richtiger gesagt, genauer fassen.

Dass Eisen die Elektricität schlechter leitet als Kupfer, dieses schlechter als Silber, sind Thatsachen, die sich jederzeit experimentell feststellen lassen. In gleicher Weise lässt sich feststellen und ist festgestellt worden, dass es unter den sogenannten elektrischen Leitern keinen Körper giebt, welcher dem Durchgange der Elektricität gar keinen Widerstand entgegensetzt, und dass unter den Leitern in Bezug auf die Leitungsfähigkeit bedeutende Unterschiede obwalten, die sich zahlenmässig ausdrücken lassen. Weiterhin aber ist ermittelt worden, dass es auch kein vollkommenes Dielektrikum, d. h. keinen Stoff giebt, welcher dem Durchgange der Elektricität einen absoluten Widerstand entgegensetzt, der durch keinen Elektricitätsdruck überwunden werden kann. Es wird dabei nicht an den Fall gedacht, dass infolge zu grosser Spannung der eingeschlossenen Elektricität das Dielektrikum an einer Stelle gewaltsam zerreisst, sondern angenommen, dass die Elektricität stetig durch dasselbe hindurchgeht. Die durchgepresste und damit verloren gehende Elektricität ist allerdings so gering, dass sie für praktische Verhältnisse gar nicht in Betracht kommt. Einen entsprechenden Vorgang beobachten wir überdies bei Flüssigkeiten und Gasen, die in Leitungen unter Druck stehen. Die metallischen Wandungen unserer Dampfkessel und Dampfrohrleitungen gelten zwar dem gewöhnlichen Dampfdruck gegenüber als vollkommen dicht; man weiss aber, dass bei hinreichend hoher Spannung sowohl Gase als Flüssigkeiten durch Metallwände stetig, also als strömende Massen hindurchgepresst werden. Man erklärt dies damit, dass alle Körper porös sind, und dass die Flüssigkeiten und Gase bei hinreichendem Druck durch die Poren und die von ihnen gebildeten Kanäle gepresst werden. In Bezug auf den Grad der Porosität, also in Bezug auf Zahl und Grösse der Kanäle, sind die stofflichen Massen stofflichen Flüssigkeiten gegenüber verschieden. In gleicher Weise müssen wir annehmen, dass stoffliche Massen auch der Elektricität gegenüber porös sind und dass der Grad der Porosität eben das ist, was wir die elektrische Leitungsfähigkeit des einzelnen Stoffes nennen. Wir können dem Gedankengang weiter folgen und uns vorstellen, dass der Elektricität gegenüber der Querschnitt eines elektrischen Leiters nicht als freie Fläche, sondern als eine Art von Sieb zu betrachten ist, dessen Maschen um so grösser anzunehmen sind, je weniger Widerstand das Material des Leiters dem Durchgange der Elektricität entgegensetzt. Der Leiter ist demnach nicht als ein freier Hohlraum für die Elektricität, sondern als ein System von Kanälen anzusehen, deren freie Querschnittsfläche in dem besten Leiter am grössten und im besten Dielektrikum am kleinsten ist, zwischen diesen beiden Grenzen aber alle möglichen Werte annehmen kann.

Die Chemie lehrt, dass alle Körper aus kleinsten Teilchen, Massenteilchen oder Moleküle genannt, bestehen, welche beim festen oder tropfbar flüssigen Zustande dieser Körper durch unmessbar kleine Zwischenräume voneinander getrennt sind. Nehmen wir also an, dass bei elektrischen Leitern der Stoff selbst für die Elektricität durchdringlich, also ein vollkommener Hohlraum ist, so würde der elektrische Leitungswiderstand von der Grösse der Zwischenräume zwischen den Molekülen abhängen. Eine Stütze findet diese Ansicht in der Thatsache, dass im allgemeinen der elektrische Leitungswiderstand eines Stoffes mit der Temperatur zunimmt. Mit steigendem Wärmegrad vergrössern die Körper ihren Rauminhalt, weil die Moleküle weiter voneinander rücken, die Zwischenräume also sich vergrössern. Es sei allerdings dabei nicht verschwiegen, dass bei einzelnen Stoffen, insbesondere bei Kohle und bei einzelnen Metalllegierungen, der Leitungswiderstand mit steigender Temperatur abnimmt. Es sind dies jedoch zwar unerklärte, aber immer doch Ausnahmen, die das allgemeine Gesetz nicht umstossen. Wir kennen auch Körper, welche bei steigender Temperatur sich, wenigstens bis zu einer bestimmten Grenze, nicht ausdehnen, sondern zusammenziehen, sehen uns aber dadurch doch nicht veranlasst, an der Giltigkeit des Gesetzes zu zweifeln, dass mit steigendem Wärmegrad die Körper ihren Rauminhalt vergrössern.

Der elektrische Widerstand ist eine für die wissenschaftliche wie für die praktische Elektrotechnik höchst wichtige Grösse. Es entstand daraus das Bedürfnis, für sie ein bestimmtes und allgemein giltiges Mass aufzustellen. Man kann ein solches auf verschiedene Art gewinnen. Man kann den Widerstand des schlechtesten und denjenigen des besten Leiters als Masseinheit annehmen und bei den übrigen Stoffen den Widerstand in Bruchteilen des ersteren oder in Vielfachen des letzteren ausdrücken. Beides geschah früher allgemein und geschieht heute noch vereinzelt. Von den metallischen Leitern hat das Silber den kleinsten, das Quecksilber den grössten Leitungswiderstand. Benutzt man nun den Widerstand des Quecksilbers als Masseinheit, so sagt man beispielsweise, dass der Widerstand von Eisen 0,11, von Kupfer 0,019 ist, d. h. der Widerstand des Eisens beträgt annähernd $^1/_9$, der des Kupfers annähernd $^1/_{52}$ desjenigen des Quecksilbers. Eine für die Rechnung brauchbare Masseinheit schuf man dadurch, dass man die Grösse des Widerstandes, welchen eine Quecksilbersäule von 1 m = 100 cm Länge und 1 qmm Querschnitt bei 0° C leistete, als Einheit annahm. Diese führt in der Praxis die Bezeichnung Siemens-Einheit (S.E.) und war früher allgemein im Gebrauch. Zweckmässiger aber erwies es sich späterhin, die Masseinheit für den elektrischen Widerstand nicht von einem bestimmten Leitungsmaterial abhängig zu machen, sondern eine unabhängige, gedachte Massgrösse einzuführen, welche sich aus dem thatsächlich vorhandenen Zusammenhang zwischen der treibenden Kraft, welche die Elektricität in Bewegung setzt, also der elektromotorischen Kraft, ferner der in der Zeiteinheit beförderten Elektricitätsmenge, also der Stromstärke, und aus dem Leitungswiderstande ergiebt. Wir haben erfahren, dass mit der elektromotorischen Kraft die Stromstärke im selben Verhältnis wächst, und wir erfahren weiter, dass die Stromstärke in gleichem Masse abnimmt, wie der Widerstand des Leiters wächst. Man sagt, die Stromstärke ist der elektromotorischen Kraft direkt, dem Leitungswiderstand umgekehrt proportional. In kürzester Form drückt man dieses Gesetz in Worten in der Weise aus, dass man schreibt:

$$\text{Stromstärke} = \frac{\text{Elektromotorische Kraft}}{\text{Widerstand.}}$$

Diese Beziehung bildet das Fundamentalgesetz der gesamten Elektrotechnik; es wird nach seinem Entdecker das Ohmsche Gesetz genannt.

Das Ohmsche Gesetz liefert uns sofort ein Mittel, die Masseinheit für den elektrischen Leitungswiderstand unzweideutig und im Sinne der vorher gemachten Ausführungen aufzustellen. Wir können sagen, derjenige Widerstand soll die Masseinheit sein, in welchem eine elektromotorische Kraft von 1 Volt notwendig und hinreichend ist, um in jeder Sekunde 1 Coulomb Elektricität durch den Querschnitt des Leiters zu befördern, also im Leiter eine Stromstärke von genau 1 Ampere zu erzeugen. Diese Masseinheit nennt man 1 Ohm.[1]) Danach ist also:

$$1 \text{ Ampere} = \frac{1 \text{ Volt}}{1 \text{ Ohm}}$$

und allgemein:

$$\text{Zahl der Ampere} = \frac{\text{Zahl der Volt}}{\text{Zahl der Ohm.}}$$

Entnehmen wir also beispielsweise einem Elektricitätsvorrat, welcher unter 110 Volt Spannung steht, Strom durch eine Leitung oder Vorrichtung, welche einen Widerstand von 10 Ohm leistet, so ist die

$$\text{Zahl der Ampere} = \frac{110}{10} = 11.$$

Das heisst also, die Stromstärke beträgt im vorliegenden Falle 11 Ampere, oder durch den Querschnitt der Leitung werden in jeder Sekunde 11 Coulomb Elektricität befördert.

Der Widerstand von 1 Ohm wird beispielsweise von einer Quecksilbersäule von 106,3 cm Länge und 1 qmm Querschnitt bei 0° C geleistet. Nach Angabe der physikalisch-technischen

---

[1]) **Ohm, Georg Simon, geb. 16. März 1787, gest. 7. Juli 1854, Lehrer der Mathematik zu Nidau (Kanton Bern), Neufchâtel und an der Realschule zu Bamberg, 1817—1826 Oberlehrer der Mathematik und Physik am Gymnasium in Köln, 1826—1833 Oberlehrer an der allgemeinen Kriegsschule in Berlin, 1833—1849 Professor an der Polytechnischen Schule in Nürnberg, seit 1849 Professor der Physik an der Universität in München und Mitglied der Akademie der Wissenschaften daselbst.**

Reichsanstalt muss die Masse dieser Quecksilbersäule ein Gewicht von 14,552 g haben, was bei der angegebenen Länge einem Querschnitt von 1 qmm entspricht. Der internationale Elektriker-Kongress in Paris 1884 hat vorgeschlagen, den Widerstand einer Quecksilbersäule von 106 cm Länge und 1 qmm Querschnitt bei 0° C als Masseinheit anzunehmen und hat diese Grösse „legales Ohm“ genannt.

Den Gegensatz oder die Umkehrung — in der Mathematik sagt man „den reziproken Wert“ — des elektrischen Widerstandes bildet das, was man die elektrische Leitungsfähigkeit eines Körpers nennt. Je geringer der Widerstand eines Körpers ist, um so besser leitet er, und umgekehrt. Es ist in manchen Fällen zweckmässiger und bequemer, statt vom Widerstande einer Leitung von deren Leitungsfähigkeit zu sprechen, bezw. den in die Leitungsfähigkeit umgerechneten Widerstand in die Rechnung einzuführen. Dies gab Anlass, für die Leitungsfähigkeit ebenfalls eine Massgrösse aufzustellen, und man hat geglaubt, der Thatsache, dass die Leitungsfähigkeit gewissermassen die Umkehrung des Widerstandes ist, äusserlich dadurch Ausdruck geben zu sollen, dass man das Wort Ohm rückwärts liest, und also die Masseinheit für die elektrische Leitungsfähigkeit 1 Mho nennt.

Das Verständnis des Ohmschen Gesetzes ermöglicht es auch, wie hier einschaltend bemerkt sein möge, sich über die Erscheinungen klar zu werden, welche unter der Bezeichnung „Kurzschluss“ bekannt und gefürchtet sind. Denken wir zunächst wieder an einen unter Spannung stehenden Dampfkessel. Man darf an demselben unbedenklich einen Probierhahn öffnen, auch eine weite Dampfrohrleitung freilegen, wenn in derselben eine Dampfmaschine eingeschaltet ist, welche die Spannung und damit die Energie des ausströmenden Dampfes verbraucht, die Energie der Lage des im Kessel aufgespeicherten Dampfes also in mechanische Arbeit umsetzt. Setzt man aber das Innere des Kesselraumes durch eine grössere Oeffnung unmittelbar mit der freien Atmosphäre in Verbindung, so entsteht, wie jedermann weiss, das, was man eine Kesselexplosion nennt. Nun ist der Ausdruck „Kesselexplosion“ insofern unrichtig, als nicht der Kessel der Uebelthäter, überhaupt nicht der thätige

Teil ist, sondern das, was sich darin befindet, das heisse Wasser und der gespannte Dampf. Nicht der Kessel explodiert, sondern der in ihm aufgespeicherte Energievorrat, der plötzlich in Freiheit gesetzt wird und mit seiner Umgebung sich ausgleichen muss. Denken wir uns an einem unter Spannung stehenden, mit Wasser und Dampf gefüllten Kessel die einschliessenden Wandungen plötzlich weg, so würde die Explosion zweifellos und zwar jetzt mit der grösstmöglichen Heftigkeit vor sich gehen, weil jetzt mit einem Schlage der ganze Energievorrat entfesselt würde, was bei einer entstehenden Oeffnung in der Kesselwandung doch nicht der Fall ist. Wir dürfen also den unter Druck stehenden Kessel nur dann öffnen, wenn der ausströmende Dampf auf Widerstand stösst und somit das Freiwerden von Energie gemässigt und geregelt wird. Genau dieselbe Bewandtnis hat es mit der elektrischen Energie, also mit einem unter Spannung stehenden Elektricitätsvorrat. Auch hier darf man an dem Hohlraum, in welchem die Elektricität unter Druck steht, bezw. an der Leitung, welche sie befördert, keine Oeffnung freilegen, durch welche die Elektricität entweichen kann. Eine Oeffnung für Elektricität ist aber, wie wir wissen, eine Oeffnung oder ein Kanal im umgebenden und einschliessenden Dielektrikum, und ein solcher Kanal kann nur von einem elektrischen Leiter gebildet werden. Setzen wir also an eine unter Spannung stehende elektrische Leitung einen Leiter an, der etwa mit der Erde in Verbindung gesetzt ist, so muss die Elektricität durch diesen Kanal abströmen, und nach dem Ohmschen Gesetz strömt um so mehr in der Zeiteinheit aus, je grösser die elektromotorische Kraft ist, welche die Elektricität treibt, und je geringer der Widerstand ist, welchen der Leiter dem Durchgange entgegensetzt. Leistet also der Leiter sehr wenig Widerstand, so ist die Erscheinung eine ähnliche, als wenn man in der Wandung eines Dampfkessels oder einer Dampfrohrleitung eine grössere Oeffnung anbringt und dadurch eine offene Verbindung mit der freien Luft herstellt. In beiden Fällen wird eine grosse Energiemenge plötzlich in Freiheit gesetzt, beim Dampf die aufgespeicherte Wärmeenergie, bei der Elektricität die aufgespeicherte elektrische Energie. In beiden Fällen tritt eine sogenannte Explosion, d. h. ein plötzlicher und gewaltsamer

Ausgleich der angesammelten Energiemengen ein. Bei der Dampfexplosion wird bekanntlich die Energie in mechanische Arbeit umgesetzt, und daraus ergeben sich die zerstörenden mechanischen Wirkungen einer Kesselexplosion. Explodierende elektrische Energie kann sich nicht unmittelbar in mechanische Arbeit umsetzen oder thut es wenigstens in der Regel nicht, hier findet vielmehr stets eine Umsetzung in Wärme statt. Die Folge einer elektrischen Explosion ist also, dass die vorhandene und in Freiheit gesetzte Energie sich in Wärme verwandelt, infolgedessen in den Leitungen eine so hohe Temperatur erzeugt, dass die Metalle glühend werden, abschmelzen, vergasen und verbrennen. Brennbare Stoffe werden dadurch entzündet, und so erklärt sich, dass die häufige Folge einer elektrischen Explosion die Einäscherung des Gebäudes ist, in dem die Leitung sich befand.

Wir sagen nun von einer elektrischen Leitung, sie sei kurz geschlossen, wenn zwischen zwei Punkten derselben, in denen ein Spannungsunterschied herrscht, eine leitende Verbindung von geringem Widerstande hergestellt wird. Führt beispielsweise von zwei Leitungsdrähten der eine die gespannte Elektricität zu einem Elektromotor, einer Lampe etc., kurz zu einem Apparat, welcher elektrische Energie verbraucht, der andere zu dem Energieerzeuger zurück, so herrscht zwischen beiden Leitungen ein bedeutender Spannungsunterschied. Verbinden wir also irgend zwei Punkte der beiden Leitungen durch einen Leiter von geringem Widerstand, so ist die Leitung kurz geschlossen und der gewaltsame Ausgleich, die Explosion, muss eintreten. Dasselbe ist natürlich der Fall, wenn eine Leitung, welche gespannte Elektricität führt, mit der Erde kurz geschlossen wird. Hier ist die Sache so, als ob wir das Innere des unter Spannung stehenden Dampfkessels mit der freien Luft durch ein Rohr verbinden, welches dem austretenden Dampf keinen oder nur unerheblichen Widerstand entgegensetzt.

Bekanntlich ereignen sich auch nicht gerade selten Unglücksfälle im elektrischen Betriebe, bei welchen Menschen ums Leben kommen. Auch hier handelt es sich um einen Kurzschluss, bei welchem aber der kurzschliessende Leiter durch den menschlichen Körper gebildet wird. Man hat früher allgemein geglaubt, dass lediglich die Spannung der berührten Leitung schädlich oder tötlich wirke. Thatsächlich ist das nicht der Fall, die Gefahr hängt vielmehr ab von der Menge der durch den Körper getriebenen Elektricität. Die Spannung ist dabei allerdings insofern massgebend, als sie, wie das Ohmsche Gesetz lehrt, für die Stromstärke bestimmend ist. Auf der anderen Seite aber kommt auch der Widerstand, den der Körper dem Durchgange der Elektricität, oder richtiger gesagt, dem Eintritt der Elektricität in den Körper entgegensetzt, in Betracht. Hat man trockenes Schuhwerk an und steht man überdies etwa auf einem trockenen Holzboden, so kann man mit der Hand eine elektrische Leitung fest fassen, welche Elektricität von einigen hundert Volt Spannung befördert, ohne überhaupt etwas zu merken. Steht man aber auf nassem, überdies etwa noch mit Salzen oder mit Säuren durchtränktem Boden, sind weiterhin das Schuhwerk und die Hände mit denselben Substanzen durchsetzt bezw. bedeckt, so kann ein solcher Griff tötlich werden. Dass die Einwirkung auf den Körper eine noch stärkere sein wird, wenn man etwa durch den Körper zwei metallische Leitungen unmittelbar verbindet, also kurz schliesst, in denen ein grosser Spannungsunterschied herrscht, ist ohne weiteres ersichtlich. Wer also mit elektrischen Hochspannungsleitungen umzugehen hat, soll sich stets vor Augen halten, dass der menschliche Körper und seine Teile kein Dielektrikum sind, sondern Kanäle im Dielektrikum bilden.

§ 8. Ströme in verzweigten Leitungen. Reihenschaltung und Parallelschaltung.

Bei den bisherigen Darlegungen über die strömende Elektricität wurde stillschweigend angenommen, dass der Leitungskanal ein einfacher, d. h. unverzweigter ist. Die gesamte Elektricitätsmenge muss alsdann durch diesen einen Kanal befördert werden. Es kommt nun in der Praxis speziell für die Nutzbarmachung der elektrischen Energie sehr häufig vor, dass von der Hauptleitung verschiedene Leitungen abgezweigt und zu den einzelnen Verbrauchsstellen geführt werden. Es macht keine Schwierigkeit, einzusehen, wie sich hierbei die Verhältnisse gestalten werden. Der Fall ist derselbe, wie wenn von einem Hauptdampfleitungsrohr zwei oder mehrere Zweigrohre zu verschiedenen Dampfmaschinen, oder von einem mit Druckwasser gefüllten Hauptrohr Zweigrohre etwa zu verschiedenen Wassermotoren geführt werden.

Zunächst ist ersichtlich, dass die sämtlichen Zweigleitungen nicht mehr und nicht weniger Dampf, Wasser und Elektricität transportieren werden, als ihnen durch die Hauptleitung zugeführt wird. Die Stromstärken in den einzelnen Zweigleitungen müssen also zusammengenommen gleich der Stromstärke in der Hauptleitung sein. Bei elektrischen Leitungen drückt man das thatsächlich auch mit denselben Worten aus, indem man sagt, dass bei verzweigten Leitungen die Summe der Stromstärken in den Abzweigungen gleich der Hauptstromstärke, d. h. gleich der Stärke des Stromes vor der ersten Abzweigung ist.

Schwieriger ist es anscheinend schon, von vornherein festzustellen, wie gross die Stromstärke in den einzelnen

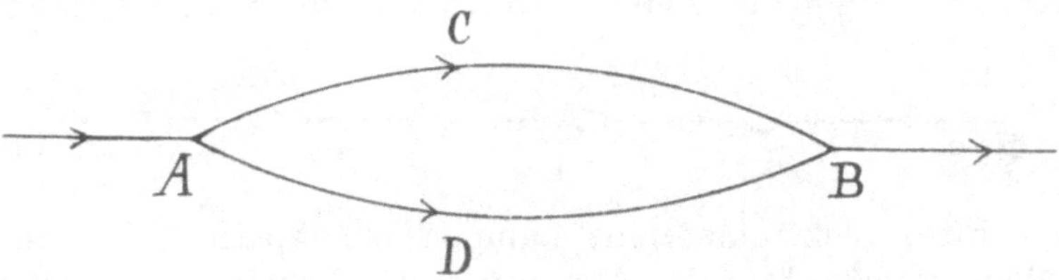

Fig. 3.

Abzweigungen ist, also wie viel Elektricität von der einzelnen Abzweigung befördert wird. Das Ohmsche Gesetz aber giebt uns hierüber sofort Auskunft.

Nehmen wir der Einfachheit wegen an, dass eine Hauptstromleitung an einem Punkte A sich in zwei getrennte Zweigleitungen spaltet, und dass diese Zweigleitungen sich weiterhin in einem Punkte B wieder zu einer gemeinsamen Hauptstromleitung vereinigen (Fig. 3). Die treibende Kraft, welche die Elektricität vom Punkte A durch die Zweigleitungen zum Punkte B bewegt, ist alsdann, wie wir erfahren haben, der Spannungsunterschied zwischen A und B, bezw. die aus diesem Spannungsunterschied sich ergebende elektromotorische Kraft. Es ist offenkundig, dass diese Kraft für jede Zweigleitung dieselbe ist. Weiterhin aber hängt, wie das Ohmsche Gesetz lehrt, die Stromstärke in jeder Zweigleitung von dem Widerstande ab, den die Zweigleitung dem Durchgange der Elektricität entgegensetzt. Sind also beide Zweige in Bezug auf den elektrischen Widerstand gleich, so ist klar, dass durch jede gleich viel Strom, im vorliegenden Falle also die Hälfte der gesamten Elektricitätsmenge hindurchgehen wird. Ist der Widerstand aber verschieden, so befördert jede Abzweigung um so mehr Strom, je geringer ihr elektrischer Widerstand ist. Es würde beispielsweise eine einfache Aufgabe der Gesellschaftsrechnung sein, zu ermitteln, wie viel Strom jede von sechs Zweigleitungen befördert, wenn der Widerstand der Zweige, vom ersten angefangen, in jedem folgenden doppelt so gross wäre, wie im vorhergehenden, und wenn die Stromstärke in der Hauptleitung 33 Ampere betrüge.

Welche Bedeutung für die praktische Verwendung der elektrischen Energie es hat, ob die stromführende Leitung einfach oder verzweigt ist, ergiebt sich aus folgendem. Nehmen wir an, die von der Leitung transportierte Energie solle vier

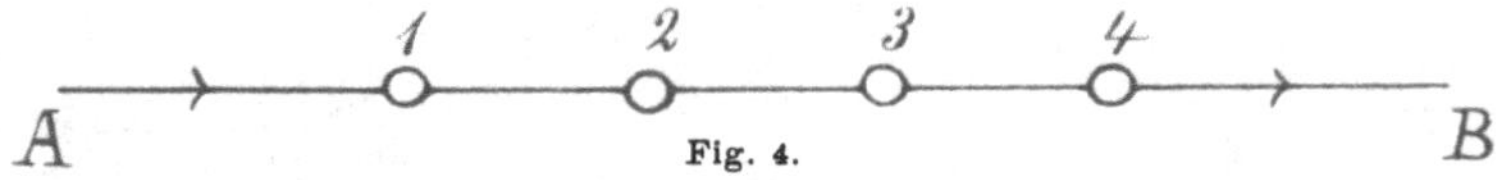

Fig. 4.

Apparate, Elektromotoren, Lampen etc. speisen. In allen Fällen verbraucht jeder Apparat nicht Elektricität, sondern Spannung der Elektricität; es ist auch klar, dass die Summe der von den vier Apparaten verbrauchten Spannungen dieselbe sein wird, einerlei, wie die Apparate angeordnet werden. Man kann nun die Energie verzehrenden Apparate so anordnen, schalten, dass sie sämtlich in der unverzweigten Hauptleitung liegen (Fig. 4), so dass also dieselbe Elektricitätsmenge, nachdem sie den ersten Apparat passiert hat, zum zweiten, von da zum dritten übergeht etc. In diesem Falle muss diese Elektricitätsmenge eine so grosse ursprüngliche Spannung besitzen, dass diese hinreicht, jedem der durchströmten Apparate den erforderlichen Teil abzulassen. Man sagt in diesem Falle, die Apparate seien h i n t e r e i n a n d e r oder i n R e i h e geschaltet. Man kann aber auch die Hauptleitung an einer Stelle in vier Zweigleitungen zerlegen und in jede Zweigleitung einen Energie verzehrenden Apparat einschalten (Fig. 5). Es geht jetzt durch jeden Apparat eine andere Elektricitätsmenge hindurch, welche ihre Spannung an diesen abgiebt. Bei der Hauptstromleitung kann jetzt die Spannung entsprechend niedriger sein, dafür aber muss eine um so grössere Elektricitätsmenge befördert und an die vier Zweigleitungen abgegeben werden. Man sagt jetzt, die Apparate seien nebeneinander oder parallel geschaltet.

Ein anschauliches Bild dieser Verhältnisse giebt der Vergleich mit einer Wasserkraft, welche etwa drei Turbinen oder Wasserräder treibt. Man kann hierbei die Sache so einrichten, dass das Wasser, welches die erste Turbine gespeist hat, in die zweite und aus ihr in die dritte fliesst. Jede Turbine erhält also dasselbe Wasser. Offenkundig lässt sich das aber nur dann ausführen, wenn das Wasser ein solches Gefälle hat, dass man die drei Turbinen hinter-, oder, richtiger gesagt, untereinander aufstellen kann. Man kann aber auch den Wasserstrom an einer Stelle in drei

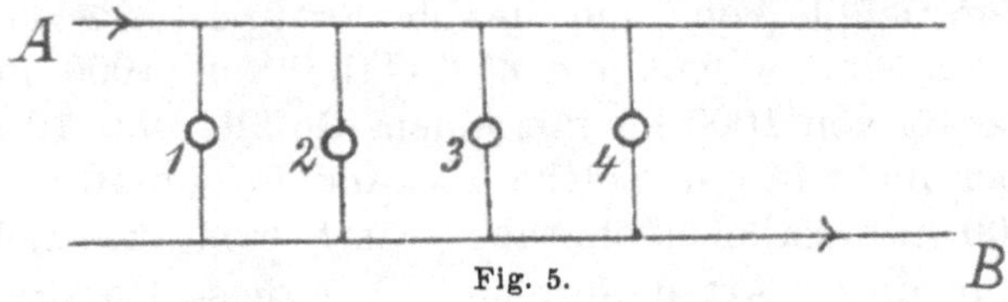

Fig. 5.

Teile spalten und jeden der Teilströme in eine der drei nebeneinander oder parallel gestellten Turbinen laufen lassen. Jetzt hat man, vorausgesetzt, dass jede Turbine dasselbe leisten soll, nur ein Drittel des Gefälles gegen vorhin, dafür aber die dreifache Wassermenge nötig. Lehrreich ist auch der Vergleich zwischen einer etwa dreicylindrigen Verbund-Dampfmaschine und einer gewöhnlichen dreicylindrigen Maschine. Bei der Verbundmaschine geht derselbe Dampf nacheinander durch die drei Dampfcylinder und verbraucht in jedem einen Teil seiner ursprünglichen Spannung. Das ist, was man in der Elektrotechnik Reihenschaltung nennt. Bei der gewöhnlichen Dreicylindermaschine aber erhält jeder Cylinder frischen Dampf aus dem Hauptleitungsrohr und verbraucht die gesamte Spannung desselben. Um die gleiche Wirkung zu erzielen, kann die Spannung in der Hauptleitung niedriger sein, dafür aber muss entsprechend mehr Dampf zugeführt werden. Bei elektrischen Apparaten nennt man das Parallelschaltung.

Eine gegebene Wasserkraft kann man nur in der Form benutzen, wie sie von der Natur dargeboten wird, man kann weder die verfügbare Wassermenge, noch das gegebene Gefälle vergrössern. Aehnlich ist es bei der Dampfkraft. Die konzessionierte Spannung eines Kessels darf man nicht überschreiten, und man muss folglich, um einen grösseren Energieverbrauch zu ermöglichen, die Dampferzeugung vermehren. Die elektrische Energie ist in dieser Beziehung viel günstiger gestellt, und darin liegt ein Hauptvorteil, den sie gegenüber anderen Energieformen aufweist. Eine gegebene elektrische Energie kann man umwandeln, transformieren, indem man entweder ihre Spannung erhöht und ihre Menge entsprechend verkleinert, oder indem man ihre Spannung verkleinert und ihre Menge entsprechend vergrössert. 1000 Ampere mit 10 Volt Spannung besitzen dieselbe Energiestärke, wie 10 Ampere mit 1000 Volt Spannung, ähnlich wie 1000 kg Wasser mit einem Gefälle von 10 m dieselbe Energiestärke darstellen, wie 10 kg Wasser mit einem Gefälle von 1000 m. Eine Wasserkraft von 1000 kg mit einem Gefälle von 10 m kann man aber nicht in eine solche umwandeln von 10 kg Wasser und 1000 m Gefälle, wohl aber lässt sich die elektrische Energie in dieser Art umformen. Wie diese Umformung zu bewerkstelligen ist, muss späterer Erörterung vorbehalten bleiben; um die praktische Bedeutung der Umformung klar zu legen, genügt es, zu bemerken, dass beim Transport von elektrischer Energie auf weite Entfernungen nur die Menge der beförderten Elektricität Schwierigkeit und Kosten verursacht, nicht aber ihre Spannung. Man kann und wird also beim Transport von elektrischer Energie auf weite Entfernungen dafür sorgen, dass man möglichst wenig Elektricität mit möglichst hoher Spannung zu befördern hat. An der Verbrauchsstelle kann man die beförderte Energie nach Bedarf wieder umformen und aus ihr grosse Elektricitätsmengen mit entsprechend geringerer Spannung erzeugen.

§ 9. Gleichstrom. Wechselstrom.

Es wurde im § 6 gesagt, dass in einer gegebenen Leitung die Elektricität von einem Punkte *A* nach einem Punkte *B* strömt, wenn und so lange in *B* eine geringere

Spannung vorhanden ist als in *A*. Wirkt die aus dem Spannungsunterschiede in den Punkten *A* und *B* sich ergebende elektromotorische Kraft ständig in dieser Richtung, so heisst der dadurch bewirkte elektrische Strom ein Gleichstrom. Es lässt sich die Sache aber auch so einrichten, dass die Richtung des Spannungsabfalles zwischen *A* und *B* ständig wechselt, so dass einmal in *A*, gleich darauf in *B* die höhere Spannung vorhanden ist. Die elektromotorische Kraft und damit die Bewegung der Elektricität ändern alsdann jedesmal ihre Richtung. Die strömende Elektricität wird zur schwingenden Elektricität, und ihre Bewegung besteht in Stromstössen, die einmal in der einen, das nächste Mal in der entgegengesetzten Richtung erfolgen. Diese Art der bewegten Elektricität nennt man, solange die Zahl der in der Zeiteinheit erfolgenden, entgegengesetzt gerichteten Stromstösse eine gewisse Grenze nicht überschreitet, einen Wechselstrom. Für Wechselströme mit grösserer Wechselzahl in der Zeiteinheit ist die Bezeichnung schwingende Elektricität oder elektrische Schwingungen üblich geblieben.

Man kann sich von der Erscheinung eines Wechselstromes leicht ein Bild machen, wenn man sich ein dünnes Metallrohr mit beiderseits offenen Enden *A* und *B* denkt und sich weiterhin vorstellt, dass etwa am Ende *A* abwechselnd in das Rohr hineingeblasen und aus dem Rohr gesaugt wird. Beim Hineinblasen herrscht in *A* ein grösserer, beim Absaugen ein geringerer Luftdruck als in *B*. Die Luft wird folglich im ersteren Falle von *A* nach *B*, im zweiten Falle von *B* nach *A* strömen, also diejenige Erscheinung darbieten, welche wir einen Wechselstrom nennen und welche man richtig allgemein als eine schwingende Luftmasse bezeichnen müsste.

Aus der Eigentümlichkeit der schwingenden Bewegung ergiebt sich, dass der Wechselstrom in seinem Verhalten gegenüber dem Gleichstrom verschiedene Abweichungen zeigen muss. So ist zunächst ersichtlich, dass bei den hin- und hergehenden Stromstössen die elektromotorische Kraft jedesmal von Null zu einem bestimmten Grenzwerte ansteigen und von da wieder bis zu Null fallen muss, um darauf das An- und Absteigen in derselben Weise, aber in entgegengesetzter

Richtung vorzunehmen. Daraus ergiebt sich, dass auch die Stromstärke innerhalb des Verlaufes eines Stromstosses sich stetig ändert, von Null zu einem Maximalwerte ansteigt und von da wieder bis zu Null abnimmt. Man kann deshalb nicht ohne weiteres von der Stärke des Stromstosses, also auch nicht von der Stromstärke eines Wechselstromes reden. In der Praxis versteht man unter der Stärke des Wechselstromes stets eine sich aus den verschiedenen Stärken ergebende mittlere Stromstärke. Weiterhin folgt daraus, dass auch das Ohmsche Gesetz auf den Wechselstrom nicht ohne Beschränkung bezw. nähere Erläuterung angewandt werden kann. Es empfiehlt sich indessen, die Gesetze des Wechselstromes bis dahin zu verschieben, wo uns weitere Eigenschaften und Erscheinungsformen der elektrischen Energie bekannt sind.

§ 10. Strömung im geschlossenen Kreise.

Man sagt allgemein, Elektricität könne nur im geschlossenen Kreise strömen, d. h. der von der Erzeugungsstelle entsandte Strom müsse stets zu dieser Stelle zurückgeführt werden. Vielfach wird dabei geglaubt, dass dies eine besondere der Elektricität allein oder vorwiegend zukommende Eigenschaft sei. Thatsächlich aber gilt das Gesetz nicht nur für die Elektricität, sondern naturgemäss für jede strömende, gasförmige oder tropfbare Flüssigkeit. Nehmen wir an, dass auf einem grossen Wasserreservoir eine Druckpumpe steht, welche durch ein Röhrensystem Wasser auf eine gewisse Höhe befördert, und dass das gehobene Wasser durch geschlossene Röhren in das Reservoir zurückfliesst. Wir haben alsdann genau das Bild einer Dynamomaschine, welche Elektricität unter Druck stellt, wobei die gespannte Elektricität von der Maschine durch ein Leitungsnetz an beliebige Stellen und von da zur Maschine zurückfliesst. Das gehobene Wasser kann sein Gefälle, die Elektricität ihre Spannung verbrauchen, um Arbeit zu leisten. Wir können also die Dynamomaschine als eine Art Elektricitätspumpe ansehen. Nun ist es bei der Wasserdruckpumpe offenbar nicht nötig, dass das gehobene Wasser unmittelbar durch geschlossene Röhren wieder in den Behälter zurückfliesst.

Wir können den Kreislauf auch beliebig weiter ziehen, können das Wasser auf weiten und schliesslich sehr weiten Umwegen in den Behälter zurückführen. Lassen wir beispielsweise bei einer Druckwasserleitung das verbrauchte, d. h. seiner Spannung beraubte Wasser einfach wegfliessen, so ist der Kreislauf der denkbar grösste, aber immer bewegt es sich in einem Kreislauf. Das Abwasser wird jetzt zunächst in kleinere, mit diesen in grössere Wasserläufe gelangen, schliesslich die allgemeine Wasseransammlung auf der Erde, das Meer erreichen. Dort verdunstet es, gelangt zunächst als Dampf in die Atmosphäre, später als fester oder flüssiger Niederschlag auf die Erde, und aus diesen Wasserniederschlägen wird auch zuletzt das Reservoir unserer Druckwasserleitung gespeist. Der Kreislauf also bleibt bestehen und lässt sich nachweisen. Man kann auch bei der strömenden Elektricität als Rückleitung von der Verbrauchsstelle zur Krafterzeugungsstelle die Erde benutzen, und alsdann ist das Verhältnis ein ähnliches, als wenn man das verbrauchte Druckwasser weglaufen lässt und somit als Rückleitung die natürlichen Wasserläufe und Wasseransammlungen auf der Erde und weiterhin die gesamte den Erdball umgebende Atmosphäre benutzt. Bei der Erzeugung und Verwendung von Dampfenergie tritt die Uebereinstimmung mit der strömenden Elektricität noch anschaulicher zu Tage. Die Kraftquelle ist hier der Kessel, der Energieverbraucher die Dampfmaschine. Ist die Maschine nun eine Kondensationsmaschine mit einem Oberflächenkondensator und wird das Kondenswasser dem Dampfkessel als Speisewasser wieder zugeführt, so haben wir das vollkommene Bild einer von gespannter Elektricität durchflossenen metallischen Leitung, bei welcher die Elektricität von der Verbrauchsstelle durch eine besondere Leitung zur Kraftquelle zurückgeführt wird. Ist die Dampfmaschine aber eine Auspuffmaschine, so müssen die freie Atmosphäre und die Wasserläufe und Wasseransammlungen auf der Erde die Rückleitung des Wassers zum Kessel vermitteln.

II.
Die Erzeugung der elektrischen Energie.

§ 11. Formen der Energie.

Energie kann sich unter verschiedenen Formen äussern. Wir kennen sie u. a. als mechanische Energie, als Wärme, als chemische Energie, Lichtenergie und auch als elektrische Energie. Die einzelnen Energieformen lassen sich ineinander umwandeln. Die Masseinheiten für die verschiedenen Energieformen sind natürlich verschieden; bei der Umwandlung aber erhält man stets für eine gegebene Energiemenge, die unter einer Form verbraucht wird, eine bestimmte und feststehende Energiemenge unter anderer Form. 425 kgm mechanische Arbeit liefern bei der Umsetzung in Wärme 1 Calorie, d. h. eine Wärmemenge, mit welcher die Temperatur von 1 kg Wasser um 1° C erhöht werden kann. 1 Pferdestärke ist, wie wir aus § 6 wissen, gleich 736 Watt. 1 Voltcoulomb oder 1 Joule liefert bei der Umsetzung in Wärme 0,24 Gramm-Calorien, d. h. eine Wärmemenge, welche die Temperatur von 1 g Wasser um 0,24° C erhöht. Die chemische Arbeit, welche verbraucht wird, wenn 1 kg Kohlenstoff sich mit $2^2/_3$ kg Sauerstoff verbindet, d. h. wenn 1 kg Kohlenstoff verbrennt, liefert stets 8080 Calorien an Wärmeenergie etc.

Wenn von der Erzeugung elektrischer Energie geredet wird, so ist das stets so zu verstehen, dass Energie in gegebener Form in elektrische Energie umgewandelt wird. Wirklich erzeugen, d. h. aus dem Nichts hervorbringen, lässt sich die elektrische Energie oder eine sonstige Energieform ebensowenig, wie die stoffliche Materie.

In der heutigen Praxis wird elektrische Energie in grossem Massstabe stets durch Verbrauch, also durch Umwandlung mechanischer Arbeit gewonnen. Mechanische Arbeit wird geleistet in allen Kraftmaschinen, also in Dampfmaschinen, Gas-, Petroleum-, Wassermotoren etc. Diese Kraftmaschinen treiben andere Maschinen, in denen die mechanische Arbeit in elektrische Energie umgesetzt wird. Solche Maschinen heissen allgemein magnet-elektrische Maschinen.

Man kann auch durch Aufwand anderer Energie als mechanischer Arbeit elektrische Energie gewinnen, und es wäre wünschenswert, dass man von dieser Möglichkeit im Grossen Gebrauch machen könnte, wesentlich deshalb, weil die Umsetzung von mechanischer Arbeit in elektrische Energie ziemlich umständlich ist. Die Kosten der Erzeugung elektrischer Energie aus anderen Energieformen sind aber heute noch so gross, dass die Benutzung dieser Methoden wirtschaftlich nicht möglich ist.

Es handelt sich also darum, die Umwandlung mechanischer Arbeit in elektrische Energie, überhaupt den Zusammenhang

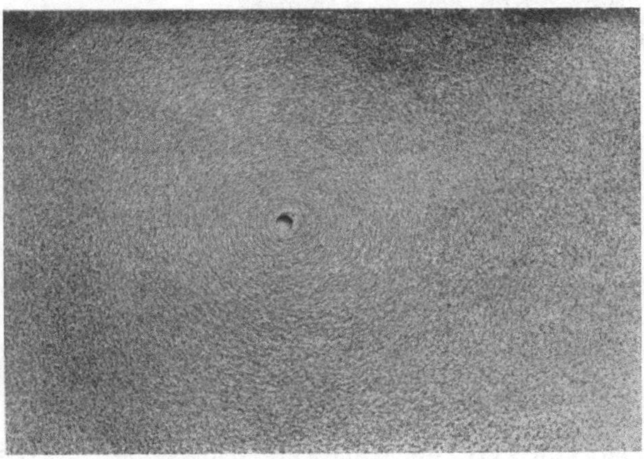

Fig. 6.

darzulegen, welcher zwischen mechanischer Arbeit und elektrischer Energie besteht.

§ 12. Kraftlinien und Kraftfelder.

Um den Zusammenhang zwischen elektrischer Energie und mechanischer Arbeit zu verstehen, ist es nötig, eine Reihe von Erscheinungen kennen zu lernen, die in den Abbildungen Fig. 6—19, soweit dies möglich ist, vor Augen geführt sind. Um die Erscheinungen möglichst naturgetreu vorzuführen, sind zur bildlichen Darstellung photographische Aufnahmen nach der Natur gewählt.

Man betrachte zunächst Fig. 6. Durch einen wagerecht gelagerten Karton mit glatter Oberfläche war senkrecht zu seiner Ebene ein blanker Kupferdraht geführt. Die Durchführungsstelle des Drahtes ist in der Mitte der Abbildung ersichtlich. Die Enden des Kupferdrahtes wurden mit einer elektrischen Leitung verbunden und durch den Draht ein Strom von 25 Ampere Stärke geschickt. Dabei ist, wie man weiss, äusserlich nichts weiter zu sehen. Bestreut man aber den Karton gleichmässig mit sehr feinem Eisenpulver und bringt man ihn weiterhin durch Beklopfen mit einem leichten Holzstäbchen in Schwingungen, so bemerkt man, dass sich das Eisenpulver auf der Papierfläche zu den regelmässigen Kreisen anordnet, wie sie aus der Abbildung ersichtlich sind. Der Mittelpunkt der sämtlichen Kreise ist die Stelle, wo der Kupferdraht durch den Karton geht.

Der Versuch beweist, dass beim Durchgang des elektrischen Stromes durch den Kupferdraht rings um denselben Kräfte auftreten, welche sich durch das umgebende Dielektrikum, hier also durch die Luft, verbreiten. Den Verlauf dieser Kräfte nennt man Kraftlinien. Sie bilden konzentrische Kreise, deren Ebenen auf der Stromrichtung senkrecht stehen. Den Bereich, innerhalb dessen sich die Kraftlinien erstrecken, nennt man ein Kraftfeld. Man kann also sagen, der durch einen Leiter fliessende elektrische Strom erzeugt in dem umgebenden Dielektrikum ein Kraftfeld. Das Kraftfeld wird erfüllt von kreisförmigen Linien, deren Mittelpunkte in der Axe des Stromes liegen.

Es ist nun klar, dass man stets dasselbe Bild der Kraftlinien erhalten wird, an welcher Stelle des Leitungsdrahtes man auch den mit Eisenpulver bestreuten Karton anbringen wird. Mit anderen Worten, von jedem Punkt des stromdurchflossenen Leitungsdrahtes oder von jedem Teilchen der durch den Draht bewegten Elektricität gehen Kraftlinien in Form konzentrischer Kreise aus. Folglich ist der Leitungsdraht in seinem ganzen Verlauf von einer cylindrischen Hülle oder von einem System cylindrischer Hüllen umgeben, die durch Kraftlinien in Kreisform gebildet werden (Fig. 7).

Die Wirkung der Kraftlinien tritt bei unserem Versuch dadurch zu Tage, dass die feinen Körnchen des Eisenpulvers in der Richtung dieser Linien geordnet und aneinander gelegt werden. Das Beklopfen des Kartons, auf welchen das Eisenpulver gestreut ist, erfolgt nur deshalb, um die Eisenkörnchen aufspringen zu machen und sie momentan dem

Reibungswiderstand, den sie an dem Papier erfahren, zu entziehen. Begreiflicherweise treten auch die Kraftlinien um so schöner hervor, je feiner das benutzte Eisenpulver ist. Bei den in den Abbildungen Fig. 6 und weiterhin dargestellten Versuchen wurde das höchst feine Pulver benutzt, welches in den Nadelfabriken beim Schleifen der Nadeln abfällt.

Man denke sich nun weiterhin den in Fig. 6 benutzten Kupferdraht zu einem ebenen Kreise gebogen und die sich nicht berührenden Enden des Drahtes wieder mit einer Stromquelle in leitende Verbindung gebracht. Die in Fig. 6 dargestellten Kraftlinien werden beim Durchgang des Stromes wieder auftreten und in Kreisen senkrecht zu der Drahtrichtung verlaufen. Es ist klar, dass jetzt diese Kraftlinien auf der einen Hälfte ihrer kreisförmigen Bahnen das Innere des von dem Drahte gebildeten Kreises durchsetzen, zur anderen Hälfte ausserhalb des Ringes verlaufen werden. Die Kraftlinien verbreiten sich gleichmässig durch jedes Dielektrikum, also auch durch Papier. Legen wir den kreisförmig gebogenen Draht wagerecht auf einen Tisch und bedecken wir ihn mit einem Karton, so verlaufen die Kraftlinien auf der unteren Hälfte ihrer Kreise durch das Holz des Tisches, auf der oberen durch den aufgelegten Karton hindurch. Bestreuen wir den Karton mit Eisenpulver und beklopfen ihn leicht, so erscheint das in Fig. 8 dargestellte Bild. Man erkennt sehr deutlich den Verlauf des unter dem Karton liegenden Kupferdrahtes und ferner, dass das Eisenpulver in Linien quer zu der Drahtrichtung angeordnet ist. Die vom Eisenpulver gebildeten Querlinien sind, wie es nicht anders sein kann, die senkrechten Projektionen der oberhalb

Fig. 7.

des Kartons von den Kraftlinien gebildeten Kreisbögen. Es ist natürlich nicht nötig, dass der von dem Kupferdraht gebildete Kreis ein Kreis im geometrischen Sinne des Wortes ist; er kann vielmehr beliebig gebogen sein.

Nehmen wir ferner den Kupferdraht so lang, dass wir aus ihm nicht einen, sondern eine grössere Anzahl fortlaufender Kreise bilden können, so bilden diese Drahtkreise eine Spirale oder Spule. In der Elektrotechnik heisst sie allgemein eine Stromspule (Solenoid). Eine solche Spule hat die Form eines Hohlcylinders mit kreisförmigem Querschnitt. Will man die einzelnen Kreise einer solchen Spule so dicht

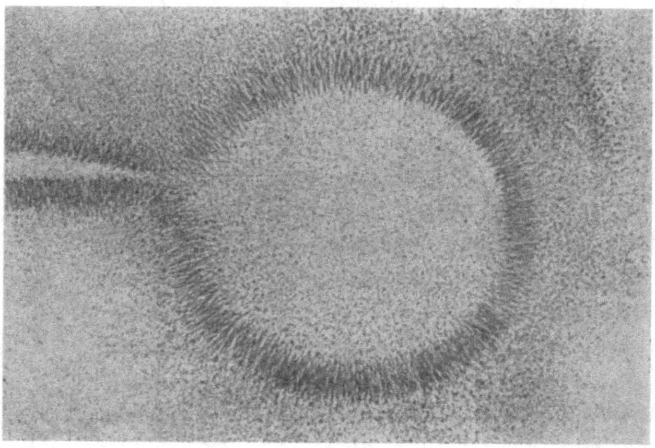

Fig. 8.

aneinander legen, dass die benachbarten Windungen sich berühren, so muss der Kupferdraht natürlich isoliert, d. h. mit einer festen dielektrischen Substanz umhüllt sein. Andernfalls würde der Strom nicht den Draht in seiner ganzen Länge durchfliessen, sondern auf dem kürzesten Wege von Windung zu Windung gehen.

Eine solche stromdurchflossene Spule zeigt nun eigentümliche Erscheinungen. Von jedem Punkt jedes ihrer Drahtkreise gehen die in Fig. 6 dargestellten Kraftlinien aus. Diese setzen sich aber jetzt zu gemeinsamen Kreisen zusammen, so zwar, dass die Kraftlinien das Innere der Spule parallel zu ihrer Axe durchsetzen und ausserhalb der Spule sich zu geschlossenen Linien vereinigen. Die Abbildung Fig. 9 giebt die photographische Aufnahme. Man sieht die

Kraftlinien parallel zur Axe durch das Innere der Spule hindurchgehen und an beiden Enden umbiegen, d. h. die an einem Spulenende austretenden Kraftlinien kehren in Kurven ausserhalb der Spule zum anderen Ende zurück. Der Kupferdraht ist durch Oeffnungen im Karton hindurchgeführt und so zu einer Spule gebogen, dass der Karton die Spule parallel zur Axe und in der Ebene der Axe schneidet. Der Verlauf der Kraftlinien ist, wie üblich, durch aufgestreutes Eisenpulver sichtbar gemacht.

In Fig. 9 gehen die Kraftlinien nach ihrem Austritte aus der Spule büschelförmig auseinander. Wir werden diese

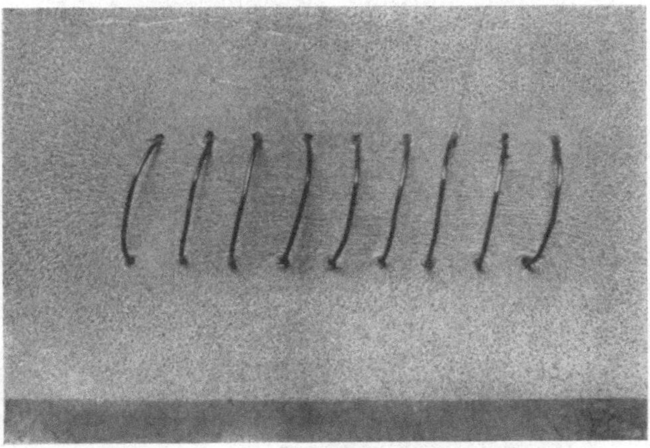

Fig. 9.

Ausbreitung vollständiger bemerken können, wenn wir die Spule aufrecht stellen und über ihr einen mit Eisenpulver bestreuten Karton anbringen. Dies ist in Fig. 10 geschehen. Die von der Spulenöffnung strahlenförmig nach allen Seiten verlaufenden Linien sind, ähnlich wie in Fig. 8, die senkrechten Projektionen der oberhalb des Kartons verlaufenden Bogen der Kraftlinien.

In Fig. 9 und ebenso in den übrigen einschlägigen Kraftlinienfiguren legen sich die Eisenkörnchen so aneinander, dass fortlaufende Linien entstehen. Daraus ist die Bezeichnung „Kraftlinien“ entstanden. Es wäre aber falsch anzunehmen, dass die Kräfte, welche das Eisenpulver in diesen Linien ordnen, wirklich nur da auftreten, wo das Eisenpulver sie nachweist, so dass also in den Zwischenräumen zwischen je zwei Linien keine Kräfte wirksam wären. Die Ausbreitung der Kräfte ist vielmehr zu denken, wie die einer elastischen Flüssigkeit, also eines Gases, welches durch das Innere der Stromspule fliesst und am Ende beim Austritt sich gleichmässig nach allen Seiten verbreitet. Es ist also richtiger, die Erscheinung als eine Kraftströmung zu bezeichnen, welche durch das Spuleninnere in der aus Fig. 9 ersichtlichen Weise hindurchgeht. Folglich muss das eine Spulenende die Einströmungs-, das andere die Ausströmungsstelle sein. Die Richtung der Strömung lässt sich bei dem Versuch nicht ermitteln, man ist deshalb darauf angewiesen, hierüber zu einer willkürlichen Annahme zu greifen.

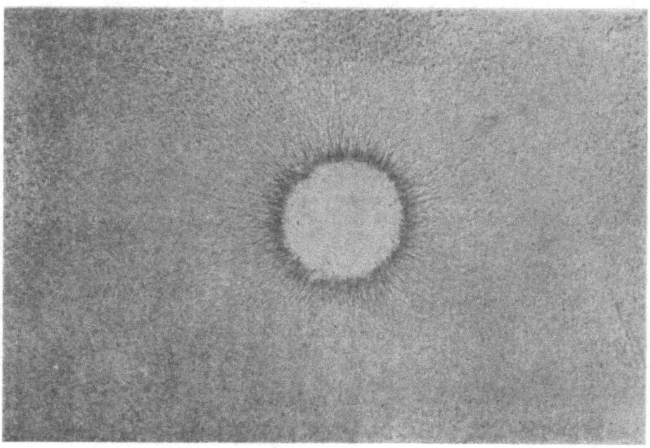

Fig. 10.

Hängt man eine Stromspule an einem feinen Faden so auf, dass sie wagerecht schwebt und sich während des Stromdurchganges in der wagerechten Ebene frei bewegen kann, so stellt sie sich in die Richtung des magnetischen Erdmeridians ein, so dass also das eine Ende nach dem magnetischen Nordpole, das andere nach dem magnetischen Südpole der Erde gerichtet ist. Ersteres heisst der Nordpol, letzteres der Südpol der Spule. Man nimmt nun an, dass die aus Fig. 9 ersichtliche Kraftströmung beim Nordpole austritt und ausserhalb der Spule zum Südpol zurückkehrt, sie also dort wieder eintritt.

Bringt man in das Innere der Stromspule einen Eisenstab, so zeigt der mit Eisen bestreute Karton beim Durchgang des Stromes durch die Spule das Bild in Fig. 11. Man bemerkt jetzt, dass die Kraftströmung, welche in Fig. 9 gleichmässig das Innere der Spule ausfüllt, sich dem Eisen zuwendet und ihren Weg vorwiegend durch das Eisen nimmt. Man erklärt dies damit, dass das Eisen der Kraftströmung einen bequemeren Weg bietet, ihr weniger Widerstand entgegensetzt, als die Luft. Man sagt, das Eisen besitze eine grössere Durchlässigkeit, Permeabilität für die Strömung, als andere Körper, insbesondere als die Luft.

Weiterhin aber zeigt der in der stromdurchflossenen Spule steckende Eisenstab alle die Eigenschaften, welche man von alters her als magnetische zu bezeichnen gewohnt

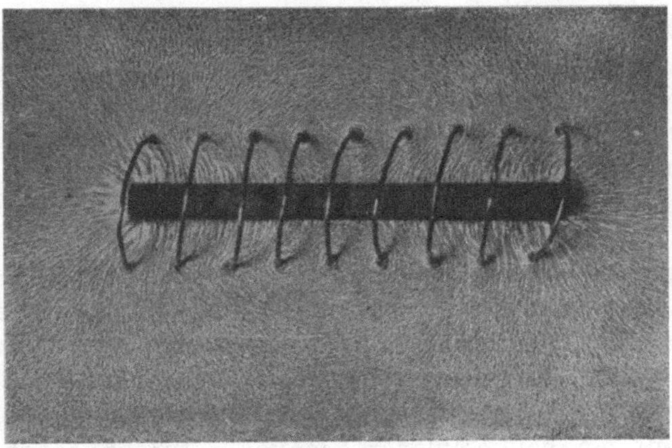

Fig. 11.

ist, insbesondere zieht er ein in die Nähe gebrachtes Eisenstück an. Aus einem Eisenstück wird also, wenn es in Windungen von einem elektrischen Strome umflossen wird, ein Magnet. Man nennt einen so erhaltenen Magneten einen Elektromagneten zum Unterschiede von einem permanenten oder Stahlmagneten. Besteht das in die Spule gesteckte Eisenstück aus weichem Eisen, so erscheint der Magnetismus sofort beim Durchgang des Stromes durch die Spule, hört aber mit dem Abstellen des Stromes auf. Besteht der Stab aus Stahl, so wird dieser ebenfalls, jedoch schwächer magnetisiert, als weiches Eisen, sein Magnetismus bleibt aber ständig, dauert also auch nach dem Aufhören des Stromes fort. Stahl also leitet die von einer

Stromspule bewirkte Kraftströmung schlechter als weiches Eisen, behält aber die einmal aufgenommene Strömung bei. Wir müssen also annehmen, dass es schwieriger ist, der Kraftströmung durch Stahl einen Weg zu bahnen, als durch weiches Eisen, dass aber die Bahnen, wenn sie einmal hergestellt sind, ständig offen bleiben und der Kraftströmung einen Widerstand nicht mehr entgegensetzen. Nur so ist zu erklären, dass in einem Stahlstab der Magnetismus, auch wenn die magnetisierende Wirkung der Stromspule aufhört, bestehen bleibt; denn wäre Widerstand zu überwinden, so müsste Energie verbraucht werden, und die Kraftströmung, also der Magnetismus des Stabes, müsste schliesslich aufhören.

Da die durch ein Eisenstück gehende Kraftströmung das Eisen zum Magneten macht, so nennt man sie auch magnetische Strömung, und jeder Magnet ist als ein Eisenstück anzusehen, welches von der in Rede stehenden Strömung durchflossen wird.

Bei dieser Annahme erklären sich leicht verschiedene Erscheinungen. Das Wirksame an einem Magneten ist natürlich nicht das Stück Eisen, sondern die durchgehende Kraftströmung. Wirkungen nach aussen zeigen sich deshalb nur da, wo die Strömung in den Eisenstab ein- und wo sie aus ihm austritt. Dies ist vorwiegend an den Enden des Magnetstabes der Fall; vollständig würde es dann zutreffen, wenn die Luft ein vollkommener Nichtleiter für die magnetische Strömung wäre. So aber liegt die umgebende Luft im Nebenschluss zu der eisernen Leitung des Magnetstabes, und ein Teil der Kraftströmung geht durch sie hindurch. So kommt es, dass die bekannten magnetischen Wirkungen eines magnetisierten Eisenstabes von der Mitte nach den Enden hin zunehmen und an den Enden am stärksten sind. Die Enden heissen bekanntlich die Pole des Magneten. Es ist klar, dass es Magnetstäbe mit einem Pol oder mit zwei gleichen Polen nicht geben kann. Die Kraftströmung setzt notwendig eine Eintritts- und eine Austrittsstelle voraus. Man nimmt, wie bei der Stromspule an, dass die Strömung beim Nordpol austritt und beim Südpol eintritt. Schneidet man einen Magnetstab in zwei Teile, so erhält man immer zwei neue vollständige Magnete, d. h. an der Trennungsstelle entstehen zwei neue freie Pole. Es ist dies auch nicht anders denkbar. Durchschneidet man den Magnetstab, also den von der Kraftströmung durchflossenen Eisenstab, so muss notwendig eine neue Ausströmungs- und Einströmungsstelle entstehen. Es ist gleichgiltig, an welchen und auch an wie vielen Stellen man den Magnetstab durchschneidet. Nähert man dem Pole eines Magneten einen unmagnetischen Eisenstab, so wird dieser ebenfalls ein Magnet. Die Kraftströmung nimmt alsdann ihren Weg durch das vorgehaltene Eisen. Es ist klar, dass das der Ausströmungsstelle, also dem Nordpole des Magneten vorgehaltene Ende des Eisenstabes zu einer Einströmungsstelle für die Kraftströmung, also ein magnetischer Südpol wird. Ebenso nimmt die beim Südpol des Magnetstabes eintretende Kraftströmung ihren Weg durch vorgehaltenes Eisen, fliesst also am Ende des vorgehaltenen Eisenstabes aus, d. h. erzeugt dort einen Nordpol. Ein magnetischer Pol erzeugt deshalb, wie bekannt, in dem ihm benachbarten Ende eines Eisenstabes den entgegengesetzten Pol.

Biegt man einen Magnetstab zu einem Kreise zusammen und vereinigt man die Enden möglichst innig, etwa durch Verschweissung, so geht die Kraftströmung durch die geschlossene Eisenmasse; es ist, wie man zu sagen pflegt, ein geschlossener magnetischer Kreis gebildet oder eine geschlossene magnetische Strömung erzeugt. Der Widerstand eines solchen geschlossenen Eisenkreises ist so gering, dass die magnetische Strömung nahezu vollständig im Innern des Eisens verläuft und keine Kraftlinien nach aussen treten. Ein solcher magnetischer Ring übt auf genähertes Eisen keine Wirkung aus, er besitzt keine Stellen, an denen Kraftströmung aus- und eintritt, keine freien Pole; er ist ein sogenannter polloser Magnet.

Die Herstellung eines geschlossenen magnetischen Kreises für die Kraftströmung ist, wie schon an dieser Stelle bemerkt sein mag, ein wesentliches Erfordernis für den Bau einer leistungsfähigen magnetelektrischen Maschine.

Wenn nun ein stabförmiger Stahlmagnet dieselbe Kraftströmung besitzt, wie eine stromdurchflossene Spule, so muss er auch dieselben Erscheinungen bezüglich der Kraftströmung zeigen, wie diese. Fig. 12 liefert den Beweis dafür. Unter dem eisenbestreuten Karton stand aufrecht ein stabförmiger Stahlmagnet, so dass das obere Ende etwa 1 cm von der Unterseite des Kartons entfernt war. Die Kraftlinien verlaufen genau so strahlenförmig nach allen Seiten, wie in Fig. 10. Der einzige Unterschied ist nur, dass in Fig. 12 das Bild des Stabquerschnittes, in Fig. 10 dasjenige des lichten Spulenquerschnittes erscheint. Es wird darnach gestattet sein; bei den weiterhin zu besprechenden Versuchen, statt einer stromdurchflossenen Spule, einen stabförmigen Stahlmagneten zu benutzen.

In Fig. 13 sind zwei Stabmagnete mit gleichem und zwar mit den beiden Nordpolen wagerecht einander gegen-

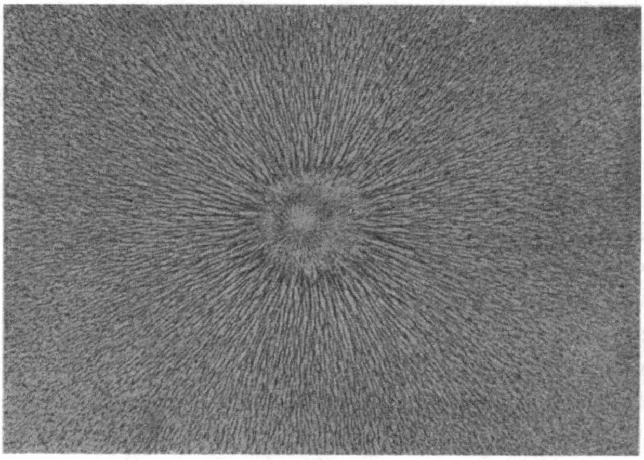

Fig. 12.

über gelegt. Es stehen somit zwei Ausströmungsstellen gegenüber, aus denen die magnetische Strömung in gleicher Stärke heraustritt. Man sieht aus der photographischen Abbildung, dass die Kraftströmungen wie zwei Gas- oder Flüssigkeitsströme aufeinander prallen und gegeneinander aufbäumen. Dass und weshalb gleichnamige Magnetpole einander abstossen, ist aus der Abbildung ohne weiteres ersichtlich.

In Fig. 14 sind dieselben Stabmagnete, jedoch jetzt mit ungleichen Polen, einander gegenüber gestellt. Es steht jetzt ein Nordpol einem Südpol, also eine Ausströmungsstelle einer Einströmungsstelle gegenüber. Die Kraftströmung geht von Pol zu Pol und zwar in breiter Fläche. Die Kraftlinien wirken hierbei ähnlich wie elastische Schnüre, welche die

Eisenenden zu nähern bestrebt sind; ungleichnamige Magnetpole ziehen sich an.

Es ist von Interesse zu sehen, dass auch stromdurchflossene Spulen, welche mit ungleichen Polen gegenüber gestellt werden, dasselbe Bild der Kraftströmung zeigen, wie in Fig. 14 die Pole der Stabmagnete. In Fig. 15 sind zwei Stromspulen senkrecht nebeneinander gestellt, so dass an beiden Enden verschiedene Pole benachbart sind. Die Kraftströmung geht, genau wie in Fig. 14, von Pol zu Pol.

Die in Fig. 14 zwischen ungleichen Magnetpolen verlaufende Kraftströmung heisst das magnetische Feld oder

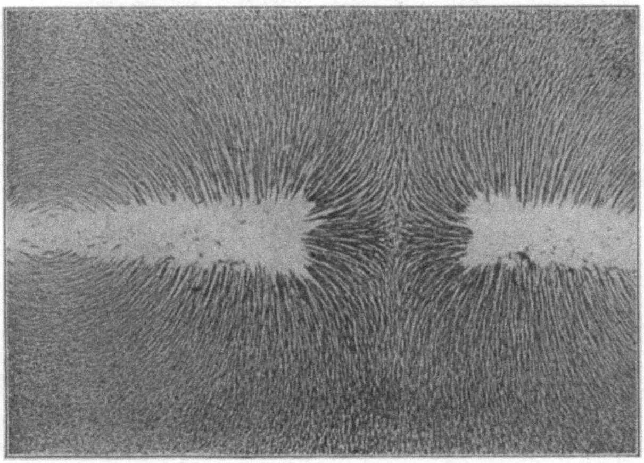

Fig. 13.

das Kraftfeld dieser Magnete bezw. in Fig. 15 das Kraftfeld der Spulen. Magnete, welche zu dem Zwecke, eine solche Kraftströmung an gegebener Stelle hervorzubringen, angewandt werden, heissen Feldmagnete. Sie bilden einen wesentlichen Teil jeder magnetelektrischen Maschine.

Wird ein magnetisches Feld ausschliesslich in der Luft gebildet, d. h. sind die einander gegenüberstehenden Magnetpole durch einen Luftzwischenraum getrennt, so verlaufen die Kraftlinien in der Weise, wie Fig. 14 dies zeigt. Das Bild wird ein anderes, wenn wir das Feld teilweise durch einen Körper, welcher die magnetische Strömung besser leitet, insbesondere also durch Eisen, ausfüllen. Fig. 16 zeigt dies in besonderem Masse. Zwischen die Magnetpole ist ein geschlossener Eisenring gelegt. Die von Pol zu Pol gehende Kraftströmung nimmt jetzt ihren Weg vorwiegend durch das Metall des Ringes; man sieht, wie die Kraftlinien umbiegen und sich dem Eisenring zuwenden. Hiervon macht man, wie sich später zeigen wird, bei dem Bau von magnetelektrischen Maschinen Anwendung. Man kann den zwischen den Magnetpolen gelagerten Eisenring (Anker) als eine Vorrichtung ansehen, der magnetischen Strömung einen bestimmten Weg vorzuschreiben, ähnlich wie man bei einer Wasserkraft das Aufschlagwasser durch einen Kanal so leitet, dass es vollständig auf die Schaufeln des Wasserrades geführt wird.

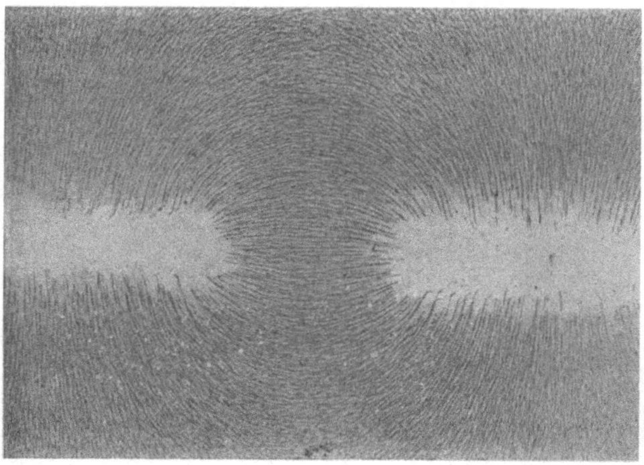

Fig. 14.

Will man ein Eisenstück magnetisieren, so muss man es in eine stromdurchflossene Spule stecken, d. h. man muss einen elektrischen Strom in Windungen um das Eisen herumleiten. Die die magnetische Strömung hervorrufende oder, wie man darnach sagt, die magnetomotorische Kraft, wird also, wie übrigens Fig. 9 unmittelbar darthut, von der stromdurchflossenen Spule geliefert. Die Grösse der magnetomotorischen Kraft hängt nun, wie sich von vornherein erwarten lässt, und wie man durch den Versuch jederzeit erhärten kann, von der Stärke, also von der Zahl der Ampere des durch die Spulenwindungen gehenden elektrischen Stromes und von der Zahl der Drahtwindungen ab, welche das Eisenstück umgeben. Die Grösse der magnetomotorischen Kraft wird somit erhalten durch das Produkt aus der Zahl der Windungen der Stromspule und der Zahl der Ampere des durchgehenden Stromes. Man hat dieses Produkt entsprechend die Zahl der Amperewindungen genannt. Ein elektrischer Strom beispielsweise von 5 Ampere Stärke, welcher einen Eisenkern in 20 Windungen umfliesst, besitzt dieselbe magnetomotorische Kraft, wie ein Strom von 1 Ampere, der in 100 Windungen, oder ein Strom von 100 Ampere, der in 1 Windung das Eisen umfliesst. Die Zahl der Amperewindungen ist in allen Fällen gleich 100. In jedem Falle also ist die magnetomotorische Kraft einer Stromspule gleich der

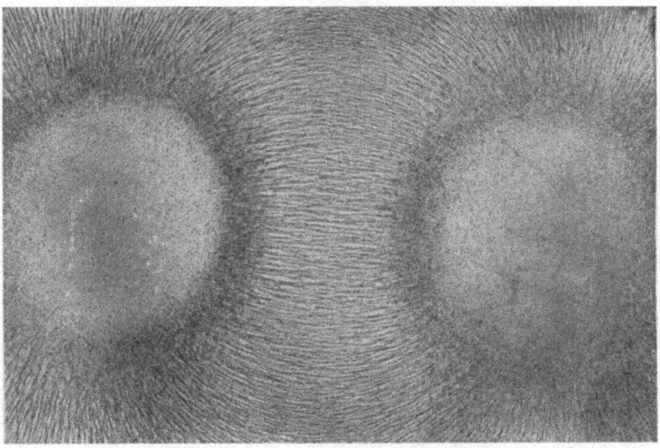

Fig. 15.

Zahl ihrer Amperewindungen. Will man verschiedene Stromspulen in Bezug auf ihre magnetomotorische Kraft vergleichen und zu genauen Resultaten gelangen, die für die Rechnung brauchbar sind, so ist noch die Länge in Betracht zu ziehen, auf welcher die Windungen der Stromspule verteilt sind; mit anderen Worten, man hat die Zahl der Amperewindungen anzugeben, welche auf die Längeneinheit, also auf 1 cm kommen. Man gelangt also dazu, festzustellen, dass die magnetomotorische Kraft einer Stromspule gleich der Zahl der auf 1 cm Spulenlänge kommenden Amperewindungen ist.

Bei der magnetischen Strömung spricht man, ähnlich wie bei einem elektrischen Strome, von der Stärke der Strömung, also von der magnetischen Stromstärke. Man sagt,

5*

die magnetische Stromstärke sei gleich der Zahl der Kraftlinien, welche ein Flächenstück von 1 qcm Ausdehnung senkrecht durchschneiden. Da nun das ganze magnetische Feld, d. h. der ganze Raum zwischen zwei ungleichnamigen Magnet- oder Spulenpolen von der Kraftströmung ausgefüllt wird, so hat es anscheinend keinen Sinn, von einer messbaren und begrenzten Zahl von Kraftlinien zu sprechen, da in dem Raume unter allen Umständen unendlich viele Linien gedacht werden können. Denken wir uns aber, die Strömung zwischen den Magnetpolen bestehe aus einer strömenden elastischen Flüssigkeit. Es steht dann nichts im Wege, sich

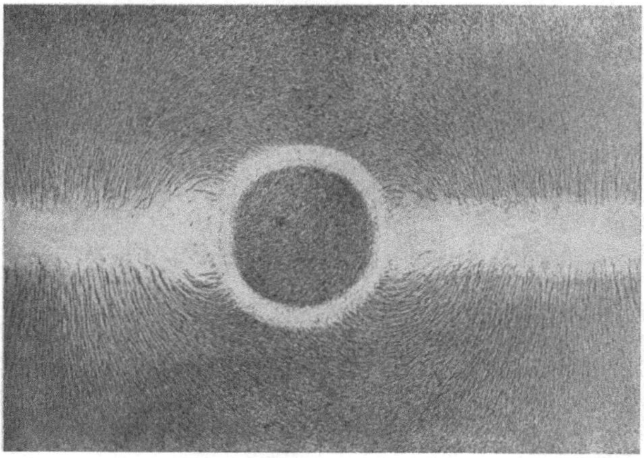

Fig. 16.

die gesamte Strömung in eine beliebige Zahl von Teilströmungen oder Stromfäden, Linien zerlegt zu denken, und wir werden die Gesamtströmung als eine bestimmte Summe von Teilströmungen angeben können, sobald wir festgelegt haben, welche Stromstärke wir als Masseinheit für die Teilströmung oder Kraftlinie ansehen wollen. Dazu gelangt man in folgender Art: Gleichnamige Magnetpole stossen sich bekanntlich ab. Die Grösse der abstossenden Kraft hängt ab von der Stärke der magnetischen Strömung und der Entfernung der Pole, folgt demselben Gesetz, wie die Abstossung von Elektricitätsmengen (Coulombsches Gesetz, Seite 17). Wir nennen nun magnetischen Einheitspol einen solchen, welcher auf einen ihm gleichen in der Entfernung von 1 cm eine Abstossung von 1 Dyne ausübt. Denken wir uns um einen solchen Einheitspol, als Punkt gedacht, eine Kugel mit einem Halbmesser gleich 1 cm beschrieben, so wird der Pol nach allen Seiten magnetische Strömung entsenden, und durch jeden Teil der Kugeloberfläche wird eine magnetische Strömung von bestimmter Stärke hindurchgehen. Diejenige Strömung nun, welche unter diesen Verhältnissen durch 1 qcm der Kugeloberfläche hindurchfliesst, wird als Masseinheit für die magnetische Stromstärke angesehen, und sie wird als Stromstärke von 1 Kraftlinie angenommen. Der Ausdruck Kraftlinie ist offenkundig unzweckmässig, sogar unrichtig. Es handelt sich bei dem, was man Kraftlinie nennt, gar nicht um die Ausdehnung, sondern um die Stärke einer Kraftströmung, und es ist klar, dass die Strömung bei jeder Stärke den ganzen Raum zwischen den Magnetpolen ausfüllen wird, ähnlich wie ein Dampf- oder Gasstrom die ganze Höhlung einer Rohrleitung ausfüllt, einerlei, welche Stärke der Strom hat. Die Methode aber, eine magnetische Kraftströmung als eine Summe von Kraftlinien von bestimmter Stärke zu bezeichnen, ist allgemein üblich geworden und auch geeignet, ein für die Rechnung brauchbares Mass zu liefern. Sagen wir also beispielsweise, die magnetische Strömung in einem Eisenkern betrage 20000 Kraftlinien auf 1 qcm Querschnitt, so wollen wir damit ausdrücken, dass durch die genannte Querschnittsfläche eine Strömung hindurchgeht, welche 20000 mal stärker ist, als die vorhin als Kraftlinie gekennzeichnete. Wir wissen, dass die Erde selbst ein Magnet ist, also von einer Kraftströmung durchflossen wird. Die Strömung tritt unserer Annahme zufolge am magnetischen Südpole aus und verläuft über die Erdoberfläche zum Nordpol zurück, wo sie wieder eintritt. Jeder Punkt der Erdoberfläche ist somit von einer magnetischen Strömung durchflossen oder befindet sich, wie man zu sagen pflegt, im magnetischen Felde. Hierauf beruht die Erscheinung, dass eine in der wagerechten Ebene freibewegliche Magnetnadel sich in den magnetischen Meridian, also in die Richtung Süd-Nord einstellt. Wenn es nun heisst, die Stärke oder Intensität des Erdmagnetismus, welcher auf die Magnetnadel in der wagerechten Ebene einwirkt, sei gleich 0,2, so will man damit sagen, die hierbei in Betracht kommende Kraftströmung habe $0{,}2 = {}^1/_5$

derjenigen magnetischen Stromstärke, die wir eine Kraftlinie nennen.

Für die Stärke der magnetischen Strömung im gegebenen Falle besteht dasselbe Gesetz, wie für die Stärke einer elektrischen Strömung. Für letztere wurde das Gesetz Seite 42 entwickelt und als Ohmsches Gesetz bezeichnet. Die Stärke einer magnetischen Strömung hängt ab von der Kraft, welche die Strömung hervorruft, und die wir magnetomotorische Kraft genannt haben, und von dem Widerstande, welchen das von der Strömung durchflossene Material der Strömung entgegensetzt. Erstere vermehrt, letzterer vermindert die Stromstärke. Stellen wir den Wortlaut des Gesetzes für beide Stromarten nebeneinander, so ergiebt sich:

$$\text{Elektrische Stromstärke} = \frac{\text{Elektromotorische Kraft}}{\text{Elektr. Leitungswiderstand}}$$

$$\begin{array}{c}\text{Magnetische Stromstärke}\\ \text{(Zahl der Kraftlinien)}\end{array} = \frac{\text{Magnetomotorische Kraft}}{\text{Magnet. Leitungswiderstand}}$$

Um also bei gegebener magnetomotorischen Kraft, also bei einer gegebenen Zahl von Amperewindungen, eine möglichst starke magnetische Stromstärke zu erzeugen, müssen wir den magnetischen Leitungswiderstand thunlichst herabmindern. Vergleichen wir die photographischen Aufnahmen Fig. 9 und Fig. 11 miteinander, so erkennen wir ohne weiteres, dass die Strömung in Fig. 11 erheblich stärker ist, als in Fig. 9. In beiden Fällen war aber die Zahl der Spulenwindungen und die Stärke des durchgeleiteten Stromes, also auch die Zahl der Amperewindungen und damit die magnetomotorische Kraft dieselbe. Die stärkere Strömung in Fig. 11 entsteht dadurch, dass sie jetzt auf einem grossen Teil ihres Weges durch einen Eisenstab, also durch Material hindurchgeht, welches ein viel besserer magnetischer Leiter ist, d. h. viel weniger Widerstand bietet, als Luft. Als magnetisch, oder besser gesagt, als magnetisierbar im gewöhnlichen Sinne des Wortes haben wir jedes Material anzusehen, welches eine magnetische Strömung besser leitet als Luft. An erster Stelle steht hier, wie bekannt, das Eisen; verhältnismässig gute Leiter für magnetische Strömung sind ferner noch die Metalle Nickel und Kobalt. Alle übrigen Stoffe leiten, soweit bekannt, nicht besser als Luft. Auch beim Eisen walten in Bezug auf magnetische Leitungsfähigkeit erhebliche Unterschiede ob. Der beste Leiter ist ausgeglühtes, weiches Schweisseisen; die Leitungsfähigkeit nimmt ab in dem Masse, wie das Eisen härter, also kohlenstoffreicher wird. Stahl ist deshalb ein viel schlechterer magnetischer Leiter als Schweisseisen.

Bei gegebenem Material hängt, wie bei elektrischen Leitern, der Widerstand von der Länge und von dem Querschnitt des magnetischen Leiters ab. Die Leitungsfähigkeit eines Eisenstabes ist um so grösser, je kürzer und dicker der Stab ist. In einem geschlossenen Eisenring hat die magnetische Strömung bei gegebener magnetomotorischen Kraft eine bestimmte Stärke. Durchschneiden wir den Ring an einer Stelle quer zur Axe, so dass an der Trennungsstelle eine Luftschicht entsteht, so nimmt die Stärke der Strömung ab, weil die Luftschicht einen erheblich grösseren Widerstand bietet. Je dicker die Luftschicht ist, um so mehr sinkt die Stromstärke. Bei magnetelektrischen Maschinen muss man darauf bedacht sein, eine geschlossene Eisenleitung für die magnetische Strömung herzustellen. Vollkommen, d. h. ohne Unterbrechung des Kreises durch Luftschichten lässt sich das, wie sich später zeigen wird, nicht ausführen; man wird aber verstehen, weshalb man die unvermeidlichen Luftschichten so dünn als möglich zu machen sucht.

Weshalb Eisen, Nickel und Kobalt die magnetische Strömung gut bezw. verhältnismässig gut, alle übrigen Stoffe sie schlecht leiten, darüber wissen wir heute noch ebensowenig etwas, wie weshalb es gute und schlechte elektrische Leiter, gute und schlechte Wärmeleiter giebt, oder worauf es beruht, dass einzelne Körper das Licht durchlassen, andere es aufhalten.

An welchem Ende bei einem stromumflossenen geraden oder gekrümmten Eisenstab ein Nordpol bezw. ein Südpol entsteht, hängt von der Richtung ab, in welcher der elektrische Strom das Eisen umkreist. Man kann in jedem einzelnen Falle, sobald die Richtung des elektrischen Stromes bekannt ist, rasch und leicht ausfindig machen, welcher Pol an einem gegebenen Stabende erzeugt wird. Man hat sich zu dem Zwecke vor das Ende des wagerecht gelagerten Magnetstabes zu stellen, das Gesicht dem Stabende zugewandt. Fliesst bei dieser Beobachtungsstellung der elektrische Strom im Sinne des Uhrzeigers um den Eisenstab herum, so erzeugt er an dem beobachteten Stabende einen Südpol, fliesst er entgegengesetzt, einen Nordpol. (Fig. 17.) Wird hiernach bei einem stromumflossenen Eisenstab die Stromrichtung umgekehrt, so muss sich auch die Richtung der im Eisenstab verlaufenden magnetischen Strömung umkehren, d. h. die Kraftlinien verlaufen entgegengesetzt wie vorhin, oder, was dasselbe sagt, der Magnet wechselt seine Pole. Wird also die den Magnetismus im Eisen erregende Spule von einem Wechselstrom durchflossen, so wechselt bei jedem Stromstoss mit der elektromotorischen Kraft des elektrischen Stromes auch die magnetomotorische Kraft des magnetischen Stromes ihre Richtung. Hierbei zeigt sich nun die Erscheinung, dass bei jedem Wechsel des elektrischen Stromes die Umkehrung der magnetischen Strömung hinter derjenigen der elektrischen Strömung etwas zurückbleibt. Man bezeichnet dies heute allgemein als Hysteresis (griech. = zurückbleiben), auch wohl als magnetische Reibung. Die Hysteresis verursacht bei jeder Stromumkehrung die Umwandlung eines Teiles der gegebenen oder erzeugten elektrischen Energie in Wärme und damit einen Verlust, da diese Wärme verloren geht.

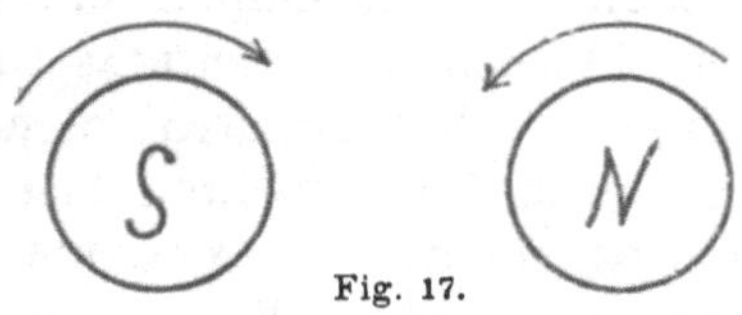

Fig. 17.

§ 13. Elektrische Ströme im magnetischen Feld. Magnetelektrische Maschinen.

Wir haben in dem bisherigen die Kraftfelder beleuchet, welche durch einen geradlinigen Stromleiter, durch Stromspulen und durch Magnete erzeugt werden. Eine Erweiterung zeigt Fig. 18. Wir haben zwei wagerecht gelagerte Stabmagnete, die mit ungleichnamigen Polen einander gegenüber gestellt sind. Die Kraftlinien müssen also das in Fig. 14 dargestellte Bild zeigen. Nun wurde in der Mitte zwischen den beiden Polen durch den eisenbestreuten Karton senkrecht ein Leitungsdraht genau wie in Fig. 6 durchgeführt und durch den Draht ein Strom geleitet. Neben den Kraftlinien in Fig. 14 müssten somit die Kraftlinien in Fig. 6 zum Vorschein kommen. Wir sehen aber, dass die Wirkung des durch das magnetische Feld geleiteten elektrischen Stromes darin besteht, dass die magnetischen Kraftlinien seitwärts, und zwar senkrecht zu der Stromrichtung, gedrängt werden. Wir können auch sagen, und das Bild des Verlaufes der magnetischen Kraftlinien lässt dies klar erkennen, dass die magnetischen Linien auf den Strom und damit auf den Stromleiter einen Zug ausüben, welcher bestrebt ist, den Stromleiter aus dem magnetischen Felde herauszubringen. Wäre der Stromleiter frei beweglich, so würde er diesem Zuge folgen und sich in der angegebenen Richtung bewegen.

Die Richtung, nach welcher die magnetischen Kraftlinien abgelenkt werden, bezw. der Stromleiter aus dem magne-

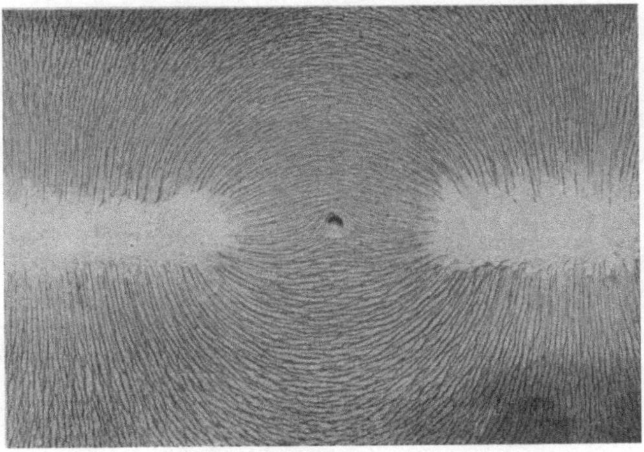

Fig. 18.

tischen Felde bewegt wird, hängt von der Richtung des durch den Leiter geschickten elektrischen Stromes ab. Bei Umkehrung des Stromes im Stromleiter würde die Ablenkung der magnetischen Kraftlinien nach der entgegengesetzten Seite erfolgen. Dies wird durch die Abbildung in Fig. 19 deutlich gemacht. Hier ist der durch den Karton geführte Leitungsdraht unterhalb des Kartons umgebogen und durch die zweite Oeffnung im Karton zurück nach oben geführt. Schicken wir deshalb durch den Draht einen Strom, so hat dieser in den beiden Drahtzweigen entgegengesetzte Richtung; wir haben somit zwei parallele, aber entgegengesetzt gerichtete elektrische Ströme im magnetischen Felde. Die Wirkung dieser Ströme auf die magnetischen Kraftlinien tritt sehr deutlich zu Tage. Jeder Strom wirft die Kraftlinien zurück, aber in entgegengesetzter Richtung, jeder Stromleiter erfährt somit einen Zug, aber in entgegengesetzter Richtung, der ihn aus dem magnetischen Felde entfernen will. Denken wir uns die beiden Stromleiter durch eine wagerechte Axe starr verbunden, im übrigen aber beweglich, so würden sie um den Mittelpunkt dieser verbindenden Axe eine drehende Bewegung ausführen müssen. Wir würden also damit elektrische Energie in mechanische Arbeit umsetzen. Thatsächlich ist das, was in Fig. 19 von der Natur gezeichnet ist, nichts anderes, als der Elektromotor und auch die Dynamomaschine, beide in

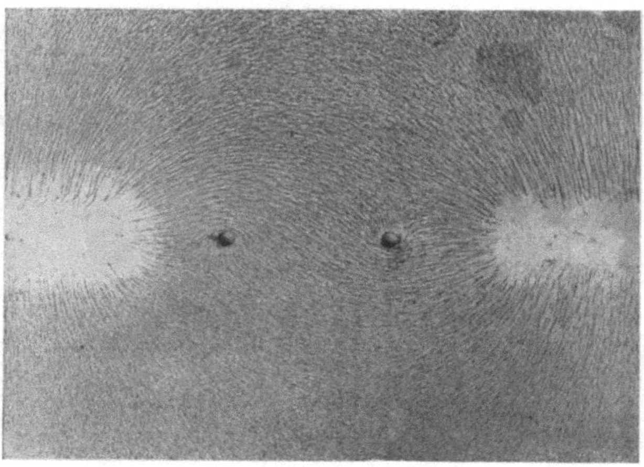

Fig. 19.

ihrer einfachsten Form. Schicken wir durch die beiden Stromleiter einen elektrischen Strom, wenden wir also elektrische Energie auf, so entsteht ein mechanischer Zug auf die Stromleiter und weiterhin eine Bewegung derselben, also mechanische Arbeit. Wenn wir aber die Stromleiter im magnetischen Feld bewegen und zwar dem Zuge der Kraftlinien auf den stromdurchflossenen Leiter entgegengesetzt, so entsteht in den Stromleitern eine elektromotorische Kraft und weiterhin ein elektrischer Strom. Wir wenden alsdann mechanische Arbeit auf und setzen sie in elektrische Energie um. Das ist die Art, wie man heute elektrische Energie und mechanische Arbeit ineinander umsetzt, und der Vorgang, wie er in Dynamomaschinen und Elektromotoren Platz greift.

§ 14. Beziehung zwischen elektrischer Energie und mechanischer Arbeit.

Aus den Darlegungen in § 13 ergiebt sich ohne weiteres, dass zwischen den beiden Energieformen, die wir elektrische Energie und mechanische Arbeit nennen, eine Beziehung besteht. Die Abbildungen Fig. 18 und Fig. 19 lassen erkennen, dass ein stromdurchflossener Leiter, der sich im magnetischen Felde befindet, auf die magnetische Strömung des Feldes eine mechanische Einwirkung ausübt und folglich auch eine mechanische Einwirkung von ihr erfährt. Die Wirkung besteht in einer Zugkraft, welche, wie man zu sagen pflegt, den stromdurchflossenen Leiter aus dem magnetischen Felde herauszubewegen bestrebt ist. Je nachdem der Leiter oder das magnetische Kraftfeld beweglich ist, kommt die Bewegung zu stande. Es wird alsdann die elektrische Energie in mechanische Arbeit umgesetzt. Die Richtung, nach welcher die Bewegung erfolgt, ist in allen Fällen unzweideutig bestimmt; sie steht senkrecht auf der Richtung der magnetischen Kraftlinien und auf der des elektrischen Stromes, also auch derjenigen des stromdurchflossenen Leiters. Denkt man sich deshalb durch den stromdurchflossenen Leiter und eine von ihm gekreuzte Kraftlinie eine Ebene gelegt und auf dieser Ebene im Schnittpunkt beider Linien eine Senkrechte errichtet, so giebt diese Senkrechte die Richtung, oder vielmehr die Linie an, auf welcher die Bewegung erfolgt. Festzustellen bleibt dabei noch, in welchem Sinne die Bewegungsrichtung zu nehmen ist. Eine Betrachtung der Fig. 18 wird das klar machen. Hier steht der stromdurchflossene Leiter senkrecht auf der Ebene der Zeichnung, die Kraftlinien liegen in dieser Ebene. Hält man also ein Stück Papier senkrecht auf die Ebene der Zeichnung in dem Punkte, wo der stromdurchflossene Draht die Zeichnungsebene durchsetzt, so muss die Bewegung des Leiters senkrecht zu dieser Papierfläche erfolgen; sie kann aber auf den Beschauer zu und von ihm ab gerichtet sein. Nach welcher Seite hin sie erfolgt, hängt von der Richtung der Kraftlinien und von der Richtung ab, in welcher der Strom durch den Leiter fliesst. Wir nehmen immer an, dass die Richtung der magnetischen Strömung zwischen zwei ungleichnamigen Magnetpolen vom

Nordpol zum Südpol geht, können natürlich auch, wie schon erwähnt wurde, die umgekehrte Annahme machen. Eine Umkehrung der Pole in einem magnetischen Feld wird somit auch eine Umkehrung der Zugrichtung der magnetischen Kraftlinien auf den stromdurchflossenen Leiter hervorbringen. Das Gleiche geschieht, wenn in dem Leiter die Stromrichtung umgekehrt wird. Hierfür liefert die Abbildung Fig. 19 den augenscheinlichen Beweis. Der durch das Feld geführte stromleitende Kupferdraht ist unterhalb der Bildebene umgebogen, so dass in den beiden Zweigen des Drahtes die Stromrichtung entgegengesetzt ist. Wir sehen, dass die Zugkraft auf die beiden Drahtzweige entsprechend in entgegengesetzter Richtung auftritt. Um im einzelnen Falle aus den gegebenen Richtungen des magnetischen und des elektrischen Stromes die Richtung des mechanischen Zuges, also auch der durch ihn veranlassten Bewegung zu ermitteln, hat man eine etwas sonderbar klingende, aber sehr einfache, praktische Anweisung zu befolgen; man nennt sie die Korkzieherregel. Man denke sich auf die vorhin gekennzeichnete Papierfläche, die als Ebene durch eine Kraftlinie und den sie kreuzenden Leitungsdraht gelegt wird, einen Korkzieher senkrecht aufgesetzt. Je nachdem man den Korkzieher nach der einen oder nach der anderen Richtung dreht, wird die Schraubenspitze sich von dem Beschauer ab oder auf ihn zu bewegen. Man kann sich zur Erleichterung der Vorstellung die Papierfläche auch durch eine Korkwand ersetzt denken und den Korkzieher senkrecht in der Wand steckend. Je nachdem man die Handhabe des Korkziehers dreht, wird man die Schraube des Instrumentes tiefer in den Kork hinein oder weiter aus ihm heraus treiben. Die Bewegungsrichtung der Schraubenaxe des Korkziehers ist diejenige der Zugkraft auf den stromdurchflossenen Leiter im magnetischen Felde. Dreht man die Handhabe des Korkziehers so, dass sie von der Stromrichtung auf dem kürzesten Wege zu dem Nordpol des magnetischen Feldes geht, so giebt die Richtung der Axenbewegung der Schraube die Richtung der Zugkraft auf den stromdurchflossenen Leiter an.

Es ist also möglich und sogar verhältnismässig leicht, durch Aufwand elektrischer Energie in Form von strömender Elektricität mechanische Arbeit zu erhalten. Die unter dem Namen Elektromotoren bekannten Kraftmaschinen sind praktische Ausführungen dieses Gedankens und beruhen alle auf der durch die Abbildungen Fig. 18 und 19 klargestellten Thatsache, dass die Kraftlinien eines magnetischen Feldes bestrebt sind, einen in diesem Felde befindlichen stromdurchflossenen Leiter in der angegebenen Weise zu bewegen. Das Umsetzungsverhältnis der beiden Energieformen ist uns aus den früheren Darlegungen bekannt. Wir wissen, dass 736 Watt einer mechanischen Arbeitsgrösse entsprechen, die wir eine Pferdestärke nennen.

Die Sache hat indessen noch eine weitere Bedeutung. Wird in den Abbildungen Fig. 18 und 19 der stromdurchflossene Leiter dem Zuge, welchen die Kraftlinien des magnetischen Feldes auf ihn ausüben, entgegenbewegt, so muss offenkundig ein Widerstand überwunden, also mechanische Arbeit geleistet werden. Dafür aber wird die elektromotorische Kraft in dem bewegten Leiter vergrössert. Wir erhalten also jetzt durch Aufwand mechanischer Arbeit elektrische Energie. Ist der bewegte Leiter bei Beginn der Bewegung stromlos, so entsteht in ihm eine elektromotorische Kraft, sobald die Bewegung beginnt, vorausgesetzt, dass er die Kraftlinien kreuzt oder schneidet. Damit haben wir ein Mittel, mechanische Arbeit in elektrische Energie umzusetzen, und somit auch die Möglichkeit, elektrische Energie im Grossen zu einem Preise zu erzeugen, der ihre praktische Verwendung gestattet. Wir sind im stande, unsere gebräuchlichen Kraftmaschinen, Dampf-, Wasser-, Gasmotoren etc. in der Weise arbeiten zu lassen, dass sie metallische Leitungsdrähte durch ein magnetisches Feld bewegen und den Widerstand, den die magnetischen Kraftlinien dieser Bewegung entgegensetzen, überwinden. Eine Vorrichtung, durch welche dieser Gedanke zur praktischen Ausführung gelangt, heisst ein elektrischer Generator, d. h. ein Erzeuger elektrischer Energie.

Das Erfordernis zur Umwandlung mechanischer Arbeit in elektrische Energie ist also, einen geschlossenen Leiter so durch das magnetische Feld zu führen, dass er die Kraftlinien kreuzt oder schneidet. Nur in diesem Falle verbraucht er Arbeit zur Ueberwindung des von den Kraftlinien des Feldes geleisteten Widerstandes, und nur in diesem Falle kann er dementsprechend eine gleichwertige Menge elektrischer Energie liefern. Bewegen wir den Leiter so durch das Feld, dass er den Kraftlinien entlang oder ihnen parallel geht, so entsteht keine elektromotorische Kraft, weil eben keine Energie in anderer Form verbraucht wird. Andererseits ist ersichtlich, dass die erzeugte elektromotorische Kraft um so grösser sein wird, je mehr Kraftlinien in der Zeiteinheit geschnitten werden, also je schneller sich der Leiter bewegt, und je weniger der Winkel, unter dem die Bewegungsrichtung des Leiters die Kraftlinienrichtung schneidet, von einem rechten Winkel abweicht. Sind die beiden Richtungen senkrecht zueinander, so ist das Verhältnis am günstigsten. Es werden alsdann bei gleicher Geschwindigkeit des Leiters am meisten Kraftlinien geschnitten.

Zu einer Dynamomaschine, d. h. zu einer Maschine, in welcher mechanische Arbeit in elektrische Energie umgesetzt wird, ist somit zweierlei erforderlich: ein Kraftfeld, d. h. ein Raum, welcher von Kraftlinien durchsetzt ist, und eine Vorrichtung, um geschlossene Kupferschleifen oder Spulen so durch das Kraftfeld zu führen, dass die Kraftlinien geschnitten werden. Das Kraftfeld wird durch Magnete erzeugt, die mit entgegengesetzten Polen einander gegenüber stehen; sie heissen wegen dieser Bestimmung Feldmagnete. Massgebend für die Leistung der Maschine ist, bezüglich der Feldmagnete, nur die Feldstärke, d. h. die Stärke der vorhandenen und nutzbar gemachten magnetischen Strömung, nicht die Art und Weise, wie die Strömung erzeugt wird. Es ist deshalb gleichgiltig, ob die Kraftlinien von sogenannten permanenten Stahlmagneten oder von Elektromagneten geliefert werden. Man wählt stets Elektromagnete, weil diese stärker sind, d. h. ein wirksameres Kraftfeld liefern. Die Vorrichtung zum Durchführen der Kupferschleifen durch das Kraftfeld heisst allgemein der Anker. Feldmagnete und Anker sind demnach die wesentlichen Teile einer Dynamomaschine.

Es bildet die Regel, jedoch ist es keineswegs erforderlich, dass die Feldmagnete feststehen und der Anker infolge seiner Umdrehung die Kupferschleifen durch das Kraftfeld führt. Es kann auch umgekehrt der die Schleifen tragende Eisenring feststehen und das Kraftfeld sich drehen. Die

Wirkung bezüglich der Erzeugung einer elektromotorischen Kraft und damit eines Stromes in den Kupferschleifen ist dieselbe. Die Fälle, in denen das magnetische Feld feststeht und der Anker in ihm rotiert, sind indessen, wenigstens bei Gleichstrommaschinen, der Zahl nach so überwiegend, dass man aus Gewohnheit in dem Anker stets den beweglichen Teil der Maschine erblickt, also auch bei den darnach eingerichteten Maschinen die bewegten Feldmagnete als Anker bezeichnet. Das ist unrichtig; man vermeidet den Irrtum, wenn man ausnahmslos als Anker einer Maschine denjenigen Teil bezeichnet, welcher beim Betrieb der Maschine Strom erzeugt und an die Verbrauchsstelle sendet, bezw. welcher beim Elektromotor von aussen Strom empfängt und in mechanische Arbeit umsetzt.

Aus der Kenntnis und dem Verständnis der magnetischen Strömung und ihrer Einwirkung auf stromdurchflossene bezw. bewegte Leiter lässt sich sofort ersehen, wovon die Leistungsfähigkeit einer Dynamomaschine bezw. eines Elektromotors abhängt. Die in den Drahtschleifen des Ankers einer Dynamomaschine erzeugte elektromotorische Kraft ist um so grösser, je mehr Kraftlinien in der Zeiteinheit geschnitten werden. Die Zahl der in der Zeiteinheit geschnittenen Kraftlinien aber hängt zunächst ab von der Zahl der von den Drahtschleifen überhaupt erreichbaren Kraftlinien, also von der Stärke des magnetischen Feldes im Bereiche des Ankers. Ferner wird die auf dem Anker befestigte Drahtschleife in der Zeiteinheit um so mehr Kraftlinien schneiden, je schneller sie durch das magnetische Feld geführt wird, also je grösser die Umfangsgeschwindigkeit des Ankers ist. Endlich hängt die elektromotorische Kraft ab von der Zahl der auf dem Anker befestigten und hintereinander geschalteten Schleifen oder Spulen. Dies ergiebt sich daraus, dass in jeder Spule eine elektromotorische Kraft von bestimmter Grösse beim Durchgang durch das Kraftfeld erzeugt wird, und dass in den hintereinander geschalteten Spulen sich diese Kräfte addieren. Es ist genau so, als ob man eine Anzahl von Druckpumpen anwendet, von denen jede folgende das von der vorhergehenden gehobene Wasser auf eine weitere Höhe hinaufdrückt.

Der Erbauer einer Dynamomaschine muss also zunächst darnach trachten, ein möglichst starkes magnetisches Feld zu schaffen und in diesem Felde die Kraftlinien so anzuordnen, dass sie durch den Anker gehen, also bei der Rotation des Ankers von den aufsitzenden Drahtschleifen geschnitten werden. Kraftlinien, welche den Anker nicht schneiden, werden, wie man sagt, gestreut. Die gestreuten Kraftlinien aber sind für die Wirksamkeit der Maschine verloren. Es war eine der wichtigsten und erfolgreichsten Aufgaben des neueren Dynamobaues, die Maschinengestelle so zu gestalten bezw. die Feldmagnete so anzuordnen, dass keine oder möglichst wenige Kraftlinien gestreut, die Linien vielmehr gezwungen werden, den Anker zu durchsetzen. Die Aufgabe wurde erst dann lösbar, als man das in § 11 erklärte Gesetz der magnetischen Strömung kennen und anwenden lernte. Es begreift sich, dass dieses Gesetz heute eine Grundlage für die richtige Konstruktion einer Dynamomaschine bildet.

§ 15. Induktion.

Bewegt sich ein elektrischer Leiter im magnetischen Felde, so dass er die magnetische Strömung, oder, wie man auch sagt, die Kraftlinien des Feldes durchschneidet, so entsteht in ihm eine elektromotorische Kraft. Ist der Leiter geschlossen, d. h. sind seine Enden leitend verbunden, so bewirkt diese elektromotorische Kraft einen elektrischen Strom. Diese Wirkung wird Induktion genannt, und man spricht demzufolge von der elektromotorischen Kraft der Induktion oder von einer durch Induktion bewirkten elektromotorischen Kraft. Die Grösse der elektromotorischen Kraft steigt und fällt mit der Zahl der Kraftlinien, welche in der Zeiteinheit geschnitten werden. Hierbei ist es gleichgiltig, ob die Bewegung, welche das Schneiden der Kraftlinien herbeiführt, von dem Leiter oder von dem Kraftfeld ausgeht, also ob der Leiter oder das Kraftfeld beweglich ist.

Die elektromotorische Kraft in einem Leiter wird an jeder Stelle erzeugt, wo der Leiter die Kraftlinien schneidet. Daraus folgt, dass die Grösse dieser Kraft auch von der Länge des durch das Kraftfeld geführten Leiters abhängt, vorausgesetzt, dass er bei der Bewegung auf seiner ganzen Länge Kraftlinien schneidet. Man denke sich einen Leitungsdraht von 1 m Länge in 100 gleiche Teile, also in Stücke von 1 cm zerschnitten und diese Stücke vorerst in ihrer Längsrichtung so aneinander gefügt, dass sie an den Verbindungsstellen voneinander isoliert sind. Man denke sich ferner diesen Draht senkrecht zur Richtung der Kraftlinien durch ein gleichförmiges Kraftfeld geführt, so wird in jedem Drahtstück, vorausgesetzt, dass es in der Zeiteinheit die gleiche Zahl von Kraftlinien schneidet, eine elektromotorische Kraft von gleicher Stärke entstehen. Denken wir uns nun die Drahtstücke leitend verbunden, oder, was dasselbe bedeutet, den Draht unzerschnitten, so werden die in den angenommenen Einzelteilen erzeugten elektromotorischen Kräfte sich addieren, oder in dem Draht von 1 m Länge wird eine elektromotorische Kraft erzeugt, welche hundertmal so gross ist, wie die in einem Draht von 1 cm erzeugte. Man ist also berechtigt, zu sagen, dass die in einem durch ein Kraftfeld geführten Leiter erzeugte elektromotorische Kraft auch proportional der Länge des Leiters ist.

Aus dem Vorstehenden ergiebt sich die Möglichkeit, eine Masseinheit für die durch Induktion erzeugte elektromotorische Kraft aufzustellen. Es liegt nahe, als diese Masseinheit diejenige elektromotorische Kraft anzusehen, welche in einem Leiter von 1 cm Länge entsteht, wenn er in 1 Sekunde 1 Kraftlinie schneidet. Die damit festgesetzte Massgrösse ist aber so klein, dass sie zur praktischen Verwendung ungeeignet erscheint. Man ist deshalb, wie in früher dargelegten ähnlichen Fällen, dazu übergegangen, als praktische Masseinheit ein bestimmtes Vielfache dieser ursprünglichen Einheit zu benutzen. In der Praxis gilt als Einheit der elektromotorischen Kraft der Induktion diejenige Spannung, welche in einem Leiter von 1 cm Länge entsteht, wenn er in 1 Sekunde 100 Millionen Kraftlinien schneidet, also das 100 millionenfache der ursprünglichen Masseinheit. Diese elektromotorische Kraft oder Spannung ist genau gleich 1 Volt.

Auf Seite 69 wurde erwähnt, dass die Stärke der magnetischen Strömung, welche durch den Erdmagnetismus hervorgebracht wird, gleich 0,2 Kraftlinie ist, also $^1/_5$ derjenigen Stromstärke beträgt, die wir 1 Kraftlinie nennen. Nehmen wir nun an, dass ein Leiter von 1 m = 100 cm Länge sich durch das magnetische Feld der Erde hindurchbewegt, so ergiebt sich, dass seine sekundliche Geschwindigkeit

$$\frac{100\,000\,000 \text{ cm}}{0{,}2 \times 100} = 5\,000\,000 \text{ cm} = 50\,000 \text{ m}$$

betragen muss, damit in ihm eine elektromotorische Kraft von 1 Volt entsteht. Immerhin ist das magnetische Kraftfeld der Erde und die durch dasselbe in einem bewegten Leiter erzeugte Induktion trotz der geringen Stärke praktisch sehr wichtig. Auf ihm beruht, wie sich weiterhin zeigen wird, die Möglichkeit, eine selbsterregende Dynamomaschine, d. h. eine Maschine, welche ihr magnetisches Feld selbst erzeugen muss, „angehen“ zu lassen.

Induktion entsteht immer, wenn ein elektrischer Leiter Kraftlinien schneidet. Woher die Kraftlinien stammen, d. h. in welcher Weise das Kraftfeld gebildet wird, ist gleichgiltig. Nun ist es üblich geworden, zwischen Kraftlinien bezw. Kraftfeldern, die von einem Magneten, und solchen, die von stromdurchflossenen Leitern gebildet werden, zu unterscheiden, und darauf auch eine Unterscheidung zwischen einer zweifachen Art der Induktion zu gründen. Wird das Kraftfeld durch einen Magneten gebildet, so nennt man die in dem durch das Feld bewegten Leiter erzeugte elektromotorische Kraft „Magnetinduktion“; war das Kraftfeld durch einen stromdurchflossenen Leiter gebildet, so nennt man dieselbe Erscheinung „Voltainduktion“. Dass zwischen Magnetinduktion und Voltainduktion ein sachlicher Unterschied nicht besteht, liegt auf der Hand, da es zwischen magnetischen Kraftlinien und Stromkraftlinien einen Unterschied nicht giebt. Wir wissen ja aus § 12, dass beispielsweise eine stromdurchflossene Spule und ein Magnetstab in Bezug auf die Erzeugung von Kraftfeldern genau übereinstimmen. Auch ist aus den im § 12 gemachten Ausführungen ersichtlich, dass ein Magnet nichts anderes ist, als ein Eisenstück, durch welches die rings um einen stromdurchflossenen Leiter auftretende magnetische Strömung hindurchgeht. Die Bezeichnung Voltainduktion für die durch geschnittene Stromkraftlinien erzeugte Induktion hat ihren Anlass darin, dass man das, was wir heute strömende Elektricität nennen, früher als Voltaelektricität bezeichnete. Bis auf die epochemachenden

Entdeckungen von Galvani und Volta wusste man elektrische Spannungen, oder wie man damals allgemein sagte und heute noch vielfach fälschlich sagt, Elektricität nur durch Reibung zu erzeugen. Man erhielt dabei das, was wir heute ruhende oder statische gespannte Elektricität nennen. Die Erscheinungen des elektrischen Stromes entdeckte erst Volta. Man glaubte vorerst und lange Zeit hindurch, in den Entdeckungen Voltas eine neue und andere Art von Elektricität vor sich zu sehen. Man nannte sie deshalb Voltaelektricität, während die früher bekannte und durch Reibung erzeugte elektrische Spannung als gemeine Elektricität bezeichnet wurde. Ein grosser Teil der genialen Arbeiten des Begründers der modernen Elektrotechnik, des Engländers Faraday, war der Aufgabe gewidmet, nachzuweisen, dass zwischen gemeiner Elektricität und Voltaelektricität ein wesentlicher Unterschied nicht besteht.

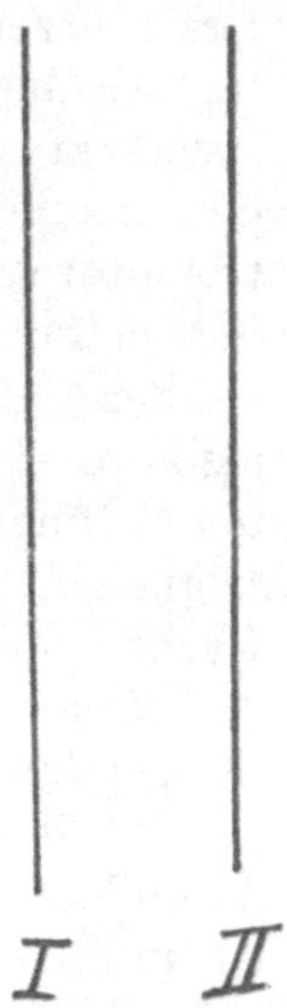

Fig. 20.

Man denke sich zwei Metalldrähte I und II (Fig. 20) in einiger Entfernung parallel nebeneinander gehalten. Geht durch einen der Drähte, etwa durch I, ein elektrischer Strom, so entstehen rings um ihn die aus Fig. 6 bekannten kreisförmigen Kraftlinien. Diese Kraftlinien müssen notwendig bei ihrer Ausbreitung den Draht II schneiden. Folglich entsteht in Draht II durch Induktion eine elektromotorische Kraft und, falls die Enden des Drahtes II leitend verbunden werden, ein Strom. Dies lässt sich durch den Versuch jederzeit beweisen. Wird der Strom in Draht I unterbrochen, so kehren die Kraftlinien auf demselben Wege, auf welchem sie sich vorhin ausgebreitet hatten, wieder in den Draht I zurück. Auf diesem Wege müssen sie wieder den Draht II schneiden, folglich in ihm wiederum eine elektromotorische Kraft erzeugen. Im letzteren Falle aber hat die elektromotorische Kraft entgegengesetzte Richtung. Somit sind wir im stande, durch Schliessen und Oeffnen eines Stromes in Draht I eine elektromotorische Kraft von abwechselnd entgegengesetzter Richtung in Draht II und somit, falls die Enden von II leitend verbunden sind, der Draht II also ein geschlossener Leiter ist, in diesem Wechselströme hervorzurufen.

Allein um die elektromotorischen Kräfte in Draht II entstehen zu lassen, ist es nicht einmal nötig, den Strom in I zu schliessen und zu unterbrechen. Wird der Strom in I verstärkt, so hat das offenbar dieselbe Wirkung, als ob zu dem vorhandenen ein neuer elektrischer Strom durch den Draht geleitet wird. Es werden also um Draht I herum neue Kraftlinien sich ausbreiten und den Draht II treffen und schneiden, folglich in ihm neuerdings eine elektromotorische Kraft erzeugen. Somit wird in Draht II auch eine elektromotorische Kraft induziert, wenn der durch I geleitete Strom verstärkt wird. In gleicher Weise wirkt eine Schwächung des Stromes in Draht I, nur ist die durch sie bewirkte elektromotorische Kraft in II entgegengesetzt gerichtet. Die Schwächung des Stromes in Draht I kann so betrachtet werden, als höre ein Teil des Stromes auf. Folglich kehrt alsdann ein Teil der ausgesandten Kraftlinien nach I zurück und schneidet auf diesem Wege den Draht II. Wir können folglich in dem Draht II auch elektromotorische Kräfte von wechselnder Richtung und folglich auch Wechselströme hervorbringen, indem wir einen in dem benachbarten Draht I fliessenden Strom stärken oder schwächen.

Endlich giebt es noch ein drittes Mittel, von dem stromdurchflossenen Draht I aus in dem Draht II Wechselströme zu induzieren. Das um den stromdurchflossenen Draht I befindliche Kraftfeld ist um so stärker, d. h. die Kraftlinien stehen um so dichter, je näher sie dem Draht liegen. Wenn wir folglich den stromdurchflossenen Draht I dem Draht II nähern, so werden Kraftlinien, welche früher diesen Draht nicht erreichten, ihn treffen und schneiden, also in ihm eine elektromotorische Kraft von derselben Richtung hervorbringen, als wenn in Draht I ein Strom neu aufträte. Ohne weiteres ist ersichtlich, dass umgekehrt, beim Entfernen des Drahtes I von dem Drahte II, die Feldstärke um den Draht II abnimmt, folglich II wiederum von Kraftlinien, aber in umgekehrter Richtung wie vorhin, geschnitten werden wird, was wiederum das Auftreten einer entgegengesetzt gerichteten elektrischen Spannung in II zur Folge hat. Natürlich kann in den letztgenannten beiden Fällen statt des Drahtes I auch der Draht II sich nähern oder entfernen.

Wir können also sagen, in dem Draht II wird eine elektromotorische Kraft induziert, wenn in dem benachbarten Draht I ein Strom entsteht, oder verstärkt wird, oder wenn die Entfernung der beiden Drähte abnimmt. In allen diesen Fällen ist, wie durch das Experiment sich beweisen lässt, die in II induzierte elektromotorische Kraft entgegengesetzt derjenigen gerichtet, welche den Strom in dem Draht I treibt. Es ist ersichtlich, dass in den genannten drei Fällen das Kraftfeld, welches von dem stromdurchflossenen Draht I ausgeht, an der Stelle verstärkt wird, wo sich der Draht II befindet. Demnach können wir unsere drei Fälle dahin zusammenfassen, dass in einem im Kraftfelde befindlichen Leiter eine elektromotorische Kraft von entgegengesetzter Richtung des ursprünglichen, induzierenden oder primären Stromes hervorgerufen wird, wenn an dem Orte, wo sich der Leiter befindet, die Stärke des Kraftfeldes, also die Stärke der magnetischen Strömung, zunimmt.

Wir können ferner sagen, in dem Draht II wird eine elektromotorische Kraft induziert, wenn in dem benachbarten Draht I ein durchfliessender Strom aufhört oder geschwächt wird, oder wenn die Entfernung der beiden Drähte zunimmt. In allen diesen Fällen hat die in II induzierte elektromotorische Kraft dieselbe Richtung, wie diejenige des induzierenden Stromes in Draht I. In allen diesen Fällen nimmt offenbar die Stärke des um den Draht I herum erzeugten Kraftfeldes an der Stelle, wo der Draht II sich befindet, ab. Demnach fassen wir diese drei Fälle dahin zusammen, dass in einem im Kraftfelde eines Stromes befindlichen Leiter eine elektromotorische Kraft von derselben Richtung, wie derjenigen des primären oder induzierenden Stromes hervorgerufen wird, wenn die Stärke des Feldes an der Stelle, wo der Leiter sich befindet, abnimmt.

Sonach werden wir in einem im Kraftfelde befindlichen geschlossenen Leiter Wechselströme induzieren, wenn wir das Kraftfeld abwechselnd verstärken oder schwächen.

Für die beschriebenen Erscheinungen ist es, wie schon erwähnt, gleichgiltig, ob das Kraftfeld von stromdurchflossenen Leitern oder von Magneten ausgeht. Die Wechselströme entstehen in unserem Draht II auch, wenn er im magnetischen Kraftfelde sich befindet, und wenn eine Stärkung oder Schwächung des Feldes bewirkt wird. Damit langen wir wieder bei dem an, was S. 80 bezüglich der Bewegung eines Leiters im magnetischen Kraftfelde dargelegt wurde.

Die Sache hat aber noch eine weitere Bedeutung. Nehmen wir an Stelle der beiden getrennten Drähte I und II in Fig. 20 einen spiralförmig gebogenen Draht, Fig. 21, so dass I und II jetzt die beiden Zweige dieses Drahtes bezeichnen. Wird nun jetzt in dem Zweig I ein Strom eingeleitet, so wirkt dieser zunächst in derselben Weise induzierend auf den Zweig II, als wenn die beiden Zweige unverbunden wären. Denn es ist klar, dass die beim Durchgang des Stromes durch den Zweig I auftretenden kreisförmigen Kraftlinien den Zweig II treffen, schneiden und dadurch in diesem eine elektromotorische Kraft von entgegengesetzter Richtung erzeugen werden. In derselben Weise wird der Strom, sobald er durch den Zweig II hindurchgeht, induzierend auf den Zweig I zurückwirken. Dieselbe Wirkung hat offenbar eine Verstärkung des Stromes in Zweig I bezw. II. Werden statt der Zweige I und II deren mehrere angebracht (Fig. 22), so entsteht beim Einleiten eines Stromes in jedem Zweige eine induzierte elektromotorische Kraft von entgegengesetzter Richtung. Haben wir also eine aus vielen Windungen bestehende stromdurchflossene Spule, so wirkt jede Windung derselben induzierend auf die übrigen Windungen und erzeugt eine elektromotorische Gegenkraft gegen den eingeleiteten oder verstärkten Strom. Diese Erscheinung nennt man **Selbstinduktion**, und aus ihr erklärt es sich, dass beim Einleiten eines Stromes in einen Leiter, insbesondere dann, wenn der Leiter aus vielen parallelen Windungen besteht, der eingeleitete Strom nicht sofort mit seiner vollen Stärke durchgeht, sondern erst allmählich und in dem Masse ansteigt,

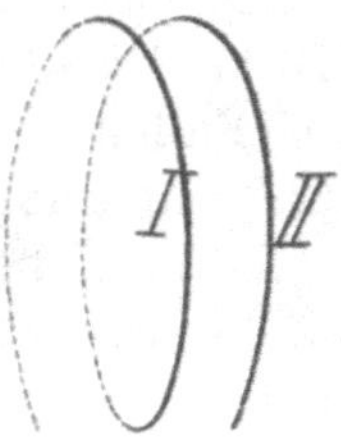

Fig. 21.

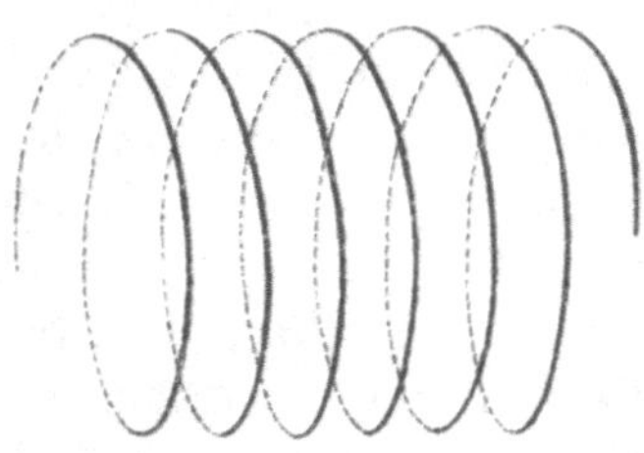

Fig. 22.

wie die in den Windungen auftretenden elektromotorischen Gegenkräfte aufhören. Es ist wohl zu beachten, dass der primäre Strom nur so lange induzierend wirken kann, als sich sein Kraftfeld ändert, also nur momentan beim Entstehen und beim Verstärken. Selbstinduktion tritt natürlich auch auf, wenn der primäre Strom unterbrochen oder wenn er geschwächt wird, jetzt aber hat die erzeugte elektromotorische Kraft die gleiche Richtung, wie die des primären Stromes und addiert sich zu dieser.

Die Erscheinungen der Selbstinduktion haben, wie sich leicht ersehen lässt, und wie weiterhin auseinander gesetzt werden soll, besondere Bedeutung bei Wechselstrommaschinen und Apparaten, welche Wechselstrom verarbeiten

§ 16. Erzeugung elektrischer Energie in der Dynamomaschine.

Eine Dynamomaschine ist jede mechanische Vorrichtung, welche gestattet, geschlossene Leiter, insbesondere also Kupferdrähte, deren Enden leitend verbunden sind, so durch eine magnetische Strömung hindurchzuführen, dass die Drähte die Kraftlinien des magnetischen Feldes durchschneiden Dadurch entsteht in den Drähten eine elektromotorische Kraft und durch diese ein elektrischer Strom.

Eine derartige Maschine verlangt also zunächst ein magnetisches Feld. Je stärker dieses Feld ist, d. h. je mehr Kraftlinien auf die Flächeneinheit kommen, um so grösser ist unter sonst gleichen Umständen die Leistungsfähigkeit der Maschine. Dagegen ist es gleichgiltig, auf welche Weise das magnetische Kraftfeld erzeugt wird. Aus Fig. 14 ist ersichtlich, dass, wenn man zwei Stahlmagnete mit ungleichnamigen Polen einander gegenüberstellt, zwischen diesen Polen ein freies Kraftfeld erzeugt wird Demnach könnte man das Kraftfeld mit Hilfe von Stahlmagneten herstellen. Anfangs geschah das auch. Viel stärkere magnetische Strömungen, also auch Kraftfelder, aber erhält man, wenn man Elektromagnete benutzt, also Kerne von weichem Eisen, welche von einem elektrischen Strom umflossen werden. Die stromerzeugenden Maschinen der heutigen Praxis besitzen als Feldmagnete, d. h als Magnete zur Herstellung des Kraftfeldes, ausschliesslich Elektromagnete. Zur Herstellung und Erhaltung der magnetischen Strömung aber muss ein elektrischer Strom die Eisenkerne der Feldmagnete dauernd umfliessen; man hat also von vornherein einen elektrischen Strom nötig. Dieser Strom kann von irgend einer Stromquelle ausserhalb der Maschine geliefert werden. Solange dies geschieht, heisst der Apparat eine Maschine mit Fremderregung. Man kann aber zur Erregung der Eisenkerne der Feldmagnete auch den Strom benutzen, den die Maschine beim Betriebe selbst liefert. Die Maschine ist alsdann eine selbsterregende, und sie hat in dieser Form allgemein den Namen Dynamomaschine erhalten. Eine Dynamomaschine ist deshalb ein Stromerzeuger, welcher den von ihm gelieferten Strom zur Erregung der Feldmagnete, also zur Herstellung des magnetischen Kraftfeldes, benutzt.

Es empfiehlt sich, bei der Besprechung der Maschine vorerst davon abzusehen, auf welche Art das magnetische Feld erzeugt wird, dieses also als vorhanden anzunehmen. Die Stromerzeugung lässt sich alsdann mit Hilfe von Fig. 23 leicht erkennen.

Die Eisenstücke N und S stellen die Feldmagnete dar. Wir nehmen an, dass N in einen Nordpol, S in einen Südpol endigt. Nach unserer Annahme (S. 62) geht alsdann die magnetische Strömung von N nach S über. Zwischen den Magnetpolen befindet sich ein Eisenring, welcher zwei aus Kupferdraht gebildete Schleifen oder Spulen, s_1 und s_2, trägt. Wie uns die photographische Abbildung in Fig. 16 zeigt, nimmt die Kraftströmung zwischen den Magnetpolen ihren Weg durch das Metall des Eisenringes. Der Verlauf der Strömung ist in der Abbildung angedeutet. Beim Auftreffen auf den Eisenring biegen die Kraftlinien in der gezeichneten Weise um und gehen symmetrisch durch die beiden Ringhälften. Der Eisenring ist auf einer Axe befestigt und wird von dieser in der Pfeilrichtung gedreht. Auf der Axe sitzen ferner die beiden Kupfersegmente K_1 und K_2. Diese sind gegen die Axe durch nichtleitendes Material und gegeneinander durch Luftzwischenräume oder ebenfalls durch nichtleitendes festes Material elektrisch isoliert. Die Enden der Spulen s_1 und s_2 sind in der gezeichneten Weise an den Segmenten K_1 und K_2 befestigt. Bewegt sich nun der Ring mit den aufsitzenden Spulen in der Pfeilrichtung, so dass s_1 aus der Lage in A in die Lage A_1, die Spule s_2 aus der Lage in B in die Lage in B_1 übergeht, so werden zunächst von beiden Spulen keine Kraftlinien geschnitten, da die

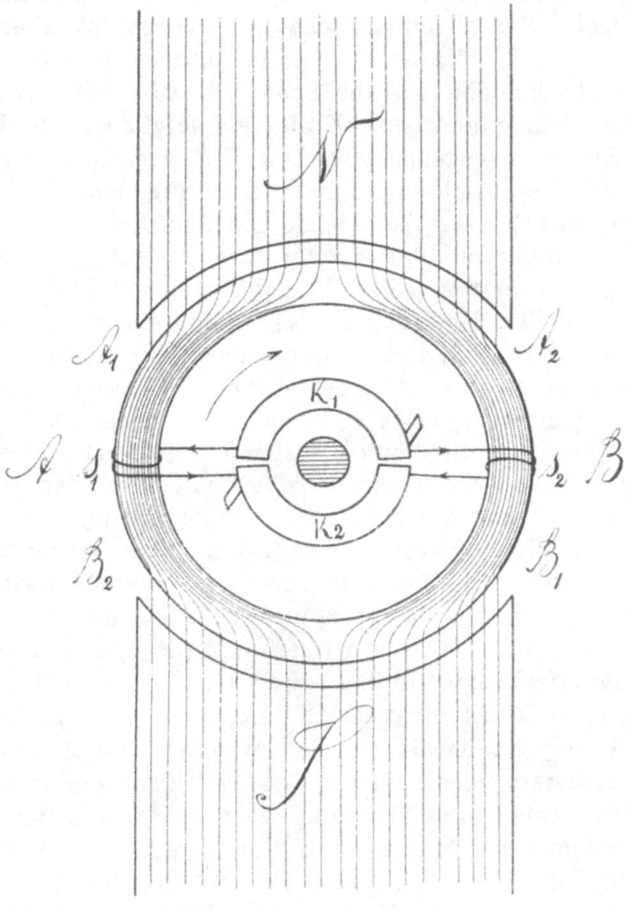

Fig. 23.

Spulen sich parallel der magnetischen Strömung bewegen. Es tritt folglich auch keine elektromotorische Kraft in den Spulen auf. Erst bei der Weiterbewegung der Spulen über A_1 bezw. B_1 hinaus tritt das Schneiden der Kraftlinien, und zwar jetzt in starkem Masse, auf. Die elektromotorische Kraft steigt deshalb rasch an, und sie bleibt so lange auf der höchsterreichbaren Höhe, bis s_1 etwa in A_2 und s_2 in B_2 angelangt ist. Jetzt fällt sie wieder rasch ab, und bei B bezw. A ist sie wieder gleich Null. A und B heissen deshalb die neutralen Punkte. Bei einer halben Umdrehung des Ringes schneidet jede Spule einmal die gesamte magnetische Kraftströmung des Feldes; es ist aber klar, dass die Spule s_2 die Kraftlinien in entgegengesetzter Richtung durchschneidet, wie die Spule s_1. Dies hat zur Folge, dass die elektromotorische Kraft und folglich auch der erzeugte Strom entgegengesetzt dem in s_1 gerichtet ist (S. 75). Macht der die Spulen tragende Eisenring eine volle Umdrehung, so schneidet jede Spule die Kraftlinien des Feldes zweimal, und zwar das zweite Mal in entgegengesetzter Richtung zum ersten Male. In jeder Spule entstehen somit bei einer vollen Umdrehung des Ringes zwei Stromstösse von gleicher Stärke, aber entgegengesetzter Richtung, also ein aus zwei Stromstössen bestehender Wechselstrom. Wie man leicht einsieht, wäre es nicht nötig, dass sich mit den Spulen auch der die Spulen tragende Eisenring durch das Feld bewegt; es wäre sogar aus später zu erörternden Gründen vorteilhafter, wenn der Ring stille stände und nur die Spulen auf ihm die Kreisbewegung ausführten. Aus mechanischen Gründen lässt sich das aber nur sehr schwierig ausführen. In allen Dynamomaschinen nimmt deshalb das die Spulen tragende Eisengestell, sofern überhaupt die Spulen und nicht das Magnetfeld sich drehen, an der Drehbewegung teil. Andererseits ist es nicht überflüssig, zu bemerken, dass an der Richtung der Kraftströmung zwischen den Magnetpolen nichts geändert wird, einerlei, ob der Eisenring still steht oder sich dreht. Die Strömung geht in der aus der Abbildung ersichtlichen Weise auch durch den sich drehenden Eisenring hindurch. Zur Veranschaulichung denke man sich den Eisenring als eine Hohlscheibe, d. h. als eine Scheibe, die an ihrem Umfange eine Mulde trägt, und die magnetische Strömung fasse man als eine von oben nach unten gehende Flüssigkeitsströmung auf. Die Flüssigkeit wird alsdann zu beiden Seiten des Rades symmetrisch durch die Mulde herabfliessen, wie es jetzt die magnetische Strömung thut, und daran wird sich auch nichts ändern, wenn das Rad sich dreht.

Die Erscheinungen, welche vorhin bezüglich der beiden auf dem Eisenring befindlichen Spulen dargelegt wurden, bietet jedes andere bezw. weitere Spulenpaar, welches auf dem Ring an den Enden eines Durchmessers befestigt wird. Jede Spule muss bei einer vollen Umdrehung des Ringes einen aus zwei Stromstössen bestehenden Wechselstrom liefern. Demnach ist die Maschine zunächst nur zur Erzeugung von Wechselstrom geeignet. Durch eine einfache, weiterhin zu besprechende Vorrichtung aber kehrt man die zu den ersten entgegengesetzt gerichteten zweiten Stromstösse um, so dass in die äussere Leitung nur Stromstösse von gleicher Richtung entsandt werden. Folgen diese Stromstösse schnell genug aufeinander, so nähert sich der von ihnen gespeiste Elektricitätsfluss mehr und mehr einem in gleichmässiger Stärke dahinfliessenden Strome. Vollständig erreichen kann er ihn allerdings niemals, immer hat der von einer Dynamomaschine erzeugte Gleichstrom den Charakter eines pulsierenden Stromes.

Zur Gleichrichtung der in den Spulen erzeugten Stromstösse dienen die beiden isoliert auf der Axe befestigten Kupfersegmente K_1 und K_2. Dreht sich der Eisenring mit den aufsitzenden Spulen s_1 und s_2, so ist klar, dass in jeder Spule eine elektromotorische Kraft erzeugt wird. Anderseits aber ist ersichtlich, dass die elektromotorische Kraft in Spule s_1 entgegengesetzt der in Spule s_2 gerichtet sein muss. Die entgegengesetzten Richtungen der elektromotorischen Kräfte in den beiden Spulen sind durch die beigesetzten Pfeilrichtungen deutlich gemacht. Hat der Eisenring eine halbe Umdrehung vollendet, so haben die Spulen s_1 und s_2 ihre Stellung vertauscht, in beiden ist auch die Richtung der erzeugten elektromotorischen Kraft umgekehrt, in ihrem Verhältnis zueinander also sind die Richtungen wieder entgegengesetzt. Nun sind, wie aus der Abbildung ersichtlich ist, die Enden der beiden Spulen s_1 und s_2 so an die Segmente K_1 und K_2 befestigt, dass jedes Segment den Anfang der einen mit dem Ende der zweiten Spule verbindet. In der in der Figur dargestellten Stellung der Ankerspulen ist die in den beiden Spulen erzeugte elektromotorische Kraft nach dem Segment K_2 zu gerichtet, während sie in beiden von dem Segment K_1 ab verläuft. Setzen wir nun die beiden

Segmente K_1 und K_2 durch eine äussere Leitung miteinander in Verbindung, so wird die in den Spulen erzeugte elektromotorische Kraft einen elektrischen Strom erzeugen, welcher von dem Segment K_2 durch die äussere Leitung zu dem Segment K_1 fliesst. Beide Spulen also bewirken, obschon die in ihnen erzeugten elektromotorischen Kräfte entgegengesetzte Richtung haben, in der äusseren Leitung einen Strom von derselben Richtung. Zum leichteren Verständnis gestatte man einen Vergleich. Man denke sich unter den Spulen s_1 und s_2 Druckpumpen, welche aus einem Reservoir K_1 Wasser in ein höher gelegenes Reservoir K_2 pumpen. Beide bringen das Wasser aus entgegengesetzten Richtungen in das Reservoir K_2 und führen es ebenfalls in entgegengesetzten Richtungen aus dem Reservoir K_1 ab; beide aber können nicht anders, als das Reservoir K_2 fortwährend füllen und das Reservoir K_1 fortwährend leeren. Von dem höher gelegenen Reservoir K_2 führt nun eine äussere Rohrleitung, die an die Behälter K_1 und K_2 angeschlossen ist, das Wasser wieder zu dem niedriger gelegenen Reservoir K_1 zurück. Das Wasser transportiert auf diesem Wege Energie und kann folglich Arbeit leisten. Die Arbeit der Druckpumpen besteht also darin, das aus K_1 entnommene Wasser fortwährend auf die grössere Höhe K_2 zu bringen. Zwischen den Wasserreservoirs in K_1 und K_2 besteht also ständig ein Höhen- und damit ein Druckunterschied. Bei der elektrischen Maschine sind die entsprechenden Verhältnisse mit denen der Druckpumpe so vollkommen übereinstimmend, dass wir nur die Namen zu ändern brauchen. Beide Spulen entnehmen die Elektricität dem Reservoir K_1, bringen sie bei ihrem Durchgang durch das Kraftfeld auf höhere Spannung und befördern die höher gespannte Elektricität in das Reservoir K_2. Von dort kann sie infolge ihrer höheren Spannung zu dem Reservoir K_1 zurückfliessen und auf dem Wege dahin durch die äussere Leitung kann sie ihre Energie verbrauchen, um Arbeit in irgend einer Form zu leisten, also um Wärme und Licht zu erzeugen, Motoren zu treiben etc.

Hat der Eisenring eine halbe Umdrehung gemacht, so haben die Spulen s_1 und s_2, aber auch die Segmente K_1 und K_2 ihre Stellungen vertauscht. Jetzt erhält das Segment K_1 die höher gespannte Elektricität und das Segment K_2 nimmt die zurückfliessende Elektricität auf. Da die beiden Segmente sich mit der Axe, auf welcher sie sitzen, umdrehen, so kann die den Strom abnehmende äussere Leitung nicht fest mit ihnen verbunden werden. Dies hat dazu geführt, an die Segmente feststehende Gleit- oder Schleifkontakte, sogenannte Bürsten, anzulegen, welche mit gelindem Druck gegen die Segmente angepresst werden und auch bei den sich drehenden Segmenten die leitende Verbindung mit dem äusseren Stromkreis aufrecht erhalten. Die Bürsten behalten ihre Stellung, also ist die untere Bürste stets mit dem Segment in Berührung, welches die höher gespannte Elektricität enthält, und von ihr muss die Elektricität stets zur anderen zurückfliessen. Mit anderen Worten, der Elektricitätsstrom muss in der äusseren Leitung stets in derselben Richtung fliessen, oder wir erhalten in der äusseren Leitung Gleichstrom. Die beiden Segmente K_1 und K_2 bilden den sogenannten Kollektor oder den Kommutator der Maschine. Kollektor oder Sammler heissen sie mit Rücksicht darauf, dass sie die auf höhere Spannung gebrachte bezw. die zurückfliessende Elektricität sammeln. Kommutator oder Umwandler werden sie genannt, weil sie es ermöglichen, die in den beiden Spulen erzeugten entgegengesetzt gerichteten elektromotorischen Kräfte so zu benutzen, dass sie in der äusseren Leitung einen Strom von derselben Richtung hervorbringen.

Der Eisenring mit den aufsitzenden Spulen wird der Anker der Maschine genannt. Es dreht sich hier der Anker im magnetischen Felde. Das ist bei den meisten Dynamomaschinen, insbesondere bei den Gleichstrommaschinen, der Fall; es könnte aber auch der Anker feststehen und eine Bewegung der Feldmagnete und damit des Kraftfeldes um den Anker herum erfolgen. Die Wirkung bezüglich der Stromerzeugung in den Ankerspulen würde dieselbe sein.

Der Anker einer Dynamomaschine trägt nun niemals zwei einzelne Spulen, sondern immer eine grössere Menge. Immer aber zerfallen bei einem aus zwei Magnetpolen gebildeten Kraftfeld die sämtlichen Spulen in zwei Gruppen, in denen der erzeugte Strom entgegengesetzt fliesst. Die Spulen sind in der Weise, wie Fig. 24 es darstellt, fortlaufend miteinander verbunden, also hintereinander geschaltet. Der leichteren Uebersichtlichkeit halber sind in Fig. 24 auf jeder

Ringhälfte nur drei weitere Spulen zugefügt. Es ergeben sich somit 8 Ankerspulen, welche in der Abbildung fortlaufend mit s_1 bis s_8 bezeichnet sind. Den 8 Spulen entsprechen 8 Segmente des Kommutators, welche die fortlaufende Bezeichnung 1 bis 8 tragen. Jede Spule verbindet zwei aufeinanderfolgende Segmente. Es ist nun, wie in Fig. 23 angenommen, dass 00 die neutrale Linie ist, d. h. mit demjenigen Ankerdurchmesser zusammenfällt, an dessen Endpunkten der Wechsel in der Stromrichtung in der vorbeigehenden Spule erfolgt. Die Spulen sind an dieser Stelle stromlos, nur der Uebereinstimmung wegen sind die Pfeile beigesetzt; sie zeigen hier nur an, in welcher Richtung der Strom fliessen würde, wenn ein solcher vorhanden wäre. Die neutrale Axe 00 teilt den Anker in zwei Hälften und die aufsitzenden Spulen in zwei Gruppen. Zur ersten Gruppe gehören die Spulen s_1 bis s_4, zur zweiten die Spulen s_5 bis s_8. Es ist nun leicht ersichtlich, dass in den Spulen s_1 bis s_4 der erzeugte elektrische Strom in derselben Richtung fliesst, da jede Spule die magnetische Kraftströmung in derselben Richtung durchschneidet. Dasselbe ist der Fall bezüglich der Spulen s_5 bis s_8. Die Stromrichtung aber ist in den Spulen s_5 bis s_8 entgegengesetzt zu der in der Spulengruppe s_1 bis s_4. Man sieht aber ferner, dass sämtliche Spulen beider Gruppen die Elektricität von dem Segment s_4 weg und nach dem Segment s_8 hinbefördern. Zwischen den Segmenten s_4 und s_8 wird folglich der gesamte Spannungsunterschied herrschen, welcher durch die elektromotorischen Kräfte, die in den einzelnen Spulen erzeugt werden, hervorgebracht wird. Wenn wir also an die Segmente s_4 und s_8 Bürsten anlegen und diese mit einem äusseren Stromkreis leitend verbinden, so wird durch diesen Spannungsunterschied ein Strom von entsprechender Stärke entstehen. In der beschriebenen Anordnung geht durch sämtliche Spulen, welche zu einer Gruppe gehören, ein und dieselbe Elektricitätsmenge hindurch; die Wirkung der vergrösserten Spulenzahl besteht darin, dass jede folgende Spule die von der vorhergehenden empfangene Elektricitätsmenge auf eine höhere Spannung bringt. Die Spulen jeder Gruppe entsprechen also einer gleichen Zahl von Druckpumpen, welche übereinander angebracht sind, und von welchen jede folgende das von der vorhergehenden heraufgepumpte Wasser auf eine weitere Höhe hinaufdrückt. Je mehr Spulen also auf dem Anker angebracht und hintereinander geschaltet sind,

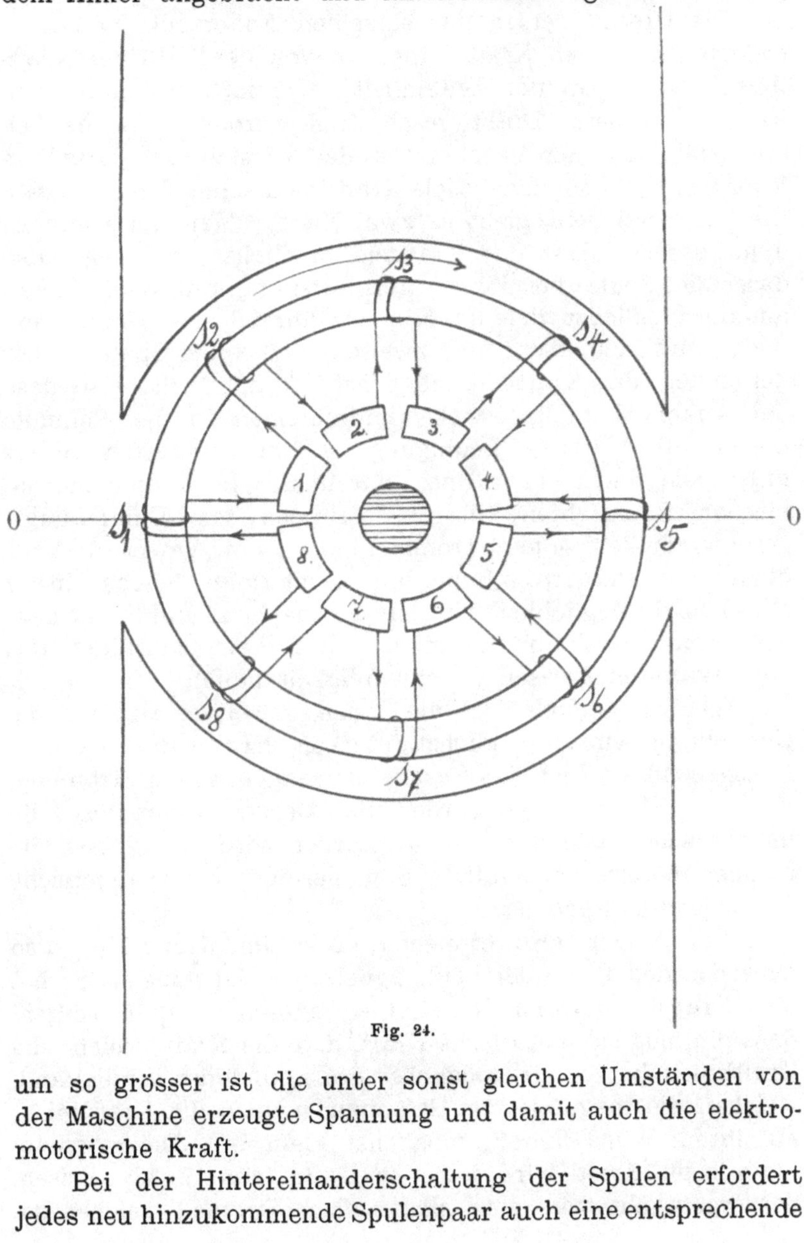

Fig. 24.

um so grösser ist die unter sonst gleichen Umständen von der Maschine erzeugte Spannung und damit auch die elektromotorische Kraft.

Bei der Hintereinanderschaltung der Spulen erfordert jedes neu hinzukommende Spulenpaar auch eine entsprechende

Vermehrung der Zahl der Kommutatorsegmente. Bei gegebener Ankergrösse findet die Vermehrung der Spulen und Segmente natürlich schon aus mechanischen Gründen bald ihre Grenze.

Die Grösse der in der einzelnen Ankerspule erzeugten elektromotorischen Kraft hängt ab von der Zahl der Kraftlinien, welche in der Zeiteinheit, also in 1 Sekunde, von jedem Centimeter Draht geschnitten werden. Für die Leistungsfähigkeit der Maschine handelt es sich also darum, in jeder Sekunde möglichst viele Kraftlinien schneiden zu lassen. Dies zu erreichen, giebt es zwei Mittel. Man muss erstens dafür sorgen, dass das Kraftfeld möglichst stark ist, also dass die Spule bei ihrer Kreisbewegung auf dem Ankerumfang möglichst viele Kraftlinien während einer Umdrehung findet und schneidet, und zweitens, dass die Spule in der Zeiteinheit das Kraftfeld möglichst oft durcheilt, also dass der Anker thunlichst viele Umdrehungen in der Sekunde macht. Die letztere Bedingung ist am leichtesten zu erfüllen, sie findet ihre Grenze nur in den bekannten mechanischen Rücksichten, die es verbieten, die Umdrehungsgeschwindigkeit einer Trommel über ein gewisses Mass hinaus zu steigern. Immerhin sucht man jedoch dieses Mittel nach Möglichkeit nutzbar zu machen, und darin liegt der Grund, weshalb die Anker von Dynamomaschinen mit der bekannten grossen Geschwindigkeit laufen.

Weniger einfach liegt die Sache, soweit es sich um die Herstellung eines möglichst starken Kraftfeldes handelt. Massgebend ist hier das Gesetz der magnetischen Strömung, wie es S. 70 dargelegt wurde. Das Gesetz besagt, dass die magnetische Strömung um so stärker wird, je grösser die magnetomotorische Kraft und je geringer der magnetische Leitungswiderstand ist.

Wollen wir also erreichen, dass im Kraftfelde, also zwischen den Polen der Feldmagnete der Maschine möglichst viele Kraftlinien vorhanden sind, so müssen wir dafür sorgen, dass die magnetomotorische Kraft, d. h. die Kraft, welche die Kraftlinien hervorruft, möglichst gross, und der Widerstand, welchen die magnetischen Strömungen, also die Kraftlinien, auf ihrem Wege finden, möglichst klein ist. Die magnetomotorische Kraft wird nun, wie wir (aus S. 58) wissen, hervorgebracht von dem elektrischen Strome, welcher die

Drahtwickelungen der Feldmagnete durchfliesst, und ihre Grösse hängt ab von der Zahl der Amperewindungen der Feldmagnete. Amperewindungen nennen wir das Produkt aus der Zahl der Windungen der auf einem Feldmagnet befindlichen Spule und aus der Stärke des elektrischen Stromes, der durch die Windungen geleitet wird. In dem Masse also, wie wir die Zahl der Drahtwindungen der Feldmagnete ver-

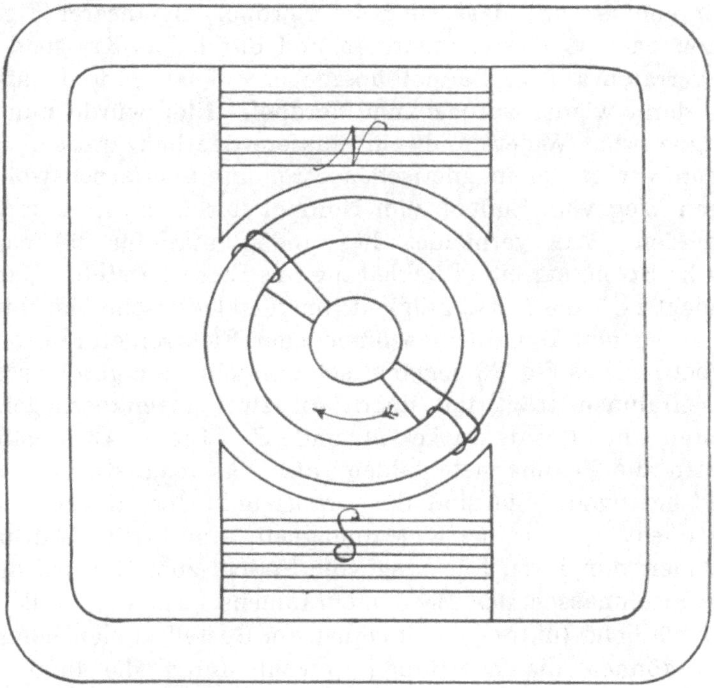

Fig. 25.

mehren und den durchgehenden Strom verstärken, erhöhen wir bei gleichbleibendem magnetischen Widerstande die Zahl der Kraftlinien im Kraftfelde. Praktisch kann man dabei über eine gewisse Grenze nicht hinausgehen. Einmal erhöht die Zahl der aus isoliertem Kupferdraht bestehenden Windungen der Feldmagnete erheblich den Preis der Maschine, anderseits geht ein Teil der durch die Windungen in Form von elektrischem Strom geschickten Energie verloren, indem sie sich in Wärme umsetzt, die nicht nutzbar gemacht werden kann. Dieser Arbeitsverlust infolge Erzeugung nutzloser Wärme steigt mit der Stromstärke und mit dem Leitungswiderstande der Spule. Diese Rücksicht macht es notwendig, darnach zu streben, mit einer geringen Zahl von Amperewindungen thunlichst viele Kraftlinien zu erzeugen. Dies aber kann nur geschehen, indem man den Widerstand des magnetischen Stromkreises möglichst herabmindert.

Die Kraftlinien verlaufen stets in geschlossenen Kurven. Wir nehmen an, dass sie beim Nordpol, in unserer Fig. 23 bezw. 24 also bei *N*, austreten und durch das Kraftfeld des Ankerraumes zum Südpol übergehen. Vom Südpol müssen sie dann wieder zurück zum Nordpol. Hier würde nun der magnetische Widerstand ein ausserordentlich grosser sein, wenn wir es der magnetischen Strömung überlassen wollten, ihren Weg vom Südpol zum Nordpol durch die Luft zurückzufinden. Man vermeidet dies, indem man für die magnetische Strömung eine Rückleitung aus Eisen herstellt. Daraus ergiebt sich die Notwendigkeit, magnetelektrische Maschinen, seien es nun Dynamomaschinen oder Elektromotoren, so zu bauen, wie es Fig. 25 schematisch darstellt. Ein geschlossener Eisenrahmen trägt im Innern an zwei gegenüberliegenden Seiten die Ansatzstücke *N* und *S*. Diese Ansatzstücke sollen die Feldmagnete bilden, also das magnetische Kraftfeld erzeugen. Sie sind mit Drahtwindungen umgeben, um anzudeuten, dass sie Elektromagnete sind. Die Kraftlinien nehmen nun ihren Rückweg vom Südpol zum Nordpol durch die Eisenmassen des Maschinenrahmens. An der Stelle, wo der südliche (untere) Feldmagnet am Gestellrahmen befestigt ist, können die Kraftlinien sowohl durch die linke, als durch die rechte Hälfte des Eisenrahmens zum Nordpol gehen. Es tritt somit eine Stromverzweigung für die magnetische Strömung ein. Damit wird aber der Gesamtwiderstand der Leitung bekanntlich nicht vergrössert, sondern verringert, da die beiden Hälften des Rahmens als zwei parallel geschaltete Leiter anzusehen sind.

Der Gesamtweg der magnetischen Kraftströmung setzt sich, wie der Anblick der Abbildung sofort ergiebt, zusammen aus Eisen und Luft. Zu dem aus Eisen bestehenden Bestandteil des Weges gehören auch die Eisenmassen des Ankers. Ob der Anker stille steht oder sich dreht, macht dabei keinen Unterschied (S. 90). Der aus Luftschichten bestehende Weg setzt sich zusammen aus den Zwischenräumen zwischen der Oberfläche des Ankers bezw. zwischen der Oberfläche des Eisenringes des Ankers und den Grenzflächen der Feldmagnete. Die Luft ist im Verhältnis zu dem Eisen ein sehr schlechter Leiter für die magnetische Kraftströmung. Es kommt deshalb darauf an, die Luftzwischenräume zwischen Feldmagnetenden und Ankerumfang möglichst klein zu machen. Zu dem Zwecke giebt man zunächst den freien Polenden der Feldmagnete die aus der Abbildung ersichtliche Form, welche man Polschuh nennt, und welche den Anker teilweise umfasst. Ferner rückt man die Polschuhe so nahe an den Anker heran, als es der Betrieb der Maschine nur irgendwie zulässt. In der Abbildung ist im Interesse der Uebersichtlichkeit der Zwischenraum zwischen Polschuhen und Anker absichtlich viel zu gross genommen, so dass das Bild eigentlich zeigt, wie man die Sache praktisch nicht machen soll.

Mit Rücksicht auf die Verringerung des magnetischen Widerstandes ist es auch wichtig, dass die Eisenteile der Maschine, welche die Kraftlinien zu leiten haben, in unserem Falle also der eiserne Rahmen der Maschine und die Feldmagnete, nicht aus einzelnen Teilen zusammengesetzt sind, die etwa durch Verschrauben miteinander verbunden werden. Jede Verbindungsstelle ist gleichzeitig eine Trennungsstelle, welche den Leitungswiderstand für die magnetische Kraftströmung erhöht. Am besten ist es deshalb, das ganze Magnetgestell aus einem Stück zu giessen. Gusseisen leitet zwar die magnetischen Kraftlinien schlechter als Schmiedeeisen, jedoch kann man diesen Nachteil dadurch aufheben, dass man den Querschnitt der gusseisernen Teile entsprechend stärker nimmt. Vielfach verwendet man neuerdings zu Magnetgestellen den Mitisguss, eine Legierung aus Eisen und Aluminium. Neben anderen Vorzügen besitzt dieses Metall auch den, dass es die magnetische Kraftströmung gut leitet.

Der magnetische Widerstand eines Leitungsmateriales wächst, wie der elektrische Widerstand, mit der Länge des Leitungsweges, und nimmt ab in dem Masse, wie der Querschnitt der Leitung grösser wird. Daraus ergiebt sich die Notwendigkeit, für das Magnetgestell der Maschine möglichst kurze, gedrungene Formen, also thunlichst kurze Teile mit grossem Querschnitt zu wählen. Unsere schematische Darstellung trägt auch in dieser Beziehung dem praktischen Bedürfnis im Interesse der bequemeren Anschauung nicht Rechnung.

Der Querschnitt der Feldmagnete ist am zweckmässigsten ein Kreis. Der Kreis hat vor sonstigen Querschnittsformen bei gleichem Inhalt den kleinsten Umfang; ein Feldmagnet von kreisförmigem Querschnitt erfordert also zur gleichen Zahl von Umwickelungen am wenigsten Kupferdraht. Anderseits hat der Kreis bei gleichem Umfang den grössten Flächeninhalt. Feldmagnete von gleichem äusseren Umfang enthalten somit bei kreisförmigem Querschnitt am meisten Metall, leisten somit auch am wenigsten Widerstand. Es giebt indessen auch Rücksichten, die einen anderen, insbesondere einen ovalen Querschnitt der Feldmagnete wünschenswert oder nötig machen.

Bei der Erzeugung eines magnetischen Kraftfeldes im Ankerraum der Maschine ist noch ein weiterer Punkt in Betracht zu ziehen. Da die elektromotorische Kraft in den Ankerspulen nur durch Schneiden der Kraftlinien durch die Spulenwindungen hervorgerufen wird, so ist klar, dass von allen Kraftlinien des magnetischen Feldes nur diejenigen für die Maschine nutzbar sind, welche den Anker durchsetzen. Jede ausserhalb des Ankers verlaufende Kraftlinie ist verloren. Der technische Sprachgebrauch bezeichnet solche verlorenen Kraftlinien als gestreute, der Vorgang selbst wird Streuung genannt. Um sich die Möglichkeit und Notwendigkeit der Streuung der Kraftlinien klar zu machen, vergegenwärtige man sich, dass zwischen den Polen der Feldmagnete unserer Maschine eine Art von magnetischer Spannung oder eines magnetischen Spannungsunterschiedes besteht. Werden nun die Polenden auf irgend eine Art leitend verbunden, so gehen infolge dieses Spannungsunterschiedes Kraftlinien über, d. h. es entsteht eine magnetische Strömung, gerade wie in einem Leiter eine elektrische Strömung entsteht, wenn an zwei Punkten ein elektrischer Spannungsunterschied vorhanden ist. Bei der magnetischen Strömung von Pol zu Pol der Feldmagnete der Maschine ist aber eine doppelte Leitung vorhanden, einmal die Luft, und zum anderen das

Eisen des Ankers. Folglich tritt das Gesetz der verzweigten Leitung in Kraft, welches für die magnetische Strömung genau dasselbe ist, wie für den elektrischen Strom. Das Eisen leitet viel besser als die Luft, und entsprechend geht der grösste Teil der magnetischen Strömung, also die weitaus grösste Zahl der Kraftlinien durch das Eisen des Ankers. Die Luft ist aber ebenfalls ein magnetischer Leiter, wenn auch ein weit schlechterer, als Eisen, und deshalb muss notwendig ein Teil der Kraftlinien durch die Luft ihren Weg nehmen. Für den Konstrukteur einer magnet-elektrischen Maschine kommt es darauf an, diesen Teil der Kraftströmung möglichst gering zu machen. Uebrigens ist es nicht richtig, zu glauben, eine gestreute Kraftlinie bedeute auch einen Energieverlust. Verwendet man als Feldmagnete einer Maschine permanente Stahlmagnete, so erfordert die Herstellung des Kraftfeldes überhaupt keinen Energieaufwand; gestreute Kraftlinien können deshalb auch keinen Energieverlust erzeugen. Bei Anwendung von Elektromagneten zur Herstellung des Kraftfeldes entsteht der Energieverlust, wie erwähnt, nur durch Umsetzung eines Teiles der zugeführten elektrischen Energie in Wärme und, wenn man mit Rücksicht auf die Streuung der Kraftlinien das Kraftfeld stärker machen muss, als es sonst erforderlich wäre, so bedingt die dazu erforderliche Vergrösserung der Amperewindungen auch einen entsprechend grösseren Umsatz in Wärme.

Es wurde in dem Vorstehenden nur die elektromotorische Kraft ins Auge gefasst, welche in einer einzelnen Ankerspule unter den dargelegten Verhältnissen entsteht. Nun wissen wir aber (S. 81), dass in einem quer zu den Kraftlinien durch ein Kraftfeld bewegten Leiter die Grösse der erzeugten elektromotorischen Kraft auch von der Länge des Leiters abhängt. Dies findet sinngemässe Anwendung auf die Drahtwickelung, welche auf dem Umfange des Ankers einer Dynamomaschine angebracht ist. Bringen wir deshalb statt der einen eine grössere Anzahl Spulen an und verbinden wir die Spulen so miteinander, dass sie hintereinander geschaltet sind, das Ende der einen also mit dem Anfang der nächstfolgenden in leitender Verbindung steht, so wird in jeder einzelnen Spule eine elektromotorische Kraft von gleicher Stärke erzeugt, und diese Kräfte addieren sich, so dass also die gesamte elektromotorische Kraft in demselben Verhältnis wie die Zahl der Ankerspulen wächst. Man kann sich die Sache auch so vorstellen, dass die in der ersten Spule erzeugte elektromotorische Kraft in jeder folgenden um den gleichen Betrag erhöht wird. Die hintereinander geschalteten Spulen bieten alsdann das schon benutzte Bild einer Anzahl von Druckpumpen, welche in verschiedener Höhe angebracht sind, und von welchen jede folgende das von der vorhergehenden ihr gelieferte Wasser um ein gleiches Stück höher hinaufdrückt.

Die vorstehenden Ausführungen lassen erkennen, von welchen Bedingungen oder Grössen die in einer Dynamomaschine erzeugte elektromotorische Kraft abhängt. Es ist ersichtlich, dass wir den Inhalt dieser Ausführungen kurz, wie folgt, zusammenfassen können. Die Grösse der in den Ankerwindungen einer Dynamomaschine erzeugten elektromotorischen Kraft wird bestimmt durch:

1. die Stärke des magnetischen Feldes, d. h. durch die Zahl der wirksamen Kraftlinien des Feldes;
2. die Zahl der Ankerdrehungen in der Zeiteinheit;
3. die Zahl der Kupferwindungen oder -Spulen, welche auf dem Anker hintereinander verbunden sind.

Die erzeugte elektromotorische Kraft ist jeder dieser Grössen proportional, d. h. sie steigt und fällt mit ihr.

Die Richtung der elektromotorischen Kraft, welche in einem durch ein Kraftfeld bewegten Leiter erzeugt wird, lässt sich in jedem einzelnen Falle mit Hilfe einer praktischen Regel auffinden, welche nach ihrem Entdecker die Flemingsche Regel heisst. Man hat dabei zunächst die Richtung, in welcher die Kraftlinien verlaufen, und die Richtung, in welcher der im Kraftfeld befindliche Leiter bewegt wird, festzustellen. Die erzeugte elektromotorische Kraft steht auf beiden Linien, also auch auf der durch sie in ihrem Schnittpunkt gelegten Ebene senkrecht. Liegt also beispielsweise die Richtung einer Kraftlinie in der Ebene des Papiers und liegt die Bewegungsrichtung des Leiters ebenfalls in dieser Ebene, so ist die in dem Leiter erzeugte elektromotorische Kraft senkrecht zur Papierebene gerichtet, und es ist nur noch festzustellen, ob sie nach oben oder nach unten verläuft. Die Flemingsche Regel sagt nun, man solle den Daumen, den Zeigefinger und den Mittelfinger der rechten Hand so stellen, dass die drei Finger thunlichst die Richtung dreier aufeinander senkrecht stehender Axen im Raume einnehmen. Bedeutet alsdann die Richtung des Daumens die Bewegungsrichtung des durch das Kraftfeld bewegten Leiters, die des Zeigefingers die Richtung des Kraftlinienverlaufes, so giebt die Richtung des Mittelfingers die Richtung der im Leiter hervorgerufenen elektromotorischen Kraft an.

§ 17. Die Erzeugung des magnetischen Feldes der Dynamomaschine.

Damit in den Ankerspulen bei ihrer Bewegung zwischen den Polschuhen eine elektromotorische Kraft entstehen kann, müssen sie Kraftlinien schneiden, und die erzeugte elektromotorische Kraft wird um so grösser, je mehr Linien in der Sekunde geschnitten werden. Somit handelt es sich in erster Linie darum, ein möglichst starkes magnetisches Feld und folglich möglichst starke Magnete als Feldmagnete zu verwenden. Permanente Stahlmagnete sind dazu ungeeignet, weil sie zu schwach sind. Man ist auf Elektromagnete angewiesen. Diese kann man in bekannter Weise leicht erzeugen, indem man um Eisenstücke einen Strom leitet. Man muss aber einen Strom erst haben. Man kann dazu irgend eine fremde Stromquelle, eine galvanische Batterie, eine kleinere magnet-elektrische Maschine mit permanenten Stahlmagneten u. a. benutzen. Man erhält alsdann eine Maschine mit Fremderregung. Solche Maschinen hat man gebaut, sie sind aber aus manchen Gründen für die Praxis weniger geeignet oder gänzlich ungeeignet. Der Gedanke lag nahe, den von der Maschine selbst erzeugten Strom zur Erregung der Feldmagnete zu benutzen, indem man ihn ganz oder teilweise um die als Feldmagnete dienenden Eisenkerne in Windungen herumführt, also Maschinen mit eigener Erregung oder selbsterregende Maschinen zu schaffen. Auf den ersten Blick aber stand man vor der Schwierigkeit, dass man, um die Feldmagnete zu erregen, erst einen Strom haben muss, und dass in den Ankerspulen so lange keine elektromotorische Kraft entstehen kann, als die Feldmagnete nicht erregt sind. Die Frage lautete also dahin, wie kann eine Maschine mit Selbsterregung angehen?

Zunächst ist klar, dass, wenn beim Ingangsetzen der Maschine ein auch noch so schwaches magnetisches Feld vorhanden wäre, dies doch hinreichen würde, die Maschine in kürzester Zeit auf ihre volle Leistungsfähigkeit zu bringen. Auch ein sehr schwaches Feld würde in den durch das Feld bewegten Ankerspulen eine, wenn auch vorerst sehr geringe, elektromotorische Kraft und damit einen Strom von entsprechend geringer Stärke erzeugen. Wird dieser Strom durch die Windungen der Feldmagnete geleitet, so verstärkt er das Kraftfeld. Das stärkere Feld erzeugt wiederum in den Ankerspulen eine grössere elektromotorische Kraft. Der dadurch bewirkte stärkere Strom bewirkt neuerdings eine Verstärkung des Kraftfeldes etc., so dass in kurzer Zeit das Kraftfeld die erforderliche Stärke erlangt hat. Die Verstärkung des Kraftfeldes hat ihre Grenzen, u. a. auch deshalb, weil schliesslich ein Zustand der Feldmagnete erreicht wird, in denen sie weitere Kraftlinien nicht mehr, oder wenigstens unter praktisch verwertbaren Bedingungen nicht mehr aufnehmen, sie also, wie man zu sagen pflegt, mit Magnetismus gesättigt sind. Die Frage bleibt also, woher nehmen wir die erste magnetische Kraftströmung, ohne welche die Maschine überhaupt nicht in Thätigkeit treten kann?

Die anscheinend unüberwindliche Schwierigkeit löste sich in überraschend einfacher Weise. Vorab sei bemerkt, dass man die Feldmagnete einer Maschine dadurch schwach erregen kann, dass man einen Stahlmagneten in ihre Nähe oder mit ihnen in Berührung bringt. Vor mehr als 20 Jahren wurden für die physikalischen Sammlungen von Schulen zuerst magnet-elektrische oder Dynamomaschinen beschafft. In den beigegebenen Gebrauchsanweisungen wurde vielfach vorgeschrieben, man solle die Feldmagnete, während die Maschine in Gang gesetzt werde, mit einem Stahlmagneten berühren, falls die Maschine nicht ohne weiteres nach einigen Ankerdrehungen Strom gebe. Die Maschinen hatten übrigens diese Erregung von aussen niemals nötig, aber es ist von Interesse, zu sehen, dass man mehr als 10 Jahre, nachdem Werner Siemens das dynamoelektrische Prinzip ausgesprochen hatte, in der einschlägigen Praxis diesem Prinzip noch nicht vollständig vertraute. Dieses dynamoelektrische Prinzip, welches von Siemens in den Monatsberichten der Berliner Akademie unter dem 17. Januar 1867 veröffentlicht wurde, auf dessen Entdeckung aber von mehreren Seiten Anspruch erhoben wird, geht von dem Grundsatz aus, dass jedes Stück Eisen auf der Erde infolge des bei seiner Herstellung angewandten Verfahrens, infolge seiner Lage oder infolge seines Gebrauches eine Spur von „natürlichem" Magnetismus besitze, dass es jedenfalls genüge, ein Stück Eisen einmal in ein stärkeres magnetisches Feld zu bringen, um bleibenden Magnetismus in ihm zu erzeugen. Infolgedessen besitzen auch die unerregten Feldmagnete einer Dynamomaschine ein, wenn auch schwaches, magnetisches Feld, und wenn wir einen Anker in diesem Felde rotieren lassen, so entsteht in seinen Spulen eine elektromotorische Kraft. Diese benutzen wir in der vorhin beschriebenen Weise zur Erregung der Feldmagnete etc.

Die Folge bewies, dass der Grundgedanke und die Schlussfolgerungen des dynamoelektrischen Prinzips durchaus richtig und zuverlässig waren. Wir sehen, dass jede richtig konstruierte Dynamomaschine von selbst angeht, wenn der Anker gedreht wird, und dass sie nach einer oder nach einigen Sekunden bereits auf den Höhepunkt ihrer Leistung gelangt. Es ist üblich geworden, seit Entdeckung des dynamoelektrischen Prinzips die auf ihm beruhenden stromliefernden Maschinen, also die Maschinen mit Selbsterregung, Dynamomaschinen zu nennen, während für die Maschinen, welche permanente Stahlmagnete als Feldmagnete haben, oder deren Feldmagnete durch eine fremde Stromquelle zu Elektromagneten gemacht werden, die Bezeichnung magnetelektrische Maschinen beibehalten wurde. Praktisch kommen heute nur die Maschinen mit Selbsterregung, also die eigentlichen Dynamomaschinen, in Betracht.

Die Art und Weise, wie in selbsterregenden Maschinen der Maschinenstrom zur Herstellung des Kraftfeldes benutzt wird, ist eine verschiedene. Man unterscheidet folgende drei Verfahren:

1. Der ganze in der Maschine erzeugte Strom umfliesst, ehe er in die äussere Leitung gelangt, die Feldmagnete.

Man nennt Maschinen mit dieser Einrichtung Hauptstrommaschinen, auch Reihen- (Serien) Maschinen. Letztere Bezeichnung ist mit Rücksicht darauf gewählt, dass die Windungen der Feldmagnete und die äussere Leitung in der Strombahn aufeinander folgen.

2. Ein Teil des in der Maschine erzeugten Stromes wird durch die Windungen der Feldmagnete geleitet und dient zur Erregung der letzteren. Die Windungen der Feldmagnete liegen also in einer Nebenleitung oder im Nebenschluss zur Hauptstromleitung. In Berücksichtigung dessen nennt man sie Nebenschlussmaschinen.

3. Die Feldmagnete haben doppelte Bewicklung. Durch die eine wird der Hauptstrom der Maschine geleitet, die andere wird von einem Zweigstrom durchflossen. Es sind also die Anwendungen des Maschinenstromes zur Erregung der Feldmagnete, wie sie in den beiden vorhergehenden Fällen dargestellt wurden, miteinander verbunden. Daraus entstand die Bezeichnung Verbundmaschinen (Kompoundmaschinen).

Die aufgezählten drei Arten von Maschinen zeigen im Betriebe ein sehr verschiedenes Verhalten, welches im einzelnen auseinandergesetzt werden muss. Es handelt sich dabei im wesentlichen um folgende Punkte:

In Fig. 26 geht die Leitung von der unteren Bürste am Kommutator aus, umläuft in einer Anzahl Windungen den Feldmagneten *S*, geht von ihm auf den Feldmagneten *N* über, umläuft diesen in der gleichen Anzahl von Windungen und gelangt schliesslich zu dem Punkte *A*. Mit *A* möge der Anfang, mit *E* das Ende der den äusseren Stromkreis bildenden Leitung angedeutet werden. Von *E* geht die Leitung zu der zweiten Bürste am Kommutator. Der ganze von der Maschine erzeugte Strom wird somit um die Feldmagnete geleitet und zur Herstellung des magnetischen Kraftfeldes benutzt. Wegen der grossen Stärke dieses Stromes sind nur verhältnismässig wenige Drahtwindungen bei den Feldmagneten nötig, um ein Kraftfeld von der erforderlichen Stärke hervorzubringen, da ja die magnetomotorische Kraft gleich der Zahl der Amperewindungen der Feldmagnete ist. (Seite 67.) Der Leitungsdraht muss aber, weil er einen starken Strom zu führen hat, entsprechend dick sein.

Eine Hauptstrommaschine ist nur für beschränkte Zwecke verwendbar, insbesondere nur da, wo der Widerstand im äusseren Stromkreise sich nicht ändert, also beispielsweise zum Speisen von Bogenlampen, die in Reihe geschaltet sind und stets gleichzeitig brennen sollen. Lässt man bei einer Hauptstrommaschine den Widerstand im äusseren Stromkreise zunehmen, so hat das nach dem Ohmschen Gesetz (Seite 42) eine Verminderung der Stromstärke zur Folge Wird aber der Strom schwächer, so werden die Feldmagnete weniger stark erregt, d. h die magnetische Kraftströmung nimmt ab. Damit sinkt die elektromotorische Kraft der

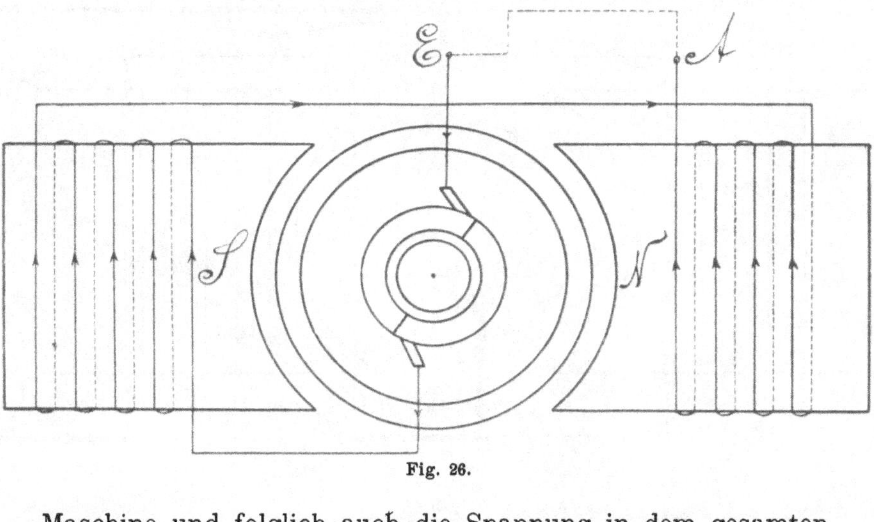

Fig. 26.

Maschine und folglich auch die Spannung in dem gesamten Leitungsnetz. Ist der Stromkreis nicht geschlossen, so kann die Maschine überhaupt keinen Strom liefern, da, solange kein Strom durch die Leitung geht, die Feldmagnete auch nicht erregt werden. Das schwache Kraftfeld, welches durch den Erdmagnetismus oder durch den rückständigen Magnetismus der Feldmagnete hervorgebracht wird, kann hierbei unberücksichtigt bleiben. Die Maschine kann deshalb auch nicht anders, als bei geschlossenem äusseren Stromkreis in Betrieb gesetzt werden.

Ungleich grössere Verwendungsfähigkeit und deshalb praktische Wichtigkeit besitzt die in Fig. 27 schematisch dargestellte Nebenschlussmaschine. Die Punkte *A* und *B* sind mit den Bürsten K_1 und K_2 leitend verbunden. Der von K_1 kommende Strom aber zweigt sich bei *A* in zwei Leitungen. Die eine stärker gezeichnete Leitung geht über *C* und *D* zu dem Punkte *B* und stellt den äusseren Stromkreis dar. Die dünner gezeichnete Leitung geht über *f*, umläuft in vielen Windungen in der aus der Abbildung ersichtlichen Weise die Feldmagnete und wird über *g* zu dem Punkte *B* geführt. Die Wickelung der Feldmagnete besteht aus vielen Windungen eines dünnen Drahtes, der Widerstand in dieser Nebenleitung ist also ein verhältnismässig grosser,

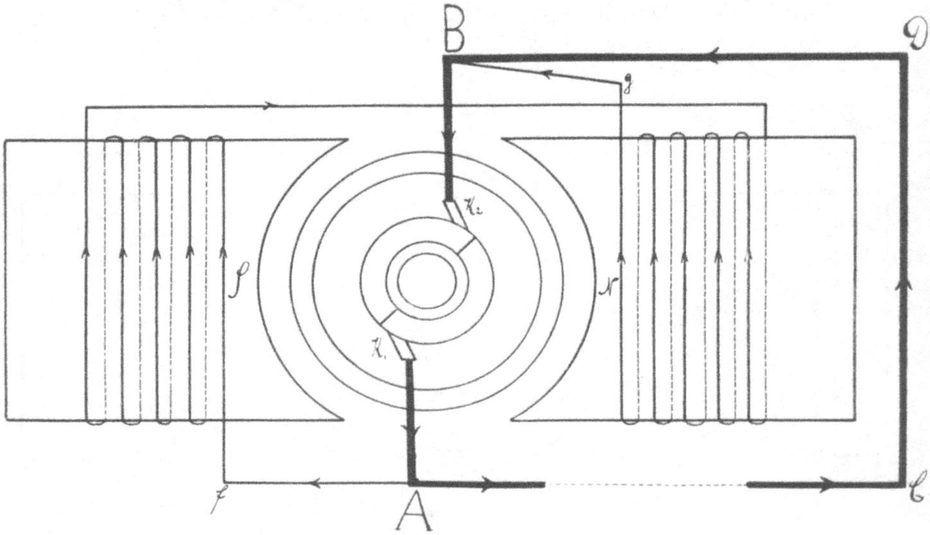

Fig. 27.

während in der Hauptleitung ein verhältnismässig geringer Widerstand vorhanden ist. Der grösste Teil des Stromes wird infolgedessen durch die äussere Leitung getrieben, während in der Zweigleitung, also in der Wickelung der Feldmagnete, eine geringe Stromstärke herrscht. Infolge der grossen Zahl der Windungen wird aber auch bei geringer Stromstärke die zur Erzeugung des magnetischen Feldes erforderliche genügende Zahl der Amperewindungen erreicht. Steigt der Widerstand im äusseren Stromkreise, so bewirkt dies eine Schwächung der Stromstärke daselbst. Es wird aber jetzt mehr Strom durch die Nebenleitung getrieben, das magnetische Feld wird also stärker und infolgedessen steigt die von der Maschine erzeugte elektromotorische Kraft. Ist der äussere Stromkreis unterbrochen, so kann der von der Maschine erzeugte Strom nur durch die Nebenleitung gehen. Bei einem bestimmten Widerstande im äusseren Stromkreise liefert die Nebenschlussmaschine das Maximum der Stromstärke. Um die Stärke des magnetischen Feldes gleichmässig zu erhalten, bringt man in der Zweigleitung einen sogenannten Regulierwiderstand an, d. h. einen Widerstand, dessen Teile man nach Bedarf ein- und ausschalten kann. Man kann dadurch innerhalb gewisser Grenzen die

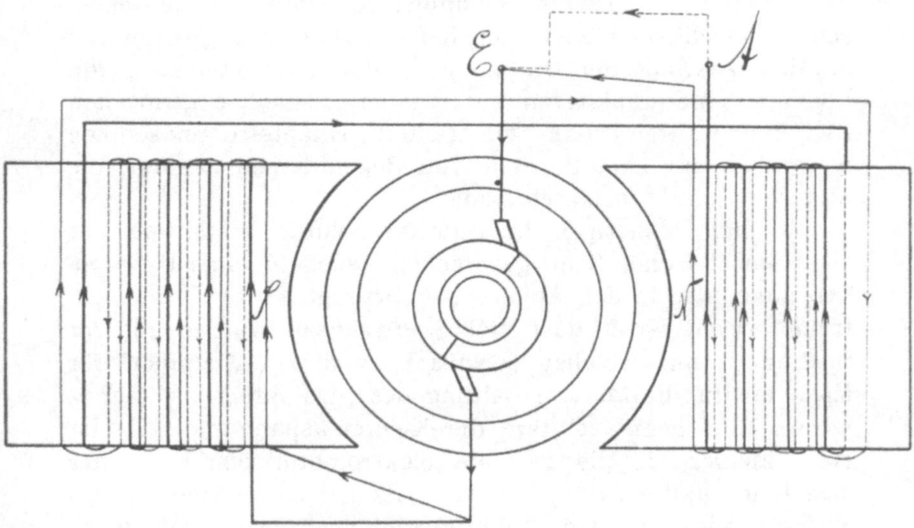

Fig. 28.

Stromstärke in der Zweigleitung und damit auch die magnetomotorische Kraft auf gleicher Höhe halten.

Die dritte Art der Dynamomaschine ist in der Abbildung Fig. 28 dargestellt. Die Feldmagnete besitzen hier eine gemischte Wickelung, und die Maschine heisst Verbund- oder Kompoundmaschine. Sie ist, wie man leicht sieht, eine Verbindung von Hauptstrommaschine und Nebenschlussmaschine. Die Hauptleitung wird, ehe sie in den äusseren Stromkreis zwischen *A* und *E* übergeht, um die Feldmagnete geleitet; die Maschine ist also in dieser Beziehung eine Hauptstrommaschine. Ausserdem aber wird eine Zweigleitung von den Klemmen um die Feldmagnete geführt, wodurch die Maschine den Charakter als Nebenschlussmaschine erhält. Die Wirkung besteht in einer Art Selbstregulierung der Maschine, indem das magnetische Feld und damit auch bei gleicher Tourenzahl des Ankers die elektromotorische Kraft unverändert erhalten wird. Sinkt die Stromstärke in der Hauptleitung, so steigt sie in der Nebenleitung, und umgekehrt; die Zahl der Amperewindungen auf den Feldmagneten ändert sich also nicht. Maschinen mit gemischter Bewicklung finden deshalb auch vorwiegend da Verwendung, wo es sich darum handelt, bei gleicher Umdrehungszahl des Ankers eine unveränderte Spannung zu erhalten. Die Nebenschlussmaschinen eignen sich insbesondere zum Speisen von parallel geschalteten Glühlampen und Bogenlampen, zum Laden von Akkumulatoren und zu sonstigen elektrochemischen Zwecken, während man, wie erwähnt, Hauptstrommaschinen wesentlich nur zum Betriebe von Bogenlampen benutzt, die hintereinander geschaltet sind.

In den bisherigen Darlegungen wurde stets von der elektromotorischen Kraft gesprochen, welche in einer Dynamomaschine, also in den Ankerspulen erzeugt wird. Diese elektromotorische Kraft darf nicht verwechselt werden mit der Spannung, mit welcher der Strom von den Klemmen der Maschine in die äussere Leitung des Stromkreises entsandt wird. Man nennt letztere die Klemmenspannung. Sie ist stets kleiner als die gesamte elektromotorische Kraft der Maschine, und zwar um so viel, als zur Ueberwindung des Widerstandes in den Ankerwicklungen verbraucht wird. Ferner treten bei einer in Thätigkeit befindlichen Dynamomaschine noch eine Anzahl Erscheinungen auf, die man als Gegenwirkungen des Ankers bezeichnet. Sie bestehen wesentlich in folgendem:

§ 18. Gegenwirkungen des Ankers.

Das Ankergestell, auf welchem die Ankerspulen befestigt sind, besteht aus Eisen. Nehmen wir als einfachsten Fall den Ringanker; wir haben alsdann einen mit Drahtwindungen umwickelten Eisenring. In der einen Hälfte der Drahtwickelungen dieses Ringes fliesst der Strom nach der einen, in der anderen nach der entgegengesetzten Richtung. Die

Stellen, an denen die Umkehrung in der Stromrichtung erfolgt, heissen die neutralen Punkte des Ringes; sie liegen an den Endpunkten eines Durchmessers des Ankerquerschnittes. Denken wir uns den Ring an diesen Stellen senkrecht durchschnitten (Fig. 29), so entstehen zwei Ringhälften. Jeder Halbring steckt nun in stromdurchflossenen Drahtwindungen, also in einer stromdurchflossenen Spule, wird folglich magnetisiert. Die Enden jeder Ringhälfte sind freie Magnetpole. Infolge der entgegengesetzten Stromrichtung

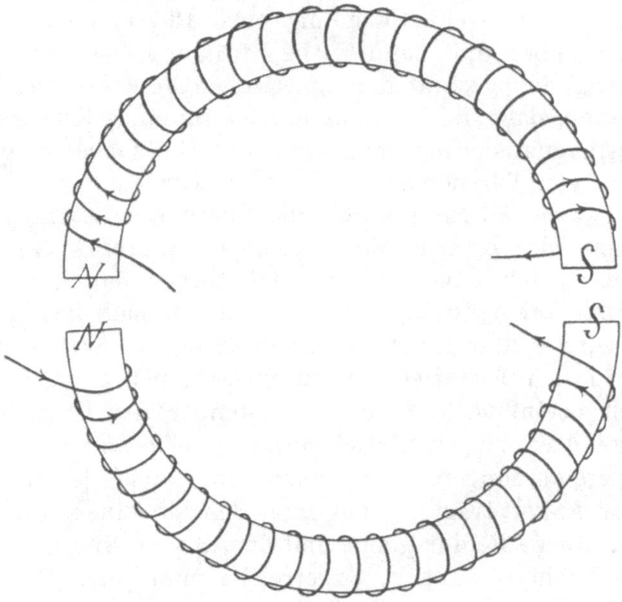

Fig. 29.

in beiden Ringhälften liegen die Pole in beiden so, dass beim Zusammenbringen der Ringhälften in der früheren Form gleichnamige Pole zusammenstossen. In dem undurchschnittenen Ring entstehen also an diesen Stellen freie Doppelpole. Mit anderen Worten, der Strom, welcher durch die Windungen der Ankerwicklung geht, magnetisiert den Ring in der beschriebenen Weise, bewirkt also eine magnetische Strömung zwischen den beiden neutralen Punkten. Andererseits geht die magnetische Strömung zwischen den Feldmagneten durch den Eisenring des Ankers hindurch, und diese ist senkrecht zu derjenigen gerichtet, welche von dem Strom der Ankerwicklung hervorgebracht wird. Man sagt, der Strom der Ankerwicklungen magnetisiert das Ankereisen quer. Es treten somit zwei magnetische Strömungen auf, welche aufeinander einwirken und eine Verzerrung des Kraftfeldes in der Richtung der Ankerbewegung herbeiführen. Die magnetische Strömung in jedem Feldmagnet wird dadurch nach der Seite hin, nach welcher die Ankerdrehung erfolgt, verstärkt. Es tritt infolgedessen dort eine grössere Sättigung des Eisens und damit ein grösserer Widerstand gegen die magnetische Strömung ein. Die Folge ist nach dem Gesetz über die magnetische Strömung (Seite 70) eine Schwächung des gesamten magnetischen Feldes. Man sagt deshalb auch, dass die Quermagnetisierung eines Eisenkernes die Längsmagnetisierung schädige. Die Thatsache ist durch eine Reihe von Versuchen klar gestellt worden.

Um der Schädigung durch die Quermagnetisierung des Ankereisens entgegenzuwirken, giebt es nur ein, aber verhältnismässig einfaches, Mittel. Je stärker das durch die Feldmagnete erzeugte Kraftfeld an und für sich ist, um so weniger wird es durch die quermagnetisierende Wirkung des Stromes in den Ankerwindungen unter sonst gleichen Verhältnissen beeinflusst. Ferner ist offenbar der Quermagnetismus des Ankerringes um so geringer, je geringer die Zahl der Amperewindungen des Ankers ist, also je weniger Leiter der Anker trägt. Giebt man deshalb einer Maschine möglichst starke Feldmagnete und dem Anker eine geringere Zahl von Drahtwindungen, so erreicht man, dass die Zahl der von den Windungen in der Zeiteinheit geschnittenen Kraftlinien, somit auch die von der Maschine erzeugte elektromotorische Kraft, unverändert bleibt, und dass andererseits die magnetische Querströmung im Anker und somit auch ihre Einwirkung auf die sehr starke durch die Feldmagnete hervorgerufene Längsströmung gering bleibt. Wollte man die Zahl der Leiter auf dem Anker vermindern, ohne gleichzeitig den Magnetismus der Feldmagnete zu verstärken, so müsste man, um die elektromotorische Kraft der Maschine auf gleicher Höhe zu erhalten, die Zahl der Umdrehungen des Ankers entsprechend vergrössern; denn nur auf diese Weise könnten von weniger Windungen gleichviel Kraftlinien in der Zeiteinheit geschnitten werden. Eine Vermehrung der Ankergeschwindigkeit findet aber aus mechanischen Gründen bald ihre Grenze.

Um andere Energieverluste in der Dynamomaschine zu verstehen, hat man sich nur die im § 15 besprochenen Induktionserscheinungen gegenwärtig zu halten. Jeder Strom sendet rings um seine Bahn Kraftlinien aus, und wo diese Kraftlinien bei ihrer Bewegung einen Leiter treffen, erzeugen sie in ihm eine elektromotorische Kraft, und folglich, wenn der Leiter eine geschlossene Bahn bietet, einen Strom. Jeder elektrische Strom aber transportiert Energie, und überall, wo elektrische Energie keine andere Arbeit zu leisten gezwungen wird, setzt sie sich in Wärme um. In diesen Thatsachen ist zumeist der Grund zu suchen, weshalb eine im Betrieb befindliche Dynamomaschine sich erwärmt und zur Vermeidung zu starker Erhitzung gekühlt werden muss.

Die Thatsache, dass in einem Leiter, der durch ein magnetisches Feld bewegt wird und Kraftlinien schneidet, eine elektromotorische Kraft erzeugt wird, findet auch auf das Ankereisen Anwendung. Da die erzeugte elektromotorische Kraft senkrecht zu der Bewegungsrichtung und zur Richtung der geschnittenen Kraftlinien steht, so folgt daraus, dass die im Ankereisen hervorgerufene elektromotorische Kraft in der Richtung parallel zur Axe des Ankers gerichtet ist. Bestände nun das Ankereisen aus einem massiven Stück, so würde die auftretende elektromotorische Kraft Ströme, sogenannte Wirbelströme, hervorrufen, welche nutzlos Energie von der Triebmaschine in Anspruch nehmen und diese Energie in schädliche Wärme umsetzen. Man schützt sich gegen das Auftreten dieser Wirbelströme im Anker nach Möglichkeit dadurch, dass man das Ankereisen in der Axenrichtung des Ankers durch nichtleitende Zwischenlagen unterbricht, also, wie man zu sagen pflegt, den Anker „blättert“, d. h. aus dünnen Eisenscheiben zusammenfügt, die in der Axenrichtung aneinander gereiht und durch dünne isolierende Zwischenlagen, geöltes dünnes Papier etc. oder auch durch eine Oxydschicht voneinander getrennt sind. Radikal vorgehen und den Anker aus nichtleitendem Material herstellen kann man nicht, da der Anker die magnetische Strömung zwischen den Polen der Feldmagnete aufnehmen und fortleiten muss, also zweckmässig nur aus Eisen hergestellt werden kann. Die Rücksicht auf die Fähigkeit, die magnetische Strömung zwischen den Feldmagneten aufzunehmen, gebietet auch, bei der Blätterung des Ankereisens nicht zu weit zu gehen. Infolgedessen können aber andererseits auch die Wirbelströme im Ankereisen nicht vollständig aufgehoben werden. Sie finden noch innerhalb der einzelnen Blätter statt.

Man sucht dem schädlichen Einfluss der Blätterung des Ankereisens dadurch entgegenzuwirken, dass man als Material zu dem Anker sehr weiches schwedisches Holzkohlenschweisseisen nimmt, welches von allen Eisensorten die grösste Leitungsfähigkeit für die magnetische Strömung besitzt. Wie in § 16 erklärt wurde, kehrt sich in jeder Ankerspule während einer Umdrehung des Ankers der Strom zweimal um, d. h. es treten in ihr zwei Stromstösse von entgegengesetzter Richtung auf. Hat die Maschine mehr als ein Paar Feldmagnete, so ist die Zahl der während einer Ankerumdrehung erfolgenden Stromstösse entsprechend grösser. Diese Stromstösse werden zwar am Kommutator gleich gerichtet, aber sie bleiben dabei doch immer Stromstösse, also kurze Ströme, die bis zu einem Maximum ansteigen und wieder abnehmen. Es ist also ein pulsierender Strom, der von der Maschine in die Leitung geschickt wird. Die Erscheinungen der Induktion sagen uns, dass und wie sich infolgedessen das Kraftfeld um die vom Strome durchflossene Leitung ändert. Wird nun, wie es bei jeder Dynamomaschine der Fall ist, der von der Maschine erzeugte Strom ganz oder teilweise in Windungen um die Feldmagnete geleitet, so bewirkt der pulsierende Strom eine Bewegung der Kraftlinien durch die Eisenmassen der Feldmagnete und er muss deshalb in ihnen Wirbelströme erzeugen. Die dabei verbrauchte Energie setzt sich in Wärme um und bewirkt eine Erwärmung der Feldmagnete. Zu dem beim Anker üblichen Ausweg, die Eisenmassen zu blättern, schreitet man ungern, da dadurch die Feldmagnete zu umfangreich und die Kosten zu gross werden.

Jeder elektrische Strom, welcher einen Leiter durchfliesst, der Widerstand leistet, setzt notwendig einen Teil der von ihm transportierten Energie in Wärme um. Widerstandsfreie Leiter giebt es nun nicht; folglich müssen auch die Ankerspulen, welche von starken Strömen durchflossen werden, sich erwärmen. Die Wärmeerzeugung wächst im quadratischen Verhältnis zur Stärke des durchfliessenden Stromes, d. h. ein Strom von doppelter Stärke erzeugt nicht die doppelte, sondern die vierfache Wärme. Hierin liegt besonders der Grund, weshalb der Anker einer im Betrieb befindlichen Dynamomaschine warm wird, und die Maschine durch Lüften gekühlt werden muss.

In den meisten neueren magnet-elektrischen Maschinen werden die Ankerwicklungen in dem Ankereisen versenkt angebracht. Der Querschnitt des Ankereisens hat infolgedessen das Aussehen eines Zahnrades, und in die Zahnlücken werden die Wicklungen gelegt. Es geschieht dies, um den Widerstand gegen die magnetische Strömung zwischen den Polen der Feldmagnete und dem eisernen Ankerkern zu verringern. Die Kupferleiter auf dem Eisenkern leiten die magnetische Strömung ebenso schlecht, wie die Luft; die vorspringenden Eisenzähne verkürzen also den schlechtleitenden Zwischenraum zwischen Magnetpol und Ankereisen. Jeder vorspringende Eisenzahn aber reisst bei der Ankerumdrehung einen Teil der Kraftlinien des Feldes mit sich und lässt sie bei der Entfernung von dem Magnetpol des Feldmagnetes, an dem er vorbeigeht, fahren. Es entstehen dadurch Wirbelströme in dem Ende des Magnetpoles, von welchem der Zahn sich abbewegt, und dadurch wird dieser Teil des Feldmagneten stärker erhitzt.

§ 19. Bürstenverschiebung und funkenfreier Gang der Maschine.

An einer im Betrieb befindlichen Maschine bemerkt man häufig das Auftreten glänzender Funken von blaugrüner Färbung an den Stellen, wo die den Strom abnehmenden Bürsten dem Kommutator anliegen. Die Färbung der Funken rührt von dem verbrennenden Kupfer der Kommutatorsegmente her. Starke Funkenbildung („Feuern“) der Maschine ist eine gefährliche Erscheinung, weil sie den Kommutator in kurzer Zeit zerstört. Bei einer richtig konstruierten Maschine kann die Funkenbildung verhindert oder wenigstens auf ein geringes, unschädliches Mass herabgemindert werden. Eine Hauptaufgabe des Wärters einer magnet-elektrischen

Maschine ist, hierfür zu sorgen. Im regelmässigen Betriebe tritt Funkenbildung nur bei unrichtiger Stellung der Bürsten auf, und sie kann durch richtige Einstellung der Bürsten verhindert werden.

Die Stromabnehmer oder Bürsten werden bei einer zweipoligen Maschine am Kommutator da angelegt, wo die Ströme aus den Spulenabteilungen in den beiden Ringhälften zusammentreffen. Diese Punkte liegen an den Enden des Durchmessers, welcher als neutrale Axe bezeichnet wurde, also da, wo in den vorbeigehenden Spulen die Aenderung in der Stromrichtung erfolgt. Die neutrale Axe würde, wenn keine Gegenwirkungen im Anker stattfänden, senkrecht zur Axenrichtung der Feldmagnete liegen (Fig. 23 und 24). Nun tritt aber, wie im vorigen Paragraph gezeigt wurde, infolge der Quermagnetisierung des Ankereisens eine Verzerrung des magnetischen Kraftfeldes nach der Bewegungsrichtung des Ankers hin ein. Die Folge davon ist, dass die neutrale Axe sich um einen gewissen Winkel gegen ihre theoretische Lage verschiebt. Daraus folgt, dass man auch die Bürsten entsprechend nach vorwärts, d. h. in der Bewegungsrichtung des Ankers verschieben muss. Allein um einen funkenlosen Gang der Maschine zu erzielen, darf man die Bürsten nicht an den Enden der wirklichen neutralen Axe anlegen, man muss sie bei einer stromerzeugenden Maschine über die neutralen Punkte hinaus in der Drehrichtung des Ankers und bei einer elektrischen Kraftmaschine in entgegengesetzter Richtung verschieben. Dies ergiebt sich aus folgendem:

Fig. 30 stellt einen Teil eines Kommutators mit einigen Segmenten *a*—*e* in der Gegend der neutralen Axe 00 dar. Die mit diesen Segmenten verbundenen Spulen sind mit *A*—*E* bezeichnet. *M* bezeichnet einen Feldmagneten. Die Bürste *Z* ist am neutralen Punkte angelegt. Sie steht mit den Segmenten *b* und *c* in leitender Verbindung und schaltet somit die Spule *C* aus ihrer Verbindung mit den übrigen Spulen aus, schliesst sie, wie man zu sagen pflegt, kurz. Der von den Spulen *E* und *D* kommende Strom geht durch das Segment *c* zur Bürste. Rückt im nächsten Augenblick dieses Segment bei der Bewegung des Ankers unter der Bürste *Z* weg, so muss dieser Strom, um zur Bürste zu gelangen, seinen Weg durch die Spule *C* nehmen. Da tritt nun zunächst die Selbstinduktion der Spule *C* hemmend auf (Seite 86); sie verhindert, dass der von *E* und *D* kommende Strom sofort in voller Stärke durch *C* fliesst. Ferner wird die Spule *C*, sobald sie durch die Bürste kurz geschlossen wird, nicht sofort stromlos, da ein in einem Leiter fliessender Strom nicht sofort, d. h. ohne jeden Zeitaufwand aufhören

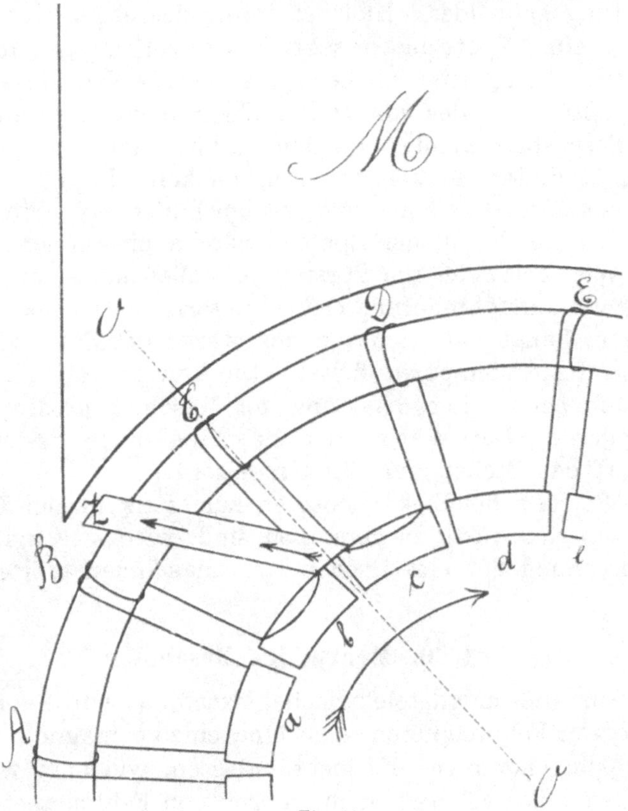

Fig. 30.

kann. Der in ihr fliessende Strom hatte aber, als die Spule unter die Bürste gelangte, entgegengesetzte Richtung zu dem Strome der Spulen *E* und *D*, welcher nun seinen Weg durch *C* nehmen soll. Der aus beiden Ursachen sich ergebende Widerstand bewirkt, dass der von *D* und *E* kommende Strom im Augenblicke der Trennung des Segmentes *c* von der Bürste unter Entwicklung eines starken Funkens durch die Luft von dem Segment *c* zu der Bürste übergeht. Daraus erklärt sich, weshalb bei feuernden Maschinen die Kommutatorsegmente immer an der Endseite, also da, wo sie die Bürsten verlassen, angegriffen und verbrannt werden.

Die Sache wird ganz anders, wenn das Segment *c* erst jenseits der neutralen Zone unter der Bürste weggeht, also da, wo die Spule *C* schon die Kraftlinien in entgegengesetzter Richtung schneidet. Hier ist infolgedessen in der Spule *C* schon eine elektromotorische Kraft von entgegengesetzter Richtung, also eine solche vorhanden, welche einen Strom in der Richtung des von *D* und *E* kommenden erzeugen will. Ist diese stark genug, um den vorhin erklärten Widerstand zu überwinden, so können natürlich keine Funken auftreten, der von *E* und *D* kommende Strom bildet dann einfach eine Fortsetzung des in der Spule *C* bereits fliessenden.

Wie weit man die Bürsten verstellen muss, um eine die Funkenbildung hindernde elektromotorische Gegenkraft zu erzeugen, hängt natürlich von der Stärke des Stromes ab, der durch die Ankerspulen fliesst. Die Bürstenverschiebung ist deshalb bei starker Belastung der Maschine grösser, als bei geringerer. Der Wärter der Maschine muss deshalb nach Bedarf das Stellen der Bürsten besorgen.

Weshalb bei Elektromotoren zum funkenfreien Gang die Bürsten rückwärts zu verstellen sind, wird zweckmässig bei Besprechung der elektrischen Kraftmaschinen erörtert.

§ 20. Mehrpolige Maschinen.

Für die magnetelektrische Maschine wurde bisher ein Paar von Feldmagneten, also eine einzige magnetische Strömung angenommen. Es giebt indessen, wie man weiss, Maschinen mit zwei und mehr Paaren von Feldmagneten. Man nennt sie mehrpolige Maschinen. Ihre Wirkung beruht auf folgendem:

Reicht eine gegebene Dynamomaschine für eine bestimmte Leistung nicht aus, so muss man eine zweite Maschine hinzunehmen. Diese zweite Maschine kann der ersten parallel und zu ihr in Reihe geschaltet werden. Im ersteren Falle liefern beide Maschinen zusammen einen stärkeren Strom, aber von derselben elektromotorischen Kraft, wie jede Maschine für sich, vorausgesetzt, dass beide Maschinen dieselbe

Klemmenspannung besitzen. Im zweiten Falle bringt die zweite Maschine die Elektricität, welche von der ersten Maschine bereits auf eine gewisse Spannung gebracht wurde, auf eine entsprechend höhere Spannung. Die Sache ist genau so, als ob man zwei Druckpumpen vereinigt. Sie können nebeneinander stehen. Alsdann drückt jede Pumpe eine Wassermenge auf eine gewisse Höhe. Man erzielt also, — gleiche Leistungen der Pumpen vorausgesetzt, — die doppelte Wassermenge auf der für jede Pumpe erreichbaren Höhe. Man kann aber auch die zweite Pumpe auf der Höhe anbringen, auf welche die erste das Wasser drückt, und durch sie das von dieser gehobene Wasser nochmals höher treiben lassen. Man erzielt dann nicht mehr Wasser, als die einzelne Pumpe allein liefert, aber das Wasser ist auf die doppelte Höhe gehoben.

Um in beiden Beziehungen die doppelte Leistung einer gegebenen Dynamomaschine zu erzielen, ist es keineswegs nötig, zwei vollständige Maschinen zu bauen und diese miteinander zu verbinden, man kann vielmehr den Zweck in weit einfacherer Weise erreichen. Die Leistung einer Dynamomaschine hängt, wie wir wissen, davon ab, dass die Ankerspulen die Kraftlinien des magnetischen Feldes schneiden. Also je mehr Kraftlinien und je mehr Spulen vorhanden sind, um so grösser ist bei gleicher Umfangsgeschwindigkeit des Ankers die Leistung der Maschine. Eine Vermehrung der Ankerspulen macht nun eine Vergrösserung des Ankerdurchmessers nötig. Die Feldmagnete können bei gegebener Grösse nur bis zu einer bestimmten Grenze magnetisiert werden. Mit der Vergrösserung des Ankers müssten somit auch die Feldmagnete entsprechend dicker werden. Das ist praktisch schwierig ausführbar. Viel bequemer ist es, weitere Paare von Feldmagneten anzubringen und auf den Anker wirken zu lassen. So kommt man zu mehrpoligen Maschinen. Eine Maschine mit 2, 3, 4 Polpaaren ist somit als eine zweifache etc. Dynamomaschine aufzufassen. Ob durch die Vermehrung der Feldmagnete die Stromstärke oder die elektromotorische Kraft der Maschine erhöht wird, hängt von der Anordnung der Ankerspulen, also von der Ankerwicklung ab.

In Fig. 31 ist eine vierpolige Dynamomaschine schematisch dargestellt, welche die doppelte Stromstärke gegenüber einer zweipoligen Maschine liefern soll. Wie die Abbildung erkennen lässt, verläuft die magnetische Kraftströmung jetzt zwischen zwei aufeinanderfolgenden ungleichnamigen Magnetpolen, so dass in dem ganzen Ankerring vier Strömungen, von denen je zwei gegenüberliegende entgegengesetzt ge-

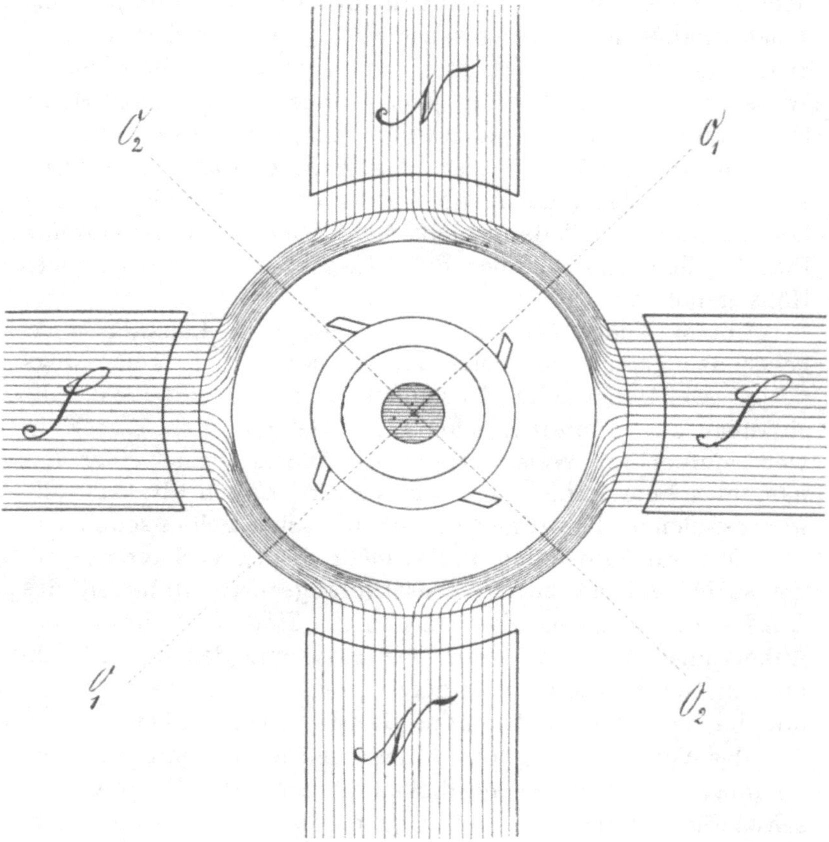

Fig. 31.

richtet sind. Jede auf dem Anker sitzende Spule schneidet bei einer vollen Umdrehung des Ankers die vier Kraftströmungen und erzeugt vier Stromstösse, von denen je zwei entgegengesetzt gerichtet sind und durch den Kommutator gleich gerichtet werden müssen. Es giebt jetzt auf dem Anker vier neutrale Punkte; sie liegen an den Endpunkten der von den Axen $0_1 0_1$ und $0_2 0_2$ gebildeten Durchmesser.

Hinter jedem neutralen Punkt wird ein Stromabnehmer angebracht, so dass vier Bürsten am Kommutator anliegen. Man kann die Bürstenzahl auch auf zwei beschränken, muss dann aber je zwei Ankerspulen, in denen gleiche elektromotorische Kraft und gleiche Stromrichtung herrscht, miteinander leitend verbinden, und zwar sie parallel schalten. Soll die vierpolige Maschine auf grössere elektromotorische Kraft arbeiten, so ist die Anordnung der Ankerspulen dieselbe, wie in einer zweipoligen Maschine. Je zwei im gleich-

Fig. 32.

namigen Kraftfeld befindliche Spulen, in denen gleiche elektromotorische Kraft und gleiche Stromrichtung herrscht, werden in Reihenschaltung miteinander verbunden. Erforderlich sind alsdann zwei Bürsten.

Es giebt auch zweipolige Dynamomaschinen mit mehr als zwei Feldmagneten. Denkt man sich in einer gewöhnlichen Maschine statt eines je zwei Feldmagnete mit gleichen Polen nebeneinander gestellt, so hört die Maschine nicht auf, eine zweipolige Maschine zu sein, obschon sie vier Feldmagnete besitzt. Man hat nur statt je eines einfachen einen doppelten Feldmagneten. Bei älteren Maschinen findet sich diese Einrichtung häufig. Man griff zu ihr, weil es bequemer war, zwei dünnere als einen stärkeren Eisenkern zu den Feldmagneten herzustellen. Die Maschinen heissen Dynamomaschinen mit Folgepolen.

In den Abbildungen Fig. 32 und 33 sind zwei Gleichstrommaschinen in ihrer äusseren Ansicht dargestellt. Sie stammen aus der Fabrik von Siemens & Halske in Berlin. Fig. 32 ist eine zweipolige, Fig. 33 eine vierpolige Maschine. An den Vollansichten von magnet-elektrischen Maschinen ist im allgemeinen nicht viel zu sehen, namentlich nichts, was

Fig. 33.

die Energieumwandlung deutlich macht. Nach den Erklärungen in den §§ 16—17 werden die Abbildungen indessen dem Verständnis keine Schwierigkeiten bereiten. Bemerkenswert ist noch das in Fig. 32 viereckige, in Fig. 33 kreisförmige, vollkommen geschlossene Eisengehäuse, in welchem die Feldmagnete befestigt sind. Dieser geschlossene Eisenmantel ist, wie Seite 98 f. an der Hand von Fig. 25 dargelegt wurde, von der grössten Bedeutung, da er die Rückleitung für die von Pol zu Pol durch den Anker gehenden magnetischen Kraftströmung bildet, somit den Widerstand gegen diese Strömung erheblich vermindert und überdies die Streuung von Kraftlinien möglichst verhütet. Der Eisenmantel wird deshalb auch, soweit irgend möglich, mit den Feldmagneten aus einem Stück gegossen. Die Handhaben rechts am Kommutator in beiden Abbildungen dienen zum Anlegen und Abnehmen der als Stromabnehmer dienenden Bürsten.

In den Abbildungen Fig. 34 und 35 sind Ankerformen für Gleichstrom-Dynamomaschinen von Siemens & Halske dargestellt Man unterscheidet hierbei Ringanker und Trommelanker. Der Unterschied bezieht sich indessen nicht auf die Gestalt bezw. die Ausdehnung des Ankerkernes, sondern auf die Art, wie die Spulenwicklung angebracht ist. Auch beim Ringanker ist der Ring in der Axenrichtung häufig so breit, dass er Cylinder oder Trommel genannt werden muss.

Fig. 34.

Beim Ringanker bezw. bei der Ringumwicklung ist nun die Drahtwicklung in der Axenrichtung des Ankers vollständig um den Mantel des Ankers herumgeführt, so dass die Drähte zur Hälfte auf der Oberfläche, zur Hälfte auf der Unterfläche des Ankermantels, also die letzteren im Innern des Ankers verlaufen. Da die aut der Unterseite befindlichen Drahtstücke keine Kraftlinien schneiden, so tragen sie zur Stromerzeugung nichts bei und vermehren unnötigerweise die Ausgaben für Kupfer und den Leitungswiderstand in den Ankerspulen. Bei der Trommelwicklung werden die Kupferdrähte nur an der Aussenseite des Ankermantels angebracht und am Ende der Trommel um die Axe geleitet und zurückgeführt.

Fig. 35.

Der Ankerkern wird bekanntlich aus Scheiben zusammengesetzt. Die Scheiben sind am Umfange mit Nuten versehen. In diese Nuten werden die Ankerwicklungen eingebettet. Es sind dies entweder eine oder mehrere Drahtwindungen neben- und übereinander oder ein oder zwei Kupferstäbe. Die Wahl der Ankerwicklung richtet sich darnach, ob die Maschine hohe Spannung oder hohe Stromstärke liefern soll.

Bei Fig. 34 trägt der Anker Drahtwindungen, bei Fig. 35 Kupferstäbe. Bei der grossen Umfangsgeschwindigkeit des Ankers macht sich die Wirkung der Centrifugalkraft auf die Wicklung in bedeutendem Masse bemerkbar; die Wicklung kann durch sie leicht weggeschleudert werden. Um dies zu verhüten, werden die Anker, wie dies aus der Abbildung ersichtlich ist, mit einer Anzahl von Kupferbändern umzogen. Fig. 36 giebt eine äussere Ansicht des Kommutators. Die Bürsten bestehen meistens aus Kupfer, neuerdings häufig

Fig. 36.

auch aus Kohle. Die Zusammensetzung der Kupferbürsten ist verschieden. Man formt sie aus dünnen Blechen, aus Drähten und aus sogenannter Kupfergaze. Kupferbürsten eignen sich besonders für hohe Stromstärken, weil sie besser leiten als Kohle, Kohlenbürsten dagegen mehr für hohe Spannungen und geringe Stromstärken. Sie greifen den Kommutator mechanisch weniger an.

§ 21. Wechselstrom und Wechselstromerscheinungen.

Jeder Wechselstrom besteht aus Stromstössen, welche abwechselnd in entgegengesetzter Richtung erfolgen. Zwei aufeinanderfolgende, entgegengesetzt gerichtete Stromstösse bilden eine Periode des Wechselstromes, die Zahl der auf eine Sekunde kommenden Perioden heisst die Frequenz des Stromes. Ein Wechselstrom mit der Frequenz 50 zählt also in der Sekunde $2 \times 50 = 100$ Stromstösse.

Zwei Gleichströme können sich voneinander nur durch ihre Stärke unterscheiden. Anders ist es bei Wechselströmen. Zwei Wechselströme können sich ebenfalls durch eine verschiedene mittlere Stromstärke unterscheiden, sie können aber überdies eine verschiedene Frequenz haben. Endlich kann noch ein drittes Unterscheidungsmerkmal auftreten; hiermit hat es folgende Bewandtnis.

In Fig. 37 ist der Verlauf eines Wechselstromes während einer Periode graphisch dargestellt. Die Periode besteht aus zwei entgegengesetzt gerichteten Stromstössen. Während jedes Stromstosses muss die Stärke des Stromes von Null anfangen, zu einem grössten Werte allmählich ansteigen und ebenso wieder bis zu Null abnehmen. Die Strecke *AB* soll nun die Zeitdauer einer Stromperiode darstellen. C ist der Mittelpunkt der Strecke AB. Es ist klar, dass alsdann die Zeitdauer der beiden Stösse durch die Strecken AC und CB gemessen wird. In den Punkten A, B und C beginnt oder endet ein Stromstoss; die Stromstärke muss also hier gleich Null sein. Wir wollen nun die Strecken AC und CB in je acht gleiche Teile zerlegen, dann bedeutet jede Teilstrecke den achten Teil der Zeitdauer eines Stromstosses. Steigt nun bei jedem Stromstoss die Stromstärke etwa bis zu 20 Ampere an, so ist klar, dass der Strom zwischen den Punkten A und C alle Stärken zwischen Null und 20 Ampere annehmen wird. In A ist die Stromstärke gleich Null, in D hat sie ihren grössten Wert, von da ab fällt sie in gleicher Weise,

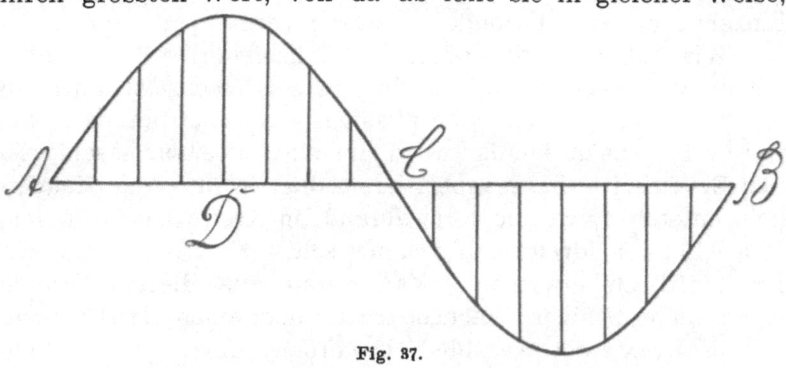

Fig. 37.

wie sie von A bis D angestiegen ist, und bei C ist sie abermals gleich Null.

Bei der Strecke CB wiederholt sich der Verlauf, nur ist zu berücksichtigen, dass der Strom entgegengesetzt fliesst. Tragen wir nun in den einzelnen Teilpunkten die dort vorhandenen Stromstärken in beliebigem Linienmass in Form von Senkrechten auf und zwar, um die entgegengesetzte Richtung des zweiten Stromstosses zu versinnbilden, dessen Stromstärken durch Senkrechte unterhalb der Linie CB, so erscheint, wenn wir die Enden der Senkrechten unter Berücksichtigung des steten Anwachsens bezw. Abnehmens der Stromstärke verbinden, die in Fig. 37 dargestellte Kurve. Sie versinnbildet den Verlauf eines Wechselstromes während einer Periode. Nehmen wir nun an, dass zwei gegebene Wechselströme gleiche mittlere Stromstärke und gleiche Frequenz haben, dann können sie sich noch dadurch unterscheiden, dass in beiden Anfang und folglich auch Ende einer Periode zeitlich nicht zusammenfallen, dass also der eine seine Periode früher oder später beginnt, als der andere. Wir sagen alsdann, die beiden Ströme hätten eine verschiedene Phase oder einen Phasenunterschied. Haben wir beispielsweise zwei Wechselströme von gleicher Stärke und gleicher Frequenz, von denen der zweite seine Periode beginnt, während der erste die Hälfte seines Weges vollendet hat, so nennen wir sie zusammen einen zweiphasigen Wechselstrom. In ähnlicher Weise besteht ein dreiphasiger Wechselstrom aus drei verschiedenen Strömen, deren Phasen um ein Drittel einer Periode verschieden sind. Selbstredend muss bei einem mehrphasigen Wechselstrom für jeden der Einzelströme eine besondere Leitung vorhanden sein.

Wir haben somit zwischen einphasigem, d. h. gewöhnlichem Wechselstrom und mehrphasigen Wechselströmen zu unterscheiden. Jeder mehrphasige Wechselstrom ist, wie weiterhin gezeigt werden wird, im stande, einen geschlossenen Eisenring so zu magnetisieren, dass in ihm freie Magnetpole entstehen, welche fortwährend im Kreise herum laufen, also ein sich drehendes magnetisches Kraftfeld oder ein Drehfeld zu erzeugen. Man nennt aus diesem Grunde einen mehrphasigen Wechselstrom auch einen Drehstrom. In der Praxis ist es üblich geworden, unter einem Drehstrom stets einen dreiphasigen Wechselstrom zu verstehen.

Bei einem durch eine Leitung gehenden Gleichstrom hängt die Stromstärke bei gegebener Spannung nur von dem Leitungswiderstande ab und lässt sich aus dem Ohmschen Gesetze berechnen (S. 42). Bei einem Wechselstrom aber kommt zu dem Leitungswiderstande noch eine weitere Gegenwirkung, die Selbstinduktion (S. 86). Sie entsteht dadurch, dass beim Steigen und Fallen der Stromstärke die von jedem Punkt der Leitung ausgehenden und zu ihm zurückkehrenden Kraftlinien (Fig. 6) benachbarte Teile der Leitung schneiden und dadurch elektromotorische Gegenkräfte hervorrufen. Die aus der Selbstinduktion entstehenden Gegenwirkungen erzeugen keinen Energieverlust, aber sie bewirken eine Aenderung in dem Verlauf des Stromes, insbesondere auch, dass die Stromstärke im einzelnen Zeitpunkte nicht der in diesem Augenblicke bestehenden elektromotorischen Kraft entspricht, so dass beispielsweise die Stromstärke ihren höchsten Wert erreicht, nachdem die elektromotorische Kraft ihren höchsten Wert bereits überschritten oder auch noch nicht erreicht hat. Man sagt in einem solchen Falle, zwischen der elektromotorischen Kraft und der Stromstärke eines Wechselstromes bestehe eine Phasenverschiebung. Der Verlauf der elektromotorischen Kraft eines Wechselstromes während einer Periode wird durch dieselbe Kurve, wie in Fig. 37 der Verlauf der Stromstärke bildlich dargestellt. Zeichnet man Stromstärke und Spannung für denselben Strom unter Zugrundelegung derselben Linienmasse graphisch auf, so fallen beide Kurven zusammen, wenn keine Phasenverschiebung zwischen Stromstärke und

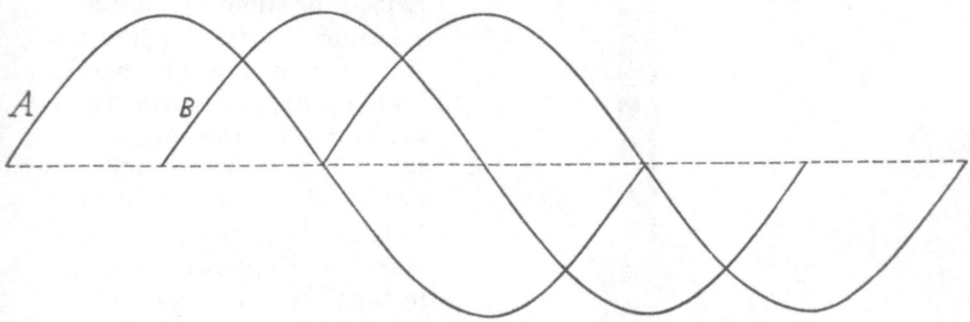

Fig. 38.

Spannung vorhanden ist. Besteht die Verschiebung und eilt etwa die Stromstärke hinter der Spannung her, so beginnt die Kurve für die Stromstärke später. Die bildliche Darstellung ist in Fig. 38 gegeben. Die Kurve *A* möge den Verlauf der Stromstärke, die Kurve *B* denjenigen der elektromotorischen Kraft anzeigen etc.

Die Energie eines elektrischen Stromes in einem gegebenen Augenblick ist im allgemeinen das Produkt aus Stromstärke und Spannung. Bei einem Gleichstrom ist das stets zutreffend, denn in jedem Augenblick hat ein Gleichstrom die nach dem Ohmschen Gesetz aus seiner Spannung sich ergebende Stromstärke. Bei einem Wechselstrom aber kann im gegebenen Augenblick aus der Spannung nur dann die zugehörige Stromstärke nach dem Ohmschen Gesetz berechnet werden, wenn im Verlaufe von Stromstärke und Spannung keine Phasenverschiebung herrscht. Die Energie eines Wechselstromes mit Phasenverschiebung ist deshalb nicht gleich dem Produkt aus Spannung und Stromstärke, sondern stets kleiner. Die aus beiden berechnete sogenannte scheinbare Energie des Wechselstromes ist deshalb immer mit einer zwischen 0 und 1 liegenden Grösse, also mit einem echten Bruch zu multiplizieren, um die wirkliche oder effektive Energie des Stromes zu erhalten. Man nennt diese Grösse den Phasenfaktor. Sie ergiebt sich im einzelnen Falle durch Rechnung aus der Grösse der Phasenverschiebung, kann aber hier nicht hergeleitet werden.

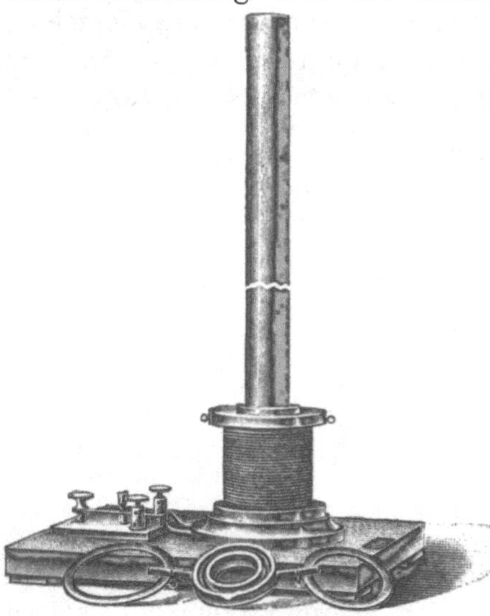

Fig. 39.

Die Erscheinungen der Selbstinduktion bei Wechselströmen lassen sich mit Hilfe des in Fig. 39 abgebildeten Apparates vor Augen führen. Der Apparat heisst nach seinem Erfinder der Thomsonsche. Auf einem Holzfuss ist eine Spule aus starkem Kupferdraht befestigt; in ihr steckt ein Bündel Eisendrähte, um die beim Durchgang des Stromes durch die Spule erzeugte magnetische Strömung möglichst stark zu machen (S. 70). Die Spule besitzt einen Leitungswiderstand von $^1/_5$ Ohm. Schickt man nun einen Wechselstrom von 50 Perioden mit einer mittleren Spannung von 110 Volt durch die Spule, so müsste nach dem Ohmschen Gesetz eine Stromstärke von $\frac{110}{(^1/_5)} = 550$ Ampere entstehen. Thatsächlich aber hat der Strom, wie an einem in den Stromkreis eingeschalteten Messinstrument abgelesen werden kann, nur eine Stärke von 20 Ampere. Der scheinbare Widerstand der Spule ist also $\frac{110}{20} = 5{,}5$ Ohm. Dieses Mehr an Widerstand von $5{,}5 - 0{,}2 = 5{,}3$ Ohm rührt von der Selbstinduktion der Spule beim Durchgang der Stromstösse des Wechselstromes her. Die von jeder Windung der Spule ausgehenden Kraftlinien schneiden die benachbarten Windungen der Spule und rufen dort eine elektromotorische Gegenkraft hervor, so dass die treibende Kraft des Stromes thatsächlich nicht 110 Volt, sondern $20 \times 0{,}2 = 4$ Volt ist.

Legt man um den runden Holzstab, welcher auf die Spule gesetzt ist, einen der in der Abbildung dargestellten geschlossenen Aluminiumringe auf die Spule, so schneiden die von dem Wechselstrom ausgehenden Kraftlinien auch diesen Ring. Sie bewirken in ihm eine elektromotorische Kraft, und da der Ring ein geschlossener Leiter ist, Ströme Diese in dem Ring erzeugten Stromstösse sind stets entgegengesetzt denjenigen gerichtet, welche in den Spulenwindungen fliessen (S 83). Entgegengesetzt gerichtete Ströme aber stossen sich ab. Die Folge davon ist, dass der Ring an der Holzstabführung in die Höhe steigt und in gewisser Höhe, die von der Stärke des durch die Spule gehenden Wechselstromes abhängt, in der Luft frei schweben bleibt. Ist der Wechselstrom in der Spule hinreichend stark, so fliegt der Ring über die Führung hinaus bis zur Decke des Zimmers. Ausser von der Stärke des Wechselstromes hängt die Selbstinduktion der Spule und die Wirkung auf den Aluminiumring auch von der Frequenz des Stromes ab. Die elektromotorische Kraft der Induktion hängt ja davon ab, wie stark die von dem Strom bewirkte magnetische Strömung ist, und wie oft in der Zeiteinheit diese Strömung die Spulenwindungen und den Ring schneidet. Letzteres ist gleichbedeutend mit der Zahl der in der Zeiteinheit erfolgenden Stromstösse. Man kann übrigens mit demselben Erfolge den Versuch auch mit Gleichstrom vornehmen, nur muss man alsdann den Gleichstrom in einzelne Stromstösse zerlegen, also in den Stromkreis einen Stromunterbrecher einschalten. Man ersieht daraus, dass es bei den in Rede stehenden Erscheinungen sich nur um Stromstösse handelt, dass aber die Richtung dieser Stösse gleichgiltig ist.

Die Thatsache, dass entgegengesetzt gerichtete Ströme sich abstossen, ist aus dem photographischen Kraftlinienbild in Fig. 40 ersichtlich. Durch die beiden Oeffnungen in dem mit Eisenpulver bestreuten Karton ist ein Kupferdraht geführt, der sich unterhalb des Kartons umbiegt. In den beiden Zweigen des Drahtes fliesst also ein eingeleiteter Strom in entgegengesetzter Richtung. Man bemerkt, dass die von jedem Drahtzweig ausgesandten kreisförmigen Kraftlinien (Fig. 6) wie elastische Stahlbänder aufeinander prallen und sich abstossen.

Der Apparat Fig. 39 gestattet noch einen weiteren Versuch, welcher in schöner Weise das Gesetz der Erhaltung der Energie bewahrheitet. Beim Durchgang des Wechselstromes durch die Spule springt der auf die Spule gelegte Aluminiumring empor. Hält man nun den Ring auf der Spule fest, hindert ihn also am Aufsteigen, so wird er in wenigen Augenblicken so heiss, dass man ihn nicht mehr berühren kann. Setzt man an Stelle des Ringes das aus der Abbildung ersichtliche ringförmige Gefäss aus Aluminium auf die Spule, welches mit leicht schmelzbarem Metall gefüllt ist, so kommt das Metall in wenigen Augenblicken zum Schmelzen, wenn man das Gefäss durch die seitlich an den Handhaben befindlichen Krampen an den auf dem oberen Spulenrand angebrachten Oesen befestigt.

Die durch die Selbstinduktion einer Spule hervorgerufene Wirkung besteht also darin, dass sie durch Erzeugung einer elektromotorischen Gegenkraft die wirksame Spannung des Wechselstromes oder überhaupt eines aus Stromstössen bestehenden Elektricitätsflusses herabmindert, die Spannung des Stromes also drosselt. Aus diesem Grunde nennt man sie auch Drosselspule. Man macht davon vielfach Anwendung, beispielsweise bei elektrischen Bogenlampen, die durch Wechselströme gespeist werden, und bei denen der gegebene Strom nicht mit seiner vollen Spannung durch die Lampen gehen darf. Eine solche Drosselspule bewirkt ferner stets eine Phasenverschiebung zwischen Stromstärke und Spannung.

§ 22. Wechselstrom- und Drehstrommaschinen.

Wechselstrommaschinen sind theoretisch einfacher als Gleichstrommaschinen. Wir wissen, dass jede zweipolige Gleichstrommaschine in jeder Ankerspule bei einer Ankerumdrehung zwei entgegengesetzt gerichtete Stromstösse, also Wechselstrom erzeugt, und dass wir diese Stromstösse durch den Kommutator erst gleich richten müssen (S. 91). Lassen wir also den Kommutator weg und führen wir den Strom so in die äussere Leitung, wie die Maschine ihn liefert, so haben wir Wechselstrom. Theoretisch wäre es deshalb auch richtiger, zunächst die Wechselstrommaschinen zu besprechen und zu zeigen, wie aus diesen Gleichstrommaschinen gemacht werden können, indem man einen Kommutator zufügt. Die historische Entwicklung der magnet-elektrischen Maschinen hat aber den umgekehrten Weg üblich gemacht.

Bei den Gleichstrommaschinen stehen in der Regel die Feldmagnete fest, und der Anker dreht sich. Dies kommt

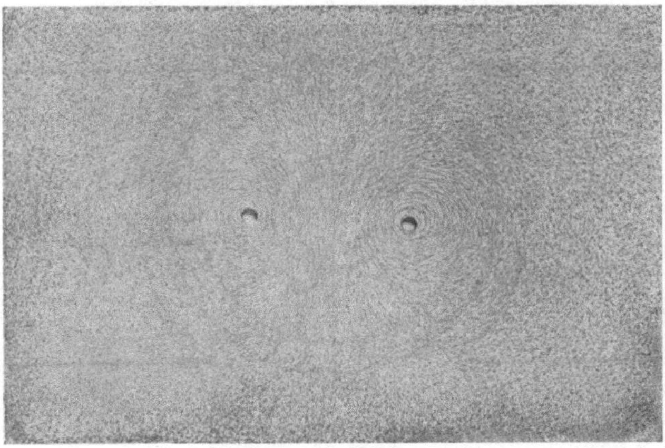

Fig. 40.

auch bei Wechselstrommaschinen vor. Es giebt aber auch Maschinen, in denen der Anker feststeht, und das Kraftfeld, also die Feldmagnete sich drehen. Darnach unterscheidet man Maschinen mit rotierendem Anker und mit rotierendem Kraftfeld. Ferner hat man Maschinen, in denen Anker und Feldmagnete unbeweglich sind, und in denen durch umlaufende Eisenstücke, die man Induktoren nennt, die Veränderung des Kraftfeldes gegen die Ankerspulen bewirkt wird. Darnach sind drei Arten von Wechselstrommaschinen zu unterscheiden.

Ferner kann eine Wechselstrommaschine einphasigen und mehrphasigen Strom liefern. Darnach ergiebt sich ein anderer Gesichtspunkt für die Einteilung dieser Maschinen.

Die einfachste Form einer Wechselstrommaschine ist in Fig. 41 dargestellt. Sie gleicht in ihrem Aufbau einer zweipoligen Gleichstrommaschine mit je einer einzigen Spule auf beiden Ankerhälften. Die rechts und links von der neutralen Linie 00 befindlichen Ankerwicklungen sind als je eine einzige Spule aufzufassen. Der Unterschied von der Gleichstrommaschine besteht darin, dass der Kommutator fehlt und dafür zwei Stromabgeber in Form von metallenen Schleifringen 1 und 2 angebracht sind. Gegen diese Schleif-

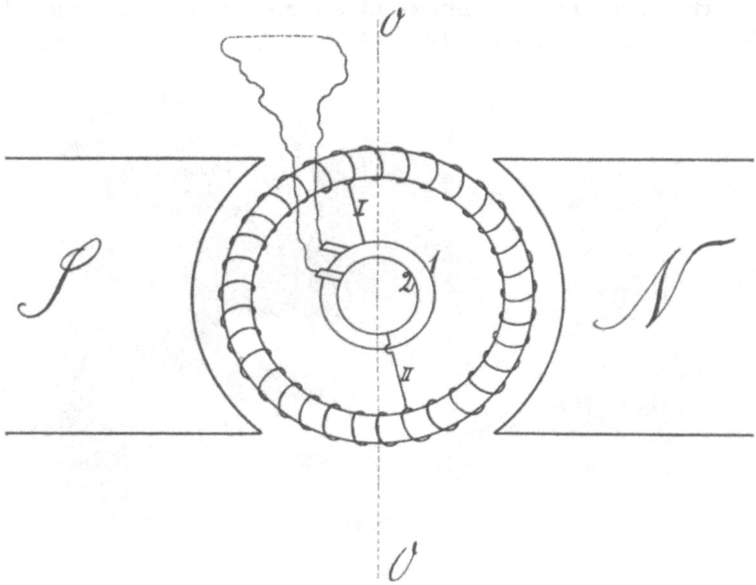

Fig. 41.

ringe sind wie bei einer Gleichstrommaschine Bürsten als Stromabnehmer angedrückt. Durch die metallischen Verbindungen I und II wird der in den Ankerwicklungen erzeugte Strom zu den Schleifringen 1 und 2, bezw. von einem Schleifring zu dem anderen geleitet. Mit den Bürsten steht, wie üblich, der äussere Stromkreis in Verbindung. Wir wissen nun, dass bei einer halben Ankerumdrehung in den Wicklungen der beiden Ankerhälften Ströme von entgegengesetzter Richtung erzeugt werden. Sind diese bei der ersten halben Umdrehung etwa so gerichtet, dass sie beide nach der Leitung I und von da nach dem Schleifring 1 hin und von dem

Schleifring 2 durch die Leitung II abströmen, so entsteht in der äusseren Leitung ein Strom von der sich darnach ergebenden Richtung. Bei der nächsten halben Ankerumdrehung kehrt sich in den Wicklungen beider Ankerhälften die Stromrichtung um, sie geht also von dem Schleifring 1 zu dem Schleifring 2 und in der darnach sich ergebenden entgegengesetzten Richtung durch den äusseren Stromkreis. Der

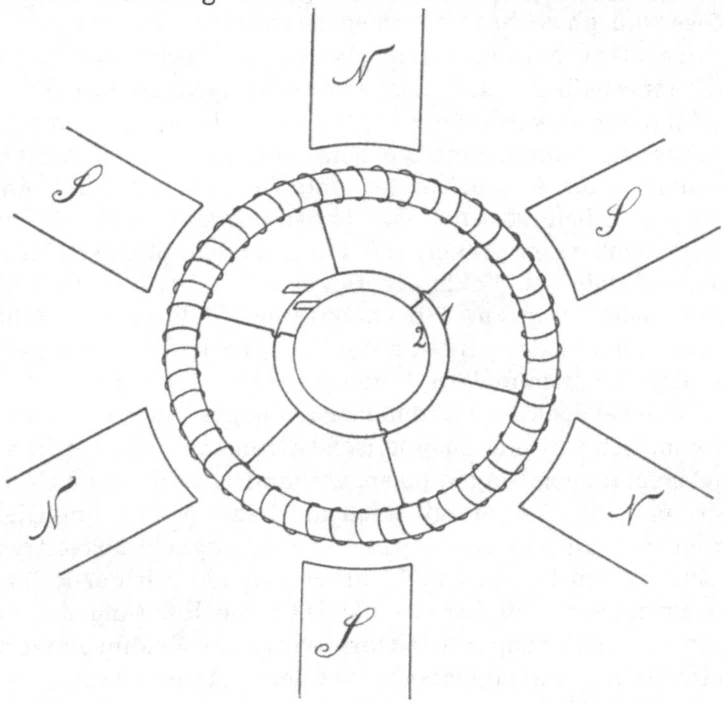

Fig. 42.

äussere Stromkreis wird also bei jeder Ankerumdrehung von entgegengesetzt gerichteten Stromstössen durchflossen, d. h. es fliesst in ihm ein Wechselstrom.

Die Wechselstrommaschinen werden meistens als mehrpolige gebaut. In Fig. 42 ist eine sechspolige Maschine schematisch dargestellt, welche im übrigen mit der in Fig. 41 angedeuteten übereinstimmt. Die Maschine kann als eine dreifache zweipolige Maschine aufgefasst werden. Die Bewicklung des Ankers zerfällt in sechs Teile, von welchen je zwei an den Enden eines Durchmessers befindliche an ungleichnamigen Magnetpolen vorübergehen, also einen Strom von entgegengesetzter Richtung erzeugen. Daraus ergiebt sich, dass je drei Verbindungen der Ankerwicklung mit den Schleifringen 1 und 2 erforderlich sind, weil ja in sämtlichen Abteilungen der Ankerwicklung die Stromrichtung sich umkehrt, sobald jede Wicklung an einem Magnetpol vorbeigegangen ist. Jede Ankerdrehung liefert also sechs Stromstösse von abwechselnd entgegengesetzter Richtung.

Es steht nun nichts im Wege, die sechs Feldmagnete auch innerhalb des Ankerringes anzubringen, so dass die Pole dem inneren Ankerumfang zugekehrt sind. Ferner kann man alsdann die Feldmagnete auf dem Umfang einer gemeinsamen Trommel oder Axe befestigen und diese drehen, den Anker aber stillstehen lassen. Wir haben alsdann eine Maschine mit feststehendem Anker und umlaufendem Magnetfeld. Die Trommel mit den Feldmagneten heisst in diesem Fall Magnetrad oder Polstern. Stromabnehmer in Form von Schleifbürsten sind alsdann nicht nötig, die Stromzuleitungen werden mit den Stromsammlern 1 und 2 fest verbunden.

Wie bei den Gleichstrommaschinen muss auch bei Wechselstrommaschinen eine magnetische Strömung zwischen je zwei ungleichnamigen Magnetpolen vorhanden sein, die Feldmagnete müssen also erregt werden. Dazu gehört ein Gleichstrom, der um die Eisenkerne der Feldmagnete geleitet wird. Wechselstrom ist dazu nicht brauchbar, da mit der Richtung des Stromes in der Stromspule auch die Richtung der magnetischen Strömung umgekehrt wird, die Feldmagnete also fortwährend ummagnetisiert werden. Man schafft den erforderlichen Magnetisierungsstrom, indem man entweder einen Kommutator anbringt und den Strom einiger Ankerspulen in Gleichstrom verwandelt, oder indem man der Wechselstrommaschine eine kleine Gleichstrommaschine zufügt und diese den zur Herstellung des Kraftfeldes erforderlichen Gleichstrom erzeugen lässt. Letzteres ist gegenwärtig in Deutschland bei grösseren Wechselstrommaschinen allgemein üblich.

Fig. 43 stellt das Bild einer zweiphasigen Wechselstrommaschine schematisch dar. Die Ankerwicklung zerfällt in vier Teile, und die Stromleiter I und II bezw. 1 und 2 führen zu je einem Paar zusammengehöriger Schleifringe. Es ist ersichtlich, dass die von den Stromleitern I und II zu den

Schleifringen geführten Stromstösse immer um die Zeit einer halben Ankerumdrehung hinter den von den Leitern 1 und 2 abgenommenen Stromstössen zurück sind. Man sagt deshalb, die erzeugten Wechselströme hätten einen Phasenunterschied von $^1/_2$ Kreisumfang oder von 180°. Offenkundig sind zur Fortleitung dieser Ströme zwei äussere Stromkreise und auch zwei Paare zusammengehöriger Schleifringe bezw. Stromsammler nötig. Teilt man die Ankerwicklung in sechs gleiche Teile, so entstehen drei Paare gleichnamiger Abteilungen der Wicklung, d. h. Abteilungen, in denen dieselbe elektromotorische Kraft, aber in entgegengesetzter Richtung,

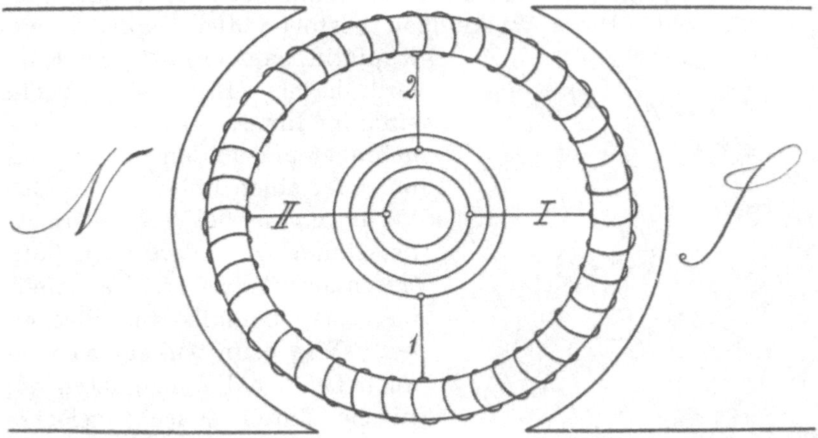

Fig. 43.

vorhanden ist. Je zwei solcher zusammengehörigen Abteilungen werden mit einem Paar von Schleifringen verbunden. Es sind somit drei Paare von Schleifringen und auch drei geschlossene äussere Leitungen erforderlich. Letztere lassen sich allerdings, wie sich später zeigen wird, auf drei einzelne Leitungen verringern. Bei einer Ankerdrehung entstehen drei Wechselströme, deren Phasen um $^1/_3$ der Zeit einer Ankerumdrehung, also um $^1/_3$ des Ankerumfanges = 120° verschieden sind. Der erzeugte Wechselstrom heisst folglich ein dreiphasiger.

Wie man sieht, lassen sich durch weitere Teilung der Ankerwicklung und Verbindung der dadurch entstehenden Abteilungen mit neuen Paaren von Schleifringen Wechselströme gewinnen, welche mehr als dreiphasig sind. In der Praxis bildet von den mehrphasigen Strömen der dreiphasige die Regel.

Der Aufbau der modernen Wechselstrommaschinen für ein- und mehrphasigen Wechselstrom ist aus den Abbildungen Fig. 44—48 zu ersehen. Fig. 44 stellt Anker und Feldmagnete schematisch dar. Der Anker *R* besteht aus zwei Teilen, einem äusseren Gehäuse aus Gusseisen und einer inneren Lage aus Eisenblechen, die durch Bolzen zusammengehalten werden und mit dem gusseisernen Gehäuse fest verschraubt sind. Der Anker bildet somit einen Hohlcylinder. Auf seiner inneren Fläche sind Nuten zur Aufnahme der Drahtwicklungen angebracht. Diese Wicklungen bestehen aus Kupferstäben, Kupferlitzen oder einfachen Kupferdrähten. Die Feldmagnete sind im Innern des Ankers angebracht und bilden ein Magnetrad oder einen Polstern *M*. Zur Verhütung der bei Wechselstrommaschinen besonders stark auftretenden Wirbelströme stellt man sie ebenfalls aus Blechen her. Wie beim Anker, so sind auch bei den Feldmagneten die Bleche durch zwischengelegtes nichtleitendes Material sorgfältig voneinander isoliert, um die Wirbelströme abzuschneiden.

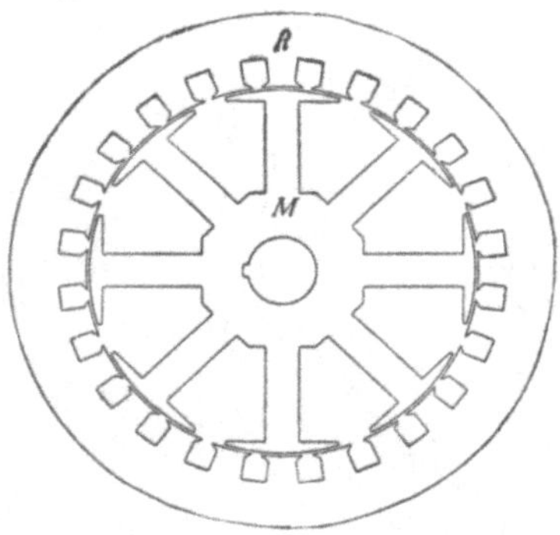

Fig. 44.

Am äusseren Ende sind die Feldmagnete mit kreisförmig gebogenen Ansätzen, den sogenannten Polschuhen, versehen. Die Erregung der Feldmagnete muss durch Gleichstrom erfolgen. Die Kerne der Feldmagnete werden so gewickelt, dass der durchgehende Gleichstrom abwechselnd einen Nordpol und einen Südpol erzeugt (Fig. 17). Je nachdem nun die Maschine einphasigen oder mehrphasigen Wechselstrom liefern soll, muss die Ankerwicklung in den Nuten des Ankers *R* verschieden angeordnet werden. Das Nähere ist aus Fig. 45—48 ersichtlich. Bei Fig. 45 und 46 ist in die Nuten 1 und 4 eine Drahtspule gewickelt. Bei Fig. 45 steht vor der Nute 1 ein Nordpol, bei Fig. 46 ein Südpol des Magnetrades. Die Drehrichtung des Magnetrades ist aus dem beigesetzten Pfeil ersichtlich.

Die Nuten 1 und 4 haben denselben Winkelabstand, wie die Mitten von je zwei aufeinanderfolgenden Magnetpolen. Steht also ein Nordpol vor der Nute 1, so steht ein Südpol vor der Nute 4. Der an Nute 1 vorbeigehende Nordpol erzeugt in der Spule eine elektromotorische Kraft, die derjenigen entgegengesetzt gerichtet ist, welche der Südpol beim Vorbeigehen an Nute 4 hervorruft. Bei Nute 1 fliesst der Strom vom Beschauer ab, bei Nute 4 auf ihn zu, so dass die beiden elektromotorischen Kräfte sich addieren und in der vorderen Stirnfläche der Wicklung *a* einen Strom in der gezeichneten Pfeilrichtung erzeugen (Fig. 45). Gleich darauf ist die Stellung der Magnetpole zu den Nuten 1 und 4 die in Fig. 46 gezeichnete. Die Magnetpole sind vertauscht, und es wird jetzt in *a* ein Strom von entgegengesetzter Richtung hervorgerufen. Die Drehung des Magnetrades muss somit in der Spule *a* Wechselstrom erzeugen. Die Zeit, welche erforderlich ist, damit das Magnetrad sich um den Winkelabstand zweier aufeinanderfolgender gleichnamiger Magnetpole, in Fig. 45 also von *A* bis *C* dreht, ist die Periode des Wechselstromes. Man richtet die Umdrehungsgeschwindigkeit so ein, dass die Periode $^1/_{50}$ einer Sekunde beträgt. Man geht unter die Periodenzahl 50 in der Sekunde nicht herab, weil sonst die Stromstösse nicht rasch genug aufeinanderfolgen und deshalb beispielsweise von der Maschine gespeiste Lampen flimmern.

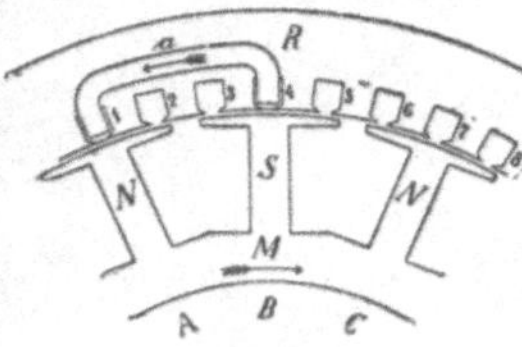

Fig. 45.

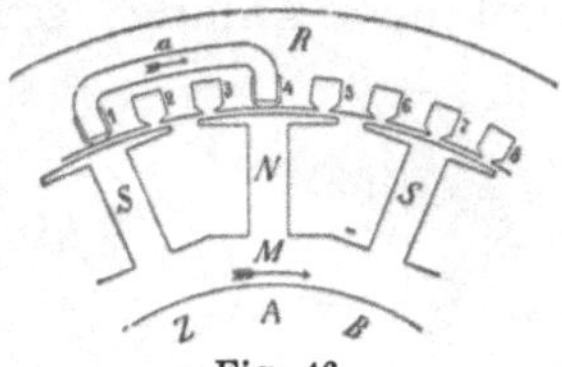

Fig. 46.

Man könnte nun, um einphasigen Wechselstrom zu erhalten, den Anker so wickeln, dass für die erste Spule die Nuten 1 und 4 je halb voll, für die zweite Spule die Nute 4 zur zweiten Hälfte und die Nute 7 wieder halb voll gewickelt würde u. s. f. Dadurch würden aber zwischen je zwei bewickelten Nuten immer zwei Nuten leer bleiben, und man würde den Anker höchst unvollkommen ausnützen. Man wickelt deshalb den Anker nach Angabe von Fig. 47. Hier ist die erste Spule in die Nuten 1 und 3, die zweite in die Nuten 4 und 6, die dritte in die Nuten 7 und 9 gewickelt u. s. f. Die Nuten 2, 5, 8 u. s. f. bleiben leer. Diese Art der Wicklung hat gegen die in den Fig. 45 und 46 dargestellte den Nachteil, dass, wenn beispielsweise ein Nordpol N gerade vor Nute 1 steht, der nächste Südpol S schon über die zugehörige Nute 3 mit dem Polansatz teilweise hinaus ist, hier also nicht mehr eine so starke elektromotorische Kraft erzeugen kann. Die Folge ist, dass in jeder Spule eine um einige Prozent geringere Kraft erzeugt wird. Dagegen hat man den Vorteil, dass nur halb soviel Nuten, wie bei der Wicklung in Fig. 45 und 46, leer bleiben.

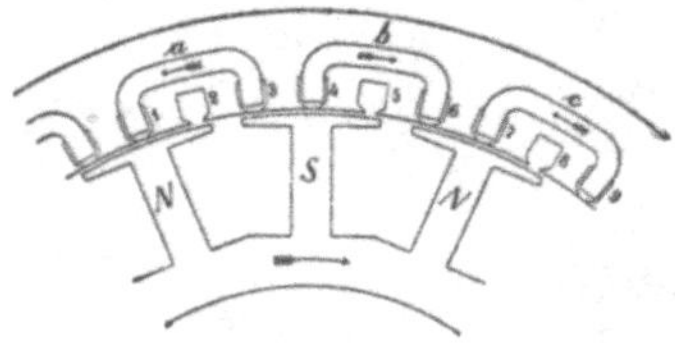

Fig. 47.

Wie man leicht einsieht, werden in den Spulen *a* und *c* etc. Ströme von gleicher Richtung erzeugt, da an den entsprechenden Nuten dieselben Magnetpole vorbei gehen. Ebenso werden in den Spulen *b* und *d* etc. Ströme von derselben Richtung erzeugt, jedoch sind diese den in den Spulen *a* und *c* erzeugten Strömen entgegengesetzt gerichtet. Sollen deshalb die sämtlichen Ankerspulen hintereinander geschaltet werden, so muss man das Ende der Spule *a* nicht mit dem Anfang, sondern mit dem Ende der Spule *b*, den Anfang von *b* mit dem Anfang von *c*, das Ende von *c* wieder mit dem Anfang von *d* verbinden, etc. Auf diese Art geht der Strom bei jedem Stromstoss durch sämtliche Spulen in derselben Richtung.

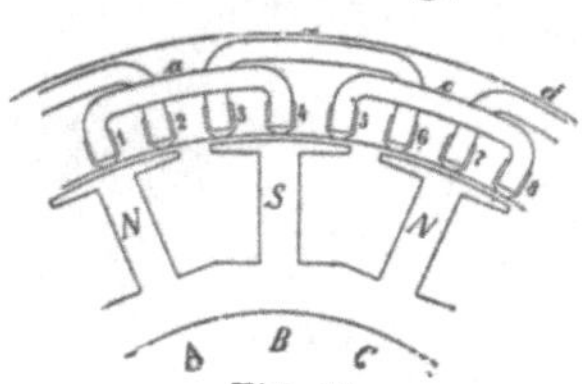

Fig. 48.

Soll nun die Maschine mehrphasigen und zwar dreiphasigen Wechselstrom, also Drehstrom, liefern, so wickelt man den Anker, wie Fig. 48 zeigt. Hier ist die Spule *a* in die Nuten 1 und 4, Spule *b* in die Nuten 3 und 6, Spule *c* in die Nuten 5 und 8 gewickelt u. s. f.; sämtliche Nuten sind folglich mit Wicklungen belegt. Die Nuten 1, 3 und 5 einerseits, 2, 4 und 6 andererseits stehen um je ein Drittel des Winkels, den die Mittellinie eines Magnetpols, etwa von A, in einer Periode durchläuft, voneinander ab. Infolgedessen sind die elektromotorischen Kräfte in den Spulen *a*, *b* und *c* um ein Drittel ihrer Periode gegeneinander verschoben, liefern also bei geschlossenen Stromkreisen dreiphasigen Wechselstrom. Von a ab hat jede vierte Spule, in Fig. 48 also d, Strom von gleicher Phase. Dasselbe ist der Fall mit jeder vierten Spule von b bezw. c ab. Man kann die Spulen, welche Strom von gleicher Phase führen, hintereinander schalten. Es ergeben sich dann drei Stromkreise mit Strömen, die

Fig. 49.

einen Phasenunterschied von je ein Drittel der Periode (120°) haben.

Es ist ersichtlich, dass die Maschine eine grössere Leistungsfähigkeit besitzt, wenn sie auf Drehstrom arbeitet, als wenn sie einphasigen Wechselstrom liefern soll. Es liegt dies daran, dass bei der Drehstrommaschine der Wicklungsraum und die Spulen besser ausgenutzt werden, als bei der einfachen Wechselstrommaschine. Der Unterschied in der Leistung beträgt 30 %.

Eine Drehstrommaschine neuester Bauart ist in der Abbildung Fig. 49 dargestellt; sie stammt aus der Fabrik von Helios in Köln.

§ 23. Umformen der elektrischen Energie.

Der Transformator.

Die elektrische Energie setzt sich aus zwei Grössen zusammen, aus der Menge der zur Verfügung stehenden oder während einer Zeiteinheit gelieferten Elektricität und aus dem Druck oder der Spannung, unter welcher sie steht (S. 34). Für die Energie der strömenden Elektricität bildet das Voltampere oder Watt die Masseinheit.

Energie in Stärke von beispielsweise 1000 Watt ist nun bei strömender Elektricität vorhanden, wenn wir einen Strom von solcher Stärke und solcher elektromotorischen Kraft zur Verfügung haben, dass das Produkt aus der Zahl der Masseinheiten für Stromstärke und Spannung, also die Zahl der Ampere multipliziert mit der Zahl der Volt, gleich 1000 ist. Die Energiestärke ist also dieselbe, wenn wir einen Strom haben von

1000 Ampere Stärke unter 1 Volt Spannung,
100 „ „ „ 10 „ „
10 „ „ „ 100 „ „
1 „ „ „ 1000 „ „ etc.

Aehnliches gilt für andere Energieformen. 1000 kg Wasser mit einem Gefälle von 1 m sind als Energiegrösse gleichwertig 1 kg Wasser mit einem Gefälle von 1000 m; 1000 kg Dampf von 1 Atmosphäre Spannung sind gleichwertig 100 kg Dampf von 10 Atmosphären Spannung etc.

Elektricität, Wasser, Dampf sind nun nicht die Energie, sondern Träger derselben. Die Energie wird erst geschaffen, wenn die genannten Energieträger Druck, Gefälle, Spannung haben.

Wenn man nun Energie auf weite Strecken transportieren will, so ist es vorteilhaft, möglichst geringe Mengen der Energieträger befördern zu müssen, weil alsdann die Transportgefässe oder Leitungen entsprechend weniger umfangreich sein können. Je weniger Dampf oder Wasser in der Zeiteinheit durch den Querschnitt einer Leitung hindurchzugehen braucht, um so enger kann das Leitungsrohr sein. Ebenso darf ein elektrischer Leitungsdraht um so dünner sein, je weniger Elektricität er befördern muss, also je geringer die Stärke des transportierten Stromes ist. Beim Transport von Elektricität durch einen Draht muss stets der Leitungswiderstand des Drahtes überwunden werden. Der Widerstand ist um so grösser, je geringer der Querschnitt dès Drahtes ist (S. 37). Zur Ueberwindung des Leitungswiderstandes wird Energie verbraucht; der Verlust setzt sich in Wärme um. Die erzeugte Wärme, also auch der Energieverlust, wächst im quadratischen Verhältnis zur Stromstärke, d. h. ein Strom von doppelter Stärke erzeugt in demselben Leitungsdraht die vierfache, ein Strom von dreifacher Stärke die neunfache Wärme etc. Die Spannung der transportierten Elektricität ist dagegen auf die Wärmeerzeugung ohne Einfluss. Wollen wir demnach eine gegebene Menge elektrischer Energie durch eine Leitung befördern, so können wir um so dünnere Leitungsdrähte nehmen, je höher die Spannung der Elektricität ist, weil in demselben Masse die zu befördernde Elektricitätsmenge abnimmt. Da zu Leitungsdrähten immer Kupfer genommen werden muss, so fällt die Ersparnis an Metall erheblich ins Gewicht. Andererseits ist es aber nicht oder nicht immer angängig, am Verbrauchsorte Elektricität von sehr hoher Spannung zu verwenden. Es wäre deshalb sehr wertvoll, wenn man elektrische Energie für die Versendung auf weite Strecken so gestalten könnte, dass sie aus einer geringen Menge sehr hoch gespannter Elektricität besteht, und wenn man sie am Verbrauchsorte so umformen könnte, dass sie aus einer grösseren Elektricitätsmenge mit entsprechend niederer Spannung besteht. Diese Möglichkeit ist vorhanden, und bei elektrischer Energie in Form von Wechselströmen ist sie sogar leicht praktisch auszuführen. Beim Gleichstrom ist die Umwandlung erheblich schwieriger. Apparate, in denen die Umformung der elektrischen Energie in der besprochenen Weise vorgenommen wird, heissen Umformer oder Transformatoren.

§ 24. Der Wechselstromumformer.

Die einfachste Form des Wechselstromumformers, aus welcher zugleich die Arbeits- und Wirkungsweise des Apparates leicht erkannt werden kann, ist in Fig. 50 dargestellt. Ein Eisenring trägt zwei Drahtwicklungen I und II. Erstere soll die primäre Wicklung sein, d. h. diejenige, durch welche der ankommende und zu transformierende Strom hindurchgeht. Die Wicklung II bildet dann die sekundäre Spule, in welcher der transformierte Strom entsteht. Wird durch die Spule I ein Wechselstrom geleitet, so entsteht bei jedem Stromstoss in dem Eisenring eine magnetische Strömung, die innerhalb des Ringes verläuft (S. 63). Der Eisenring wird ein polloser Magnet. Umkehrung der Stromrichtung in der Spule I bewirkt Umkehrung der magnetischen Strömung in dem Eisenring. Der elektrische Wechselstrom in der Spule I erzeugt also einen magnetischen Wechselstrom in dem Eisenring. Die magnetischen Stromstösse im Eisenring gehen nun durch die sekundäre Spule II hindurch und erzeugen in ihren Wicklungen durch Induktion elektromotorische Kräfte (S. 85). Werden folglich die Enden der Spule II durch eine äussere Leitung geschlossen, so entsteht in dem geschlossenen Stromkreis ein Wechselstrom, welcher offenbar dieselbe Frequenz und Phase hat, wie der durch die Spule I fliessende primäre Strom. Haben die Spulen I und II dieselbe Zahl von Windungen, so ist auch die elektromotorische Kraft der Ströme in beiden Spulen dieselbe. Hat aber die sekundäre Spule II die doppelte, dreifache, zehnfache etc. Zahl von Windungen, so ist die Spannung in ihr die doppelte, dreifache, zehnfache etc. Es kommt dies daher, dass die durch den Strom in Spule I erzeugte magnetische Strömung in dem Eisenring bei ihrem Durchgang durch die Spule II in jeder Einheit der Drahtlänge, sagen wir also in jedem Centimeter Draht der Spule, eine elektromotorische Kraft von bestimmter Stärke erzeugt. Sind nun viele Centimeter Draht in der Spule hintereinander geschaltet, d. h. hat die Spule II eine grosse Drahtlänge oder, was dasselbe bedeutet, viele Windungen, so addieren sich die elektromotorischen Kräfte (S. 81), und es entsteht ein Strom von entsprechend höherer Gesamtspannung. Andererseits geht durch die gesamte Drahtlänge nicht mehr

Elektricität hindurch, als durch das erste Centimeter desselben; jedes folgende Centimeter bringt vielmehr die von dem vorhergehenden gelieferte Elektricität auf eine bestimmte höhere Spannung. Die Stärke der magnetischen Strömung in dem Eisenring hängt von der Zahl der Amperewindungen der Spule I ab (S. 67), also bei gegebener Windungszahl dieser Spule von der Stärke des durchgehenden Stromes. Andererseits hängt die Spannung des in 1 cm Draht der Spule II erzeugten Stromes von der Stärke der magnetischen Strömung im Eisenring ab. Man erkennt also, dass man mit Hilfe des Eisenringes, bezw. der in ihm erzeugten magnetischen Strömung gewissermassen die Stromstärke der Spule I in Spannung in der Spule II umsetzen kann.

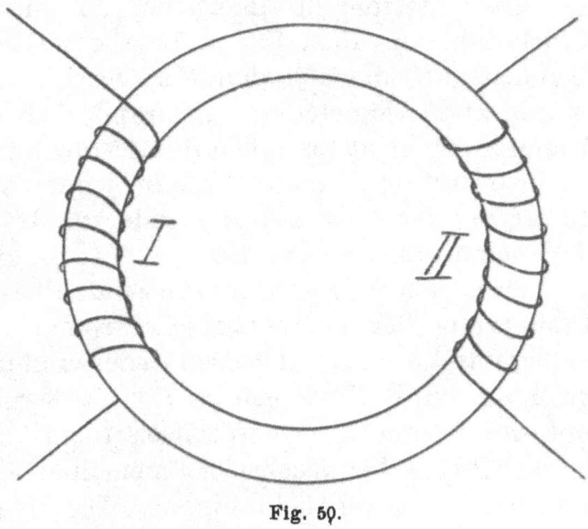

Fig. 59.

Die in der Spule II durch Induktion erzeugten Stromstösse sind entgegengesetzt den durch die Spule I gehenden gerichtet (S. 83). Jeder Stromstoss in Spule I erzeugt in dem Eisenring eine magnetische Strömung von bestimmter Richtung (Fig. 17); der durch ihn in Spule II hervorgerufene Stromstoss aber wirkt in derselben Weise auf den Eisenring, er ruft in ihm ebenfalls eine magnetische Strömung von entgegengesetzter Richtung hervor. Ist deshalb der Stromkreis der Spule II geschlossen, d. h. wird in ihr und in dem mit ihr verbundenen Stromkreis ein Strom hervorgerufen, so befinden sich in dem Eisenring zwei magnetische Strömungen, die sich entgegenwirken, oder richtiger gesagt, die von dem Strom in Spule I bewirkte magnetische Strömung muss den Widerstand der von der Spule II bewirkten entgegengesetzten Strömung überwinden. In diesem Falle und lediglich dadurch wird die Energie von der Spule I auf die Spule II übertragen. Ist der Stromkreis der Spule II nicht geschlossen, so kann in ihm kein Strom fliessen, es ist nur eine Spannung vorhanden. Infolgedessen bewirkt die Spule II jetzt auch keine magnetische Gegenströmung, und die Spule I giebt keine Energie an die Spule II ab.

Besteht die Spule II aus wenigen Windungen eines dicken Drahtes, so kann man dies so auffassen, als ob die Wicklung aus vielen parallelen Einzeldrähten bestände. Die Gesamtspannung in Spule II wird dann verhältnismässig klein, da die Drahtlänge in II nur gering ist, dafür aber liefert jeder der angenommenen Einzeldrähte die gleiche Elektricitätsmenge. Es addieren sich also jetzt die Stromstärken, der Gesamtstrom in II wächst zu entsprechend grösserer Stärke an. In allen Fällen ist theoretisch das Produkt aus Stromstärke und Spannung in beiden Spulen dasselbe; es würde auch thatsächlich unveränderlich sein, wenn bei der Umformung nicht Energieverluste stattfänden. Diese Energieverluste rühren daher, dass in jeder Spule der Strom bei Ueberwindung des Leitungswiderstandes notwendig einen Teil seiner Energie in nutzlose Wärme umsetzt, ferner weil die durch den Wechselstrom in Spule I bewirkte fortwährende Umkehrung der magnetischen Strömung in dem Eisenring Widerstand erfährt, zu dessen Ueberwindung ebenfalls Energie erfordert wird (Hysteresis S. 72). Dieser Widerstand wächst mit der Frequenz des Wechselstroms. Deshalb geht man in der Praxis bei Wechselströmen über eine sekundliche Periodenzahl von 50 nicht hinaus. Die Hysteresis ist die empfindlichste Verlustquelle beim Transformator, weil sie ununterbrochen thätig ist, solange der Wechselstrom durch die Spule I geht, einerlei ob die Spule II offen oder geschlossen ist, also ob von ihr Energie entnommen wird oder nicht. Wird also beispielsweise einem Konsumenten aus einer Hochspannungsleitung Wechselstrom ins Haus geleitet, der durch Umformen im Transformator gebrauchsfähig gemacht werden muss, so entnimmt der Konsument in der Regel Strom nur für eine beschränkte Tageszeit. Der Apparat muss aber zu jeder Zeit Strom liefern können, und deshalb muss ununterbrochen Tag und Nacht der Speisestrom durch die Spule I gehen. Der dem Lieferanten zur Last fallende Energieverlust bleibt also derselbe, ob der Abnehmer viel oder wenig Strom verbraucht. Dasselbe ist natürlich auch der Fall mit dem

Energieverlust, der zur Ueberwindung des Leitungswiderstandes in Spule I erforderlich ist. Bei hochgespanntem Strom aber ist die Stromstärke in der Leitung I so gering, dass dieser Verlust wenig ins Gewicht fällt. Endlich entstehen in dem Eisenring aus denselben Gründen, wie beim Ankereisen einer Dynamomaschine, Wirbelströme (S. 113). Um diese nach Möglichkeit abzuschneiden, wird das die magnetische Strömung eines Transformators leitende Eisen geblättert (S. 113). Damit es trotz des durch die Blätterung verursachten geringeren Eisenquerschnittes die magnetische Strömung gut leitet, wird es, wie das Ankereisen einer Dynamomaschine, aus weichem Schweisseisen hergestellt.

In der in Fig. 50 dargestellten Form würde der Transformator noch nicht sehr leistungsfähig sein. Es liegt dies daran, dass ein Teil der magnetischen Strömung des Eisenringes durch die Luft von einem Ringpunkte zwischen den Spulen zu dem gegenüberliegenden übergehen würde. Diese Kraftlinien werden gestreut, d. h. sie gehen nicht durch die sekundäre Spule hindurch, tragen also zur Erzeugung der elektromotorischen Kraft in den Windungen dieser Spule nicht bei. Man kann dieses Streuen offenbar dadurch verhindern, dass der ganze Ring von Spulenwindungen umgeben wird. Zuerst machte man das in der Weise, dass die primären und die sekundären Wicklungen abwechselnd in Form von Kreissektoren über den Eisenring verteilt wurden. Man kann aber auch die beiden Wicklungen in getrennten Lagen übereinander auf dem Eisenring anbringen.

Umformer, in denen, wie in den angeführten Beispielen, die Spulen um einen inneren Eisenkern gewickelt sind, heissen Kerntransformatoren. Die einfache Ringform wurde später vielfach umgestaltet. Eine in der Praxis vielbenutzte Form des Kerntransformators ist der in Fig. 51 dargestellte Transformator von Helios in Köln. Der Eisenkern ist aus rechteckigen Eisenblechen aufgebaut. Die primären und die sekundären Wicklungen werden auf je zwei viereckige Spulen gebracht und zwar so, dass die primären Spulen genau in die sekundären hineinpassen. In die Hohlräume der inneren Spulen werden die Eisenbleche in der Weise hineingelegt, dass man durch zweckmässiges Uebereinanderlegen derselben einen geschlossenen magnetischen Kreis erhält.

Die neueste verbesserte Form des Helios-Transformators ist in den Fig. 52 und 53 dargestellt. Fig. 52 zeigt den Aufbau der Eisenkerne. Die Bleche werden zu Packeten vereinigt und diese miteinander verzapft. Der magnetische Kreis ist also vollkommen vorhanden. Dies ist in dem Masse von grösserer Wichtigkeit, als der Umformer stärker belastet wird. Mit stärkerer Belastung steigt die Stromstärke und mit ihr die magnetomotorische Kraft, also auch die magnetische Strömung. Mit wachsender magnetischer Strömung aber wächst die Neigung der Kraftlinien, aus der eisernen Leitung seitlich herauszutreten und durch die Luft zu gehen. Es ist deshalb wesentlich, dass der Transformator auch bei stärkster Belastung nicht streut. Fig. 53 zeigt die äussere Ansicht dieses neuesten mit den Eisenkernen in Fig. 52 aufgebauten Umformers. Die primären und die sekundären Spulen sind abwechselnd übereinander angeordnet. Alle Transformatoren sind überdies noch mit einem Gehäuse aus Eisen umgeben. Sollen sie im Freien, überhaupt an einem Orte aufgestellt werden, wo Nässe zutreten kann, so muss das Eisengehäuse dicht geschlossen sein (Fig. 54). Zutretende Feuchtigkeit kann die Isolierung der Spulendrähte schädigen, und da in einer der Spulen immer ein Strom von sehr hoher Spannung fliesst, so muss die Isolierung sehr wirksam sein und tadellos erhalten werden. Eine Vervollkommnung der Isolierung schafft man noch dadurch, dass man den ganzen Umformer in Oel einbettet. Oele sind im allgemeinen Dielektrika von sehr

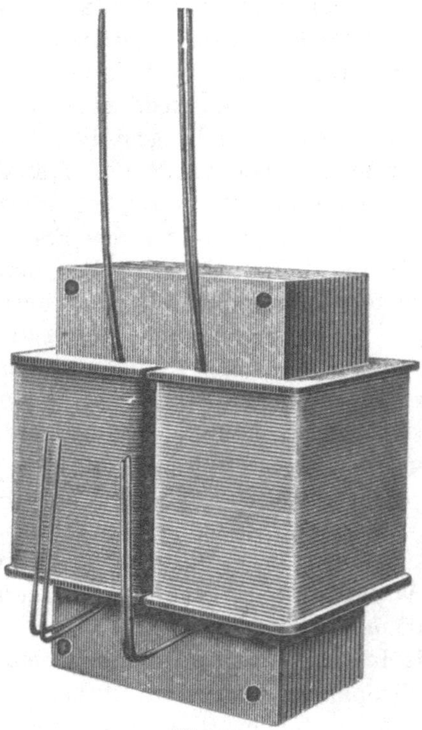

Fig. 51.

grosser Wirksamkeit. Oeltransformatoren werden deshalb für sehr hohe Spannungen angewandt.

Neben den Kerntransformatoren unterscheidet man als zweite Art die Manteltransformatoren. Sie bilden in gewisser Beziehung die Umkehrung der ersteren. Bei den Kerntransformatoren sind die stromführenden Spulen um einen inneren Eisenkern gewickelt; bei den Manteltransformatoren werden umgekehrt die Spulen von einem Eisenmantel umhüllt. Ein Beispiel dieser Ausführung ist in Fig. 55 in der Vollansicht und im Querschnitt dargestellt. Den Eisenmantel schafft man hier durch Umwickeln der Kupferspulen

Fig. 52.

mit Eisendraht. Unzerteiltes Eisen ist auch hier nicht anwendbar, weil sonst die auftretenden Wirbelströme das Eisen stark erhitzen und einen grossen Energieverlust herbeiführen würden. Aus rein praktischen Gründen wendet man heute vorwiegend Kerntransformatoren an.

Aehnlich wie einphasigen kann man auch mehrphasigen Wechselstrom umformen. In der Praxis werden auch Drehstrom-Transformatoren, also Umformer für dreiphasigen Wechselstrom angewandt. Da der Drehstrom aus drei Einzelströmen mit verschiedenen Phasen besteht, so erfordert seine Umformung grundsätzlich drei Stromkreise und auch drei Transformatoren. Es steht aber nichts im Wege, für die magnetische Strömung einen einzigen Eisenkern zu benutzen. Man vereinfacht den Apparat also in der Weise, dass man die Eisenkerne zu einem geschlossenen Kreise vereinigt. Fig. 56 zeigt die äussere Ansicht eines neuen Drehstromumformers von Helios.

Die sämtlichen Wechselstromumformer sind deshalb für die praktische Verwendung ausgezeichnete Apparate, weil sie keine bewegten Teile haben, folglich auch keine Beaufsichtigung und Wartung erfordern. Gut konstruierte Umformer haben auch einen hohen Wirkungsgrad, indem der Energieverlust auf 4 % und darunter herabgeht. Man unterscheidet sie als Hochspannungs- und Niederspannungs-Transformatoren, je nachdem sie die Spannung eines zugeführten primären Stromes erhöhen oder erniedrigen sollen. Für ihre Bauart und Wirkungsweise macht das natürlich keinen Unterschied.

Fig. 53.

Die praktische Verwendbarkeit und die Wirkung des Wechselstromumformers lässt sich in hübscher Weise mit Hilfe des Apparates Fig. 57 vor Augen führen. Der für 110 Volt mittlerer Spannung gebaute Apparat enthält links und rechts je zwei Ständer zur Aufnahme von je 11 Glühlampen. Jede Lampe erfordert zum normalen Betrieb eine Spannung von 10 Volt. Auf den Ständern links sind die Lampen hintereinander, auf den Ständern rechts parallel geschaltet. Die Spannung von 110 Volt reicht also hin, die in Reihe geschalteten 11 Lampen links zu speisen. Wird nun hier eine Lampe weggenommen, oder erlischt dieselbe aus irgend einem Grunde, so ist die Leitung unterbrochen, und sämtliche Lampen erlöschen. Bei den parallel geschalteten 11 Lampen rechts darf die Spannung in den Ständern nicht mehr als 10 Volt betragen; der Speisestrom muss also, ehe er an den Ständer gelangt, von 110 Volt auf 10 Volt heruntertransformiert werden. Hierzu ist der am Fusse der Ständer angebrachte Umformer bestimmt, welcher als Sockel für die Lampenträger dient. Die Primärspule, welche den Speisestrom von 110 Volt Spannung aufnimmt, hat die 11fache Windungszahl, wie die Sekundärspule, deren Enden mit den Lampenträgern verbunden sind. Bei der Parallelschaltung sind die einzelnen Lampen voneinander unabhängig, und es kann jede einzelne Lampe entfernt werden oder erlöschen, ohne die übrigen zu behindern.

§ 25. Der Gleichstromumformer.

Aus den Darlegungen über den Wechselstromumformer ist ohne weiteres ersichtlich, dass und weshalb man Gleichstrom nicht in derselben Weise umformen kann, wie Wechselstrom. Der in der sekundären Spule II Fig. 50 entstehende Strom beruht auf einer Induktionswirkung und wird dadurch hervorgerufen, dass die magnetische Strömung in dem Eisenring zu- und abnimmt. Der aus einzelnen entgegengesetzt gerichteten Stromstössen bestehende Wechselstrom kann nicht anders, als magnetische Stromstösse in dem Eisenring von abwechselnd entgegengesetzter Richtung hervorbringen. Die Stärke der magnetischen Strömung steigt also bei jedem Stoss

Fig. 54.

von Null zu einem höchsten Werte an und fällt von da wieder bis zu Null ab. Die Stärke des magnetischen Kraftfeldes ändert sich also fortwährend. Dadurch entsteht in der sekundären Spule eine elektromotorische Kraft und bei geschlossenem Stromkreis ein Strom. Anders ist es beim Gleichstrom. Hier kann eine Induktion in der sekundären Spule nur auftreten, wenn der Strom in der primären Spule seine Stärke ändert, und da der Gleichstrom unveränderte

Stärke hat oder haben soll, so ist eine Induktion in der sekundären Spule ausgeschlossen.

Die Induktion in der sekundären Spule II hängt allerdings nur davon ab, dass durch die primäre Spule I Stromstösse geschickt werden; die Richtung der Stösse ist gleichgiltig. Die Induktion und damit die Umformung in Spule II tritt also auch ein, wenn die Stromstösse in Spule I sämtlich in derselben Richtung erfolgen. Man würde deshalb auch einen Gleichstrom transformieren können, nur müsste man ihn in einzelne schnell aufeinanderfolgende Stromstösse gleichsam zerhacken. Man müsste zu dem Zwecke in den primären Stromkreis einen Unterbrecher einschalten. Die praktische Ausführung des Gedankens ist aber schwierig, weil an der Unterbrechungsstelle starke Funkenbildung auftritt, durch welche viel Energie verbraucht wird, und die Leiterstellen, zwischen denen der Funke übergeht, vergasen und verbrennen. Näheres hierüber enthält das Kapitel über die elektrischen Schwingungen.

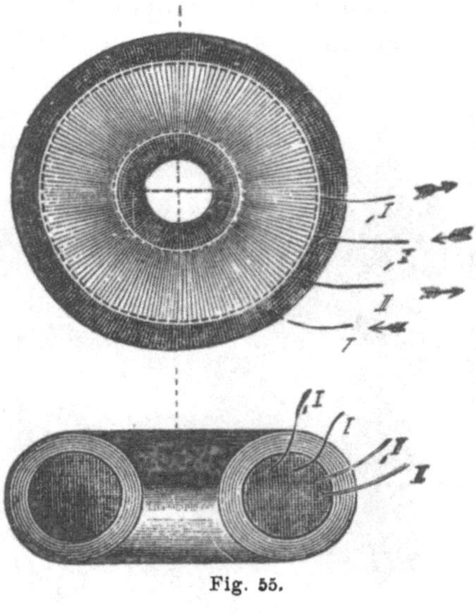

Fig. 55.

In praktisch verwertbarer Form kann man einen Gleichstrom nur in der Weise umformen, dass man etwa einen gegebenen Strom von niederer Spannung benutzt, um einen Elektromotor zu treiben, und dass dieser hinwiederum eine zweite Dynamomaschine treibt, welche Strom von höherer Spannung liefert. Die beiden Maschinen besitzen sich drehende, also bewegte Teile, meistens sich drehende Anker. Einen derartigen Apparat nennt man deshalb auch einen rotierenden Umformer. Hierbei kann nun offenkundig Gleichstrom sowohl in Gleichstrom als auch in Wechselstrom umgesetzt werden. Im zweiten Falle lässt man von dem durch den primären Strom gespeisten Elektromotor eine Wechselstrommaschine treiben. Auch lässt sich in derselben Art Wechselstrom in Gleichstrom umformen. Der gegebene Wechselstrom treibt alsdann einen Wechselstrommotor und dieser eine Gleichstrom-Dynamomaschine.

Gleichströme von sehr hoher Spannung lassen sich praktisch mit einer Dynamomaschine nicht erzeugen, und es lässt sich auch ein gegebener Gleichstrom nicht auf eine sehr hohe Spannung umformen, deshalb nicht, weil man die Segmente des Kommutators nicht so isolieren kann, dass bei sehr hohen Spannungen nicht ein Ueberspringen des Stromes eintritt.

Fig. 56.

Es ist aber zur Umformung von Gleichstrom nicht unbedingt nötig, stets zwei getrennte Maschinen anzuwenden, von denen die eine als Motor, die andere als Stromerzeuger dient. Man kann beispielsweise dem Anker einer Dynamomaschine zwei übereinanderliegende getrennte Wicklungen geben, von denen die eine wenige Windungen von dickem, die andere viele Windungen von dünnem Kupferdraht enthält. Leitet man niedriggespannten Strom von grosser Stärke durch den dicken Draht, so dreht sich der Anker im magnetischen Felde, wirkt also als Motor. Gleichzeitig entsteht in den vielen Windungen des dünnen Drahtes eine elektromotorische Kraft von entsprechender Höhe, bei geschlossenem Stromkreis also ein Strom von hoher Spannung. In derselben Art kann die dünne Wicklung hochgespannten Strom von aussen aufnehmen und in der Maschine als Motor wirken. Die Wicklung aus dickem Draht liefert dann Strom von grösserer Stärke und niederer Spannung. Jede Ankerwicklung hat natürlich ihren besonderen Kommutator mit entsprechend eingeteilten Segmenten. Gleichstromumformer haben den Nachteil, dass sie Maschinen mit bewegten Teilen sind, also Wartung und Aufsicht erfordern. Ueberdies ist die ganze Anlage umständlicher und kostspieliger.

§ 26. Der Sammler oder Akkumulator.

Bei der Erzeugung elektrischer Energie in einer Dynamomaschine muss die Energie in dem Masse, wie sie geliefert wird, verbraucht, und in dem Masse, wie sie verbraucht wird, erzeugt werden. Eine Ansammlung von Energie in Form von gespannter Elektricität, ähnlich einer Ansammlung von gespanntem Dampf, unter Druck oder Gefälle stehendem Wasser etc. ist praktisch nicht möglich. Die Erzeugung elektrischer Energie muss also mit ihrem jeweiligen Verbrauch gleichen Schritt halten. Nun verteilt sich der Verbrauch elektrischer Energie sehr ungleichmässig auf verschiedene Tageszeiten. Dient die Energie, wie es vorwiegend der Fall ist, zu Beleuchtungszwecken, so entfällt der Verbrauch wesentlich auf wenige Abendstunden, während er in der übrigen Zeit verhältnismässig gering ist. Die Folge ist, dass man Stromerzeuger und entsprechende Kraftmaschinen haben muss, die dem starken Verbrauch während der kurzen Zeit genügen können. Könnte man elektrische Energie auf Vorrat herstellen, wie etwa eine Gasfabrik Leuchtgas in ihren Gasbehältern auf Vorrat an-

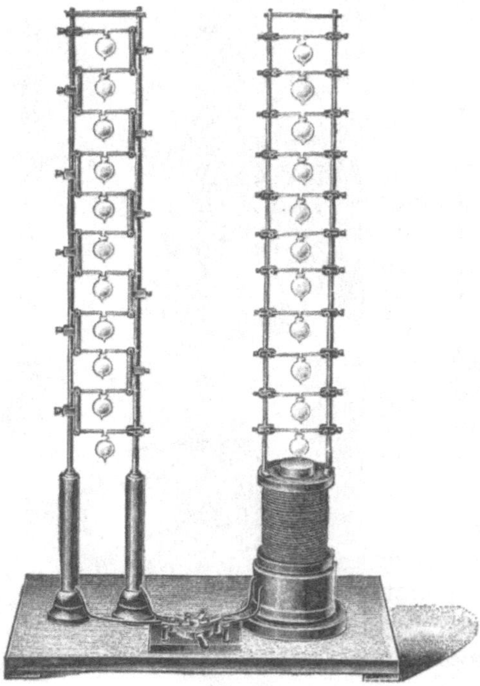

Fig. 57.

sammelt, so könnten die Stromerzeuger und Kraftmaschinen während der ganzen Arbeitszeit thätig sein, und sie brauchten somit in der Zeiteinheit weniger zu leisten. Anschaffung und Unterhaltung einer elektrischen Anlage würden dadurch erheblich billiger.

Energie in Form von gespannter Elektricität lässt sich nun nicht aufspeichern, wenigstens nicht in praktisch brauchbarer Form. Es ist aber möglich, elektrische Energie in eine andere Energieform umzuwandeln, die den doppelten Vorzug hat, dass sie sich auf Vorrat ansammeln und jederzeit wieder in elektrische Energie umwandeln lässt. Eine Vorrichtung, die diesen Zweck erfüllt, heisst ein elektrischer Sammler oder Akkumulator. Es ist aber zu beachten, dass der geladene, d. h. einen Energievorrat enthaltende Akkumulator gespannte Elektricität überhaupt nicht besitzt, sondern einen Energievorrat, der sich in gespannte Elektricität umsetzen lässt. Ein geladener Akkumulator ist etwas Aehnliches, wie ein Vorrat von Brennstoff, etwa von Steinkohlen. Die Steinkohlen enthalten keine Wärme, aber sie können jederzeit, indem sie verbrannt werden, Energie in Form von Wärme liefern. In diesem Sinne können wir einen Brennstoffvorrat als eine Ansammlung von Wärmeenergie ansehen.

Leitet man einen elektrischen Gleichstrom in die Lösung irgend einer chemischen Verbindung ein, und vermag die Lösung den Strom zu leiten, so wird in jedem Falle die zugeführte elektrische Energie verbraucht, um chemische Arbeit zu leisten. Die chemische Arbeit besteht darin, dass die in der Lösung befindliche chemische Verbindung in zwei Teile gespalten wird. Die entstehenden Spaltungserzeugnisse können sich nachher wieder chemisch vereinigen, und bei dieser Vereinigung wird die zur Spaltung verbrauchte Energie wieder zurückgegeben. Man kann es in einzelnen Fällen so einrichten, dass die Rückgabe der Energie wieder in Form gespannter Elektricität, und zwar in Form von strömender Elektricität erfolgt. Mit anderen Worten, man leitet in die Lösung einen elektrischen Strom ein, spaltet durch ihn den in Lösung befindlichen Körper und benutzt die Wiedervereinigung der Spaltungserzeugnisse, um neuerdings einen elektrischen Strom zu erzielen. Dies ist der Vorgang in jedem elektrischen Akkumulator. Die Aufspeicherung der Energie in ihm geschieht also nicht in Form gespannter Elektricität, sondern in Form von chemischer Energie. Die Spaltungserzeugnisse befinden sich in einem gewissen chemischen Spannungszustande, der sie zur Wiedervereinigung treibt, und indem sie dieser Spannung folgen, verbrauchen sie chemische Arbeit. Nach dem Gesetz von der Erhaltung der Energie muss diese Arbeit in irgend einer Form wieder zum Vorschein kommen; im Akkumulator geschieht dies in Form elektrischer Energie. Der mit chemischen Umsetzungen nicht Vertraute kann sich den Vorgang bildlich klar machen. Man denke sich zwei feste Körper, die durch elastische Schnüre so zusammengehalten werden, dass sie mit einer gewissen Kraft aneinander haften. Es gehört alsdann Arbeit dazu, sie voneinander zu trennen. Im Zustande der Trennung aber stehen sie unter der Spannung der elastischen Schnüre. Es ist also jetzt Energie in ihnen aufgespeichert. Lässt man sie dem Zug der Schnüre folgen, so bewegen sie sich zu einander und prallen schliesslich aufeinander. Die aufgespeicherte Energie ist jetzt verbraucht, aber sie erscheint wieder in Form von Wärme, da beim Aufeinanderprall der Körper Wärme erzeugt wird. Was hier die Zugkraft der elastischen Schnüre ist, ist bei chemischen Vereinigungen von Körpern eine Kraft, die wir chemische Anziehung, chemische Verwandtschaft (Affinität) nennen. Die Wirkung ist in beiden Fällen dieselbe. Auch bei der Vereinigung von Körpern durch chemische Anziehungskraft wird Energie frei, meistens in Form von Wärme. In einzelnen Fällen kann man es so einrichten, dass man die freiwerdende Energie nicht als Wärme, sondern ganz oder teilweise als elektrische Energie erhält. Vorrichtungen, in denen man von dieser Möglichkeit Gebrauch macht, also in denen man elektrische Energie auf Kosten chemischer Arbeit erzeugt, heissen allgemein galvanische Elemente. Die Erzeugung der elektrischen Energie in galvanischen Elementen, also durch Aufwand chemischer Arbeit, war früher die allgemein übliche; sie ist für die Benutzung im Grossen wirtschaftlich nicht geeignet, weil sie zu teuer ist.

Ein geladener, d. h. einen Energievorrat enthaltender Akkumulator ist ebenfalls als ein galvanisches Element anzusehen. Er unterscheidet sich von den galvanischen Elementen gewöhnlicher Art dadurch, dass man die durch die chemische Arbeit erzeugten chemischen Verbindungen durch Aufwand elektrischer Energie neuerdings spaltet, somit den Spannungszustand wieder herstellt. Einen Akkumulator kann man deshalb mit Rücksicht darauf auch ein umkehrbares galvanisches Element nennen.

§ 27. Der Bleiakkumulator.

Die Zersetzung einer in Lösung oder überhaupt in flüssigem Zustande befindlichen chemischen Verbindung durch den elektrischen Strom wird Elektrolyse genannt; der der Zersetzung unterliegende Körper heisst Elektrolyt. Die Zuführung des Stromes zu der Flüssigkeit, welche den Elektrolyten enthält, erfolgt durch leitende Körper, die in die Lösung gestellt werden; ebenso die Abführung des Stromes aus der Flüssigkeit. Diese Körper heissen mit Rücksicht auf ihre Bestimmung, dem Strom einen Weg zu und aus der Flüssigkeit zu bahnen, Elektroden, d. h. Körper, die den Zufuhr- und Abfuhrweg für die Elektricität bilden. Als Elektroden dienen beim Akkumulator allgemein Bleiplatten. Hiervon hat der Apparat den Namen Bleiakkumulator erhalten. In der Abbildung Fig. 58 stellen *A* und *B* die als Elektroden dienenden Bleiplatten dar. Die Platte, durch welche der Strom eintritt, heisst insbesondere Anode, die andere, also die, durch welche die Elektricität aus der Flüssigkeit austritt, Kathode. In der Zeichnung pflegt man die Anode durch das beigesetzte Zeichen +, die Kathode durch das Zeichen — anzudeuten. Die Flüssigkeit, in welcher die Elektroden stehen, ist verdünnte Schwefelsäure, also eine Lösung von Schwefelsäure in Wasser. Schwefelsäure ist der Elektrolyt, also der Körper, welcher vom Strome zersetzt wird.

Stellen wir uns nun vor, der Akkumulator sei geladen, also im stande, Energie abzugeben. Alsdann besteht die Kathode aus reinem metallischen Blei, auch ihre Oberfläche besteht aus reinem Bleimetall, und zwar ist das Metall der Oberfläche porös oder schwammig, um eine möglichst grosse Oberfläche zu bieten. Die Anode aber trägt auf ihrer Oberfläche eine Schicht, welche aus einer Verbindung von Blei mit Sauerstoff besteht und Bleisuperoxyd genannt wird. Sie ist eine braunrote Masse, welche auf 207 Gewichtsteile Blei 32 Gewichtsteile Sauerstoff enthält. Wenn sich unter gewöhnlichen Verhältnissen Blei mit Sauerstoff verbindet, so vereinigen sich 207 Gewichtsteile Blei nur mit 16 Gewichtsteilen Sauerstoff. Bei dieser Vereinigung wird Energie frei. Die entstehende Verbindung heisst Bleioxyd. Will man aber das Blei zwingen, die doppelte Menge Sauerstoff aufzunehmen, also sich mit diesem im Verhältnis 207 : 32 zu verbinden, so kann das nur durch Zufuhr äusserer Energie geschehen. Die mit Bleisuperoxyd bedeckte Anode befindet sich somit in einem chemischen Spannungszustande, und in der Sauerstoffanhäufung auf der Anode liegt wesentlich der Energievorrat des geladenen Akkumulators. Die Flüssigkeit ist verdünnte Schwefelsäure vom spez. Gewicht 1,20; das ist eine Lösung, welche 27,3 % Schwefelsäure enthält.

Verbindet man nun die beiden Bleiplatten ausserhalb der Flüssigkeit durch einen geschlossenen Stromkreis, so entsteht infolge des chemischen Spannungszustandes oder Spannungsunterschiedes der beiden Platten in dem Stromkreis eine elektromotorische Kraft und folglich ein Strom. Die höhere Spannung besitzt die Anode, folglich fliesst der Strom durch den äusseren Stromkreis zur Kathode. Diese elektromotorische Kraft und somit der Strom im äusseren Stromkreis bleiben erhalten, solange die Anode noch Bleisuperoxyd und damit einen Ueberschuss an Sauerstoff enthält. In dem Masse aber, wie Strom geliefert und damit Energie abgegeben wird, geht Sauerstoff von der Anode zur Kathode und verbindet sich mit dieser. Auf der Kathode entsteht also durch Aufnahme von Sauerstoff Bleioxyd, und auf der Anode hinterbleibt infolge der Abgabe von überschüssigem Sauerstoff ebenfalls Bleioxyd. Auf beiden Platten aber vereinigt sich das Bleioxyd mit der Schwefelsäure zu schwefelsaurem Blei. Sobald die Anode den sämtlichen überschüssigen Sauerstoff abgegeben hat, also auf ihr alles Bleisuperoxyd in Bleioxyd verwandelt ist, hört die chemische Spannung zwischen beiden Platten und damit auch die elektromotorische Kraft auf; der Akkumulator ist entladen. In dem entladenen Akkumulator hat die Schwefelsäure noch ein spez. Gewicht von 1,15; die Lösung enthält jetzt nur noch 20,9 % Schwefelsäure. Der Rest ist verbraucht worden, um das Bleioxyd auf beiden Platten in schwefelsaures Blei zu verwandeln. Immerhin aber ist noch freie Schwefelsäure in beträchtlicher Menge vorhanden.

Wird jetzt von aussen Strom in den Apparat geleitet, so zersetzt dieser die vorhandene Schwefelsäure. Aus dieser Zersetzung entstehen verschiedene Spaltungserzeugnisse, welche auf beiden Platten das beim Entladen erzeugte schwefelsaure Blei zersetzen, die gebundene Schwefelsäure

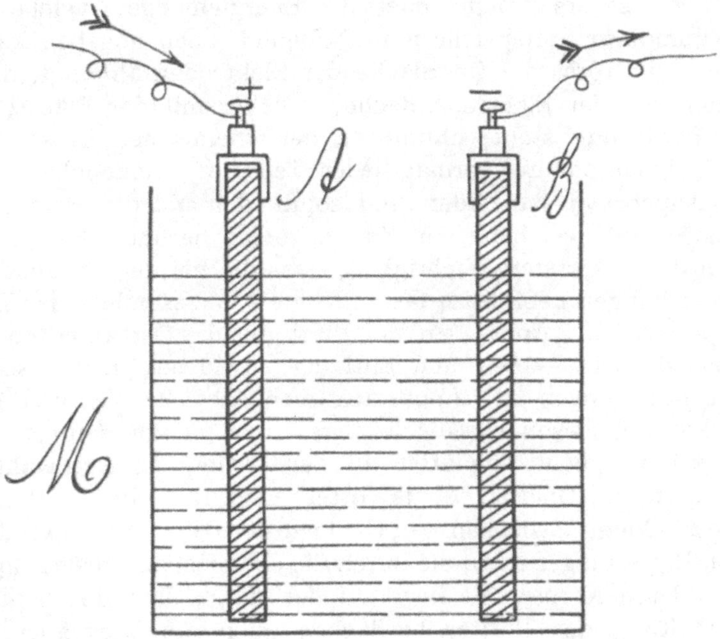

Fig. 58.

wieder freimachen und überdies an der Kathode wieder die Entstehung von metallischem Blei, an der Anode von Bleisuperoxyd bewirken. Die Spaltungsprodukte der Schwefelsäure, welche die Zersetzung des schwefelsauren Bleis bewirken, sind Wasserstoff und Sauerstoff. Ersterer entsteht und wirkt an der Kathode, letzterer an der Anode. Ein drittes Zersetzungserzeugnis der Schwefelsäure verbindet sich mit dem Wasser im Apparate und bildet wieder freie Schwefelsäure. Es ist also klar, dass beim Laden des Apparates der Gehalt an freier Schwefelsäure zunehmen, beim Entladen abnehmen muss. Ist alles schwefelsaure Blei zersetzt, so kann der Akkumulator weitere Energie nicht mehr aufnehmen. Leitet man noch weiter Strom ein, so entweichen der entstehende Wasserstoff und Sauerstoff als Gase in die Luft. Das Austreten der Gase aus der Flüssigkeit verursacht ein summendes Geräusch, ähnlich wie wenn Wasserdampf aus Wasser entweicht; man sagt, der Akkumulator kocht.

Es ist ersichtlich, dass die Energiemenge, welche ein Akkumulator aufspeichern und folglich auch abgeben kann, von der Grösse der Oberfläche der Elektroden abhängt, denn jeder Teil der Elektrodenfläche, welcher mit der Flüssigkeit in Berührung steht, nimmt an der chemischen Umsetzung teil, insbesondere vermag jeder Teil der Anodenoberfläche Bleisuperoxyd zu bilden und somit den Körper aufzuspeichern, auf welchem der Energievorrat beruht. Ferner ist von der äussersten Wichtigkeit, dass die bei den chemischen Umsetzungen gebildeten festen Körper, insbesondere das Bleisuperoxyd der Anode, an der Plattenfläche fest anhaften, so dass es beim Laden und Entladen sowie bei mechanischen Erschütterungen des Apparates nicht abfällt. Beide Rücksichten, insbesondere die letztere, haben dazu geführt, als Elektroden nicht Bleiplatten mit glatter Oberfläche zu wählen, sondern die Oberfläche als Gitter oder als schmale Rippen auszubilden. Zwischen den Rahmen der Gitter und zwischen den Rippen lagern sich die durch die chemischen Umsetzungen gebildeten Körper. Es liegt auf der Hand, dass durch diese Gestaltung der Plattenoberflächen auch die wirksame Arbeitsfläche einer Platte vergrössert wird.

Ein aus Anode und Kathode bestehendes Plattenpaar eines Akkumulators wird eine Zelle genannt. Auch kann man je zwei und mehr Anoden- und Kathodenplatten in Parallelschaltung verbinden. Man erhält alsdann eine aus mehreren Platten bestehende Zelle. Gewöhnlich vereinigt man in einem Behälter eine Anzahl Zellen. Die Plattenanordnung ist dann immer so, dass die erste und letzte Platte des Behälters eine Kathode ist, so dass also eine Anode stets auf beiden Seiten einer Kathode gegenübersteht. Die Zahl der Kathoden ist also stets um 1 grösser als die der Anoden. Im vollständig geladenen Zustand entwickelt jede

Zelle eine elektromotorische Kraft von etwa 2 Volt. Beim Entladen sinkt die Spannung. Bis zu vollständiger Entladung treibt man die Energieentnahme nicht; ist die Spannung auf 1,8 Volt gesunken, so soll die Zelle neu geladen werden.

Werden die Zellen einer Akkumulatorenbatterie hintereinander geschaltet, indem man die Anode der ersten mit der Kathode der zweiten, die Anode der zweiten mit der Kathode der dritten verbindet etc., so addieren sich die elektromotorischen Kräfte. 50 geladene Zellen hintereinander geschaltet geben also 100 Volt Spannung.

Um den Akkumulator zu schonen, darf er nicht mit zu hoher Spannung geladen, und es darf beim Entladen nicht zu viel Strom auf einmal, also kein Strom von zu grosser Stärke entnommen werden. Die Stärke des Stromes, welcher beim Laden der Flächeneinheit einer Platte zugeführt, bezw. beim Entladen von ihr abgegeben wird, heisst die Stromdichte. Der Ladungsstrom muss höher gespannt sein, als die Spannung des sich ladenden Akkumulators beträgt, weil es sonst nicht möglich wäre, der Gegenspannung entgegen Strom durch den Apparat zu treiben. Wie hoch die Spannung des Ladestromes im einzelnen Falle sein muss, richtet sich nach der Zahl der hintereinander geschalteten Zellen. Man rechnet, dass die Spannung des Ladestromes in Volt das 2,35-fache der Zellenzahl ist. Zum Laden einer Akkumulatorenbatterie eignet sich am besten eine Nebenschluss-Dynamomaschine. Zu rasche Entladung erfolgt, wenn die Anode und Kathode einer Zelle durch einen Leiter von sehr geringem Widerstand verbunden, also kurz geschlossen werden. Kurzschluss tritt auch dann ein, wenn etwa Masse von den Platten herabfällt und eine leitende Verbindung zwischen zwei benachbarten Platten herstellt. Um dies nach Möglichkeit zu verhüten, stellt man die Elektroden nicht so in den Behälter, dass sie mit ihren Unterkanten auf dem Boden aufruhen, sondern man hängt sie so ein, dass die Unterkanten sich in einiger Höhe über dem Boden befinden. Um das Aufhängen zu ermöglichen, sind seitlich an den Platten Nasen angegossen. Um eine zufällige Berührung zweier aufeinanderfolgenden Platten zu verhüten, trennt man die Platten durch zwischengehängte Glasstäbe.

Die zum Laden eines Akkumulators benutzte Schwefelsäure muss durchaus rein sein, namentlich darf sie nicht Chlor-, Arsen- und Stickstoffverbindungen, — es sind dies die gewöhnlichen Verunreinigungen der käuflichen Schwefelsäure, — enthalten. Bei der Ladung des Akkumulators werden diese verunreinigenden Verbindungen ebenfalls zersetzt, die aus ihnen entstehenden Spaltungserzeugnisse aber greifen das Blei der Elektroden heftig an. Bei jeder folgenden Ladung wiederholt sich dies, und schliesslich fallen ganze Blätter und Streifen von den Bleiplatten ab. Akkumulatoren dürfen auch nicht in Räumen stehen, in denen Spiritusdämpfe entwickelt werden, wie in Brennereien und Brauereien. Der Spiritusdampf wird von dem Wasser der Schwefelsäurelösung des Akkumulators aufgenommen, bei der nächsten Leitung elektrolytisch zersetzt und allmählich in Essigsäure verwandelt. Diese greift die Bleiplatten heftig an und zerstört sie allmählich.

Die Bleiplatten einer Zelle müssen stets von der Säureflüssigkeit vollständig bedeckt sein; die Säure soll etwa 1 cm höher als die Oberkante der Platten reichen. Die Teile der Platten, welche nicht von der Säure berührt werden, können an der Arbeit des Akkumulators nicht teilnehmen, sind also nutzlos. Mit dem Laden und Entladen sind aber Raumveränderungen in den auf den Platten sich bildenden Körpern verbunden. Insbesondere tritt bei der Bildung von Bleisuperoxyd eine Raumvergrösserung der Masse ein. Finden die Raumveränderungen an allen Teilen der Platten gleichzeitig statt, so schaden sie nicht; ist aber ein Teil einer Platte den Wirkungen dieser Raumveränderung nicht ausgesetzt, so wirft und krümmt sich die Platte, es kann zum Kurzschluss zwischen benachbarten Platten kommen.

Die Säure eines Akkumulators soll häufig mit dem Aräometer geprüft werden; die Säurestärke soll beim geladenen Akkumulator das spez. Gewicht 1,20 nicht übersteigen, beim entladenen unter 1,15 nicht herabgehen. Zu starke Säure greift das Bleisuperoxyd der Anode an, zu schwache Säure giebt zu viel Widerstand beim Laden. Der Akkumulator ist thunlichst vor Staub zu schützen, da einfallender Staub die Säure verunreinigt. Ganz besonders muss verhütet werden, dass leitende feste Körper in die Zellen fallen und einen

Kurzschluss herbeiführen. Zur Aufnahme der Säure und Elektroden dienen säurefeste Gefässe aus Blei oder Steingut, häufig Holzbehälter, die im Innern mit Blei ausgeschlagen sind. Hierbei ist sorgfältig zu verhüten, dass die Säureflüssigkeit an das Holz gelangt. Dieses wird dadurch mürbe und zerfällt langsam zu Pulver. Auch der hölzerne Fussboden von Akkumulatorräumen ist gegen Zutritt der Säure sorgfältig zu schützen.

Beim Laden des Akkumulators entweichen aus der Flüssigkeit Gase; es soll dies in möglichst geringer Menge geschehen, da entweichende Gase verlorene Energie bedeuten. Wesentlich auch aus diesem Grunde soll nicht mit zu grosser überschüssiger Spannung geladen werden. Ganz zu vermeiden ist die Gasentwicklung nie. Das aus der Flüssigkeit entweichende Gasgemisch ist brennbar; man muss deshalb durch energisches Lüften für Abfuhr der Gase sorgen; niemals darf beim Laden offenes Licht in dem Raume vorhanden sein, die Erleuchtung soll durch elektrische Glühlampen erfolgen. Die aus der Flüssigkeit austretenden Gase reissen Säurelösung in feinen Tröpfchen mit. Alles Holz- und Eisenwerk im Akkumulatorraume muss deshalb durch Anstrich sorgfältig geschützt werden. Auch ist durch Lüften für Abfuhr der Säuredämpfe zu sorgen.

Fig. 59.

Die Fig. 59 enthält die Abbildung eines Akkumulators aus der Akkumulatorenfabrik von Gottfried Hagen in Kalk. Die Zelle besteht aus einer Anzahl von Plattenpaaren; sämtliche Anoden und sämtliche Kathoden sind untereinander verbunden, so dass die Zelle in der Energieaufnahme gleich ist einem Plattenpaar, welches entsprechend grössere Platten hat.

Das Aufnahmevermögen eines Akkumulators für Energie, seine Kapacität, wird in Amperestunden ausgedrückt (S. 33). Eine Zelle mit einer Ladung von 10 Amperestunden kann einen Strom von 1 Ampere Stärke 10 Stunden speisen, oder einen Strom von grösserer Stärke eine entsprechend kürzere Zeit. Jede Zelle besitzt geladen eine elektromotorische Kraft von rund 2,01 Volt, die aber beim Entladen rasch auf 1,95 Volt und dann langsam auf 1,85—1,80 Volt sinkt. Darnach erfolgt weiteres Sinken der Spannung sehr schnell. Dieses Sinken der Spannung ist zu berücksichtigen, wenn eine Akkumulatorenbatterie stromverbrauchende Apparate, Lampen etc. speisen muss. In dem Masse, wie die Spannung der Batterie sinkt, müssen mehr Zellen hintereinander geschaltet werden. Beim Laden ist umgekehrt das Anwachsen der Spannung zu berücksichtigen. Die Spannung des Ladestromes ist anfangs 2,05 Volt für Zelle, und steigt bis zu 2,35 Volt an.

§ 28. Die elektrischen Schwingungen.

Die hin- und hergehenden Bewegungen der Elektricität in einem Wechselstrom müssen, wie bereits S. 57 erörtert wurde, als elektrische Schwingungen bezeichnet werden. Die sekundliche Periodenzahl der in der Praxis zur Verwendung kommenden Wechselströme ist eine beschränkte und geht meistens über 50 nicht hinaus. Wechselströme mit grösserer Periodenzahl können in Wechselstrommaschinen erzeugt werden, allein auch hier kann man nicht unbegrenzt weit gehen. Es hält schon schwer, durch Unterbrecher Strom mit einer Frequenz bis zu 3000 zu gewinnen. Die Natur hat uns aber ein sehr einfaches Mittel an die Hand gegeben, um Wechselströme zu erzeugen, deren sekundliche Periodenzahl sich auf viele Tausende und Millionen beläuft. Wir haben dazu nur nötig, einen Spannungsausgleich zwischen zwei Leitern durch eine sogenannte Funkenentladung herbeizuführen. Bei einem solchen Funken geht die Elektricität nicht etwa einfach von dem einen Leiter zum anderen über, sondern sie bewegt sich zwischen beiden Leitern mit ausserordentlicher Geschwindigkeit hin und her, sie bildet also zwischen ihnen einen Wechselstrom. Dieser Wechselstrom hat die angegebene sehr hohe Frequenz, und man nennt

Ströme dieser Art allgemein schwingende Elektricität oder elektrische Schwingungen.

Die Thatsache, dass ein durch die Luft oder ein sonstiges Dielektrikum hindurchgehender Funken aus Schwingungen besteht, lässt sich experimentell beweisen. Lässt man den Funken einen in die Funkenstrecke gehaltenen dünnen Karton durchschlagen, so wird in den Karton ein Loch geschlagen. Diese Oeffnung hat nach beiden Seiten hin aufgeworfene Ränder. Diese Art der Durchlöcherung würde nicht möglich sein, wenn bei der Funkenentladung die Elektricität nur nach einer Richtung hin sich bewegte. Betrachtet man den Funken in einem schnell rotierenden Drehspiegel, so erscheint er zu einem breiten Band ausgezogen. In diesem Bande kann man deutlich erkennen, dass die Entladung aus einzelnen Stromstössen besteht. Aus der Entfernung des Funkens vom Spiegel und aus der Zahl der sekundlichen

Fig. 60.

Umdrehungen des Spiegels lässt sich auch die Frequenz des die Funkenentladung bildenden Wechselstroms berechnen. Hierbei lässt sich feststellen, dass die Frequenz in dem Masse abnimmt, wie die bei der Entladung übergehenden Elektricitätsmengen zunehmen. Das entspricht dem bei allen schwingenden Massen obwaltenden Gesetz, dass die sekundliche Schwingungszahl um so geringer wird, je grösser die schwingenden Massen sind.

Die schwingende Bewegung der Elektricität bei einer Funkenentladung ist eine Folge der Selbstinduktion. Man nehme an, dass in Fig. 60 zwischen den Leitern *A* und *B* ein solcher Spannungsunterschied besteht, dass das zwischenliegende Dielektrikum, also die Luftschicht zwischen den am Ende der Leiter angebrachten Kugeln, gewaltsam durchbrochen wird, also ein Funken übergeht, und dass in *A* die höhere Spannung herrscht. Die Elektricität geht alsdann von *A* nach *B* über. Somit entsteht in *B* ein Strom, der zunächst sehr stark ist, aber ausserordentlich schnell abnimmt. Wir wissen nun, dass dieser Strom rings um seine

Bahn ein Kraftfeld bildet (Fig. 6 und 7). Die Aenderung dieses Kraftfeldes ruft in dem Leiter *B* eine elektromotorische Kraft von entgegengesetzter Richtung hervor. Durch sie wird bewirkt, dass gleich darauf zwischen *A* und *B* wieder ein hoher Spannungsunterschied vorhanden ist, und dass jetzt *B* die höhere Spannung besitzt. Infolgedessen geht jetzt eine zweite, wenn auch schwächere Entladung von *B* nach *A* vor sich. Die durch diese Entladung in *A* auftretende Selbstinduktion bringt *A* wieder auf höhere Spannung, so dass jetzt wieder ein Funke von *A* nach *B* übergeht etc. Die Funken werden immer schwächer, bis schliesslich ein Ausgleich der Spannungen eintritt. Bei der ausserordentlich hohen Frequenz der Strömungen erscheint dem Auge die zwischen den Leiterenden hin- und herwogende Elektricität nur als ein einziger scharfer Funken. Die Geschwindigkeit der Stromstösse ist so gross, dass man sie auch im rotierenden Spiegel nicht ohne weiteres so zerlegen kann, dass das Auge sie wahrnimmt. Man kann aber die Frequenz herabsetzen, indem man die Selbstinduktion im Stromkreise vergrössert, also indem man eine Drosselspule in die Leitung einschaltet. Es gelingt alsdann, die Frequenz auf 500 und weiter herabzusetzen. Jetzt kann man die schwingende Bewegung der Entladung nicht nur durch den rotierenden Spiegel nachweisen, sondern auch durch das Ohr wahrnehmen. Beim Uebergehen des Funkens durch die Luft wird diese erwärmt und folglich ausgedehnt. Da die Ausdehnungen periodisch mit jedem Stromstoss erfolgen, so entstehen Luftschwingungen, die sich ausbreiten und im Ohr als Schallempfindungen wahrgenommen werden. Hiermit ist nicht das scharfe, klatschende Geräusch zu verwechseln, welches jeder durch die Luft gehende elektrische Funke erzeugt; es rührt dieses von der gewaltsamen Zerreissung und der dadurch bewirkten Erschütterung der Luft her.

Den ersten Anlass zu der Annahme, dass eine Funkenentladung ein Wechselstrom mit sehr hoher Frequenz wäre, gab die Beobachtung der Thatsache, dass eine Stahlnadel von einem durch Funkenentladung bewirkten Strom nicht in der beabsichtigten Weise magnetisiert werden kann. Wie aus Fig. 17 ersichtlich ist, magnetisiert der Strom einen Eisenstab so, dass man an einem gegebenen Ende des Stabes nach Wunsch einen Nordpol oder einen Südpol erzielt, je nachdem man die Stromrichtung gestaltet. Ginge also bei einer Funkenentladung die Elektricität einfach von dem höher gespannten zu dem niedriger gespannten Leiter über, so würde man eine Stahlnadel durch diesen Strom so magnetisieren können, dass die Enden vorgeschriebene Pole erhalten. Thatsächlich zeigen sich dabei Abweichungen und Erscheinungen, die nur dadurch erklärlich werden, dass der durch eine Funkenentladung bewirkte Strom ein Wechselstrom ist.

Die Entfernung, in der eine Funkenentladung zwischen zwei Leitern stattfindet, heisst die Schlagweite. Sie hängt natürlich von dem Spannungsunterschied in den Leitern ab.

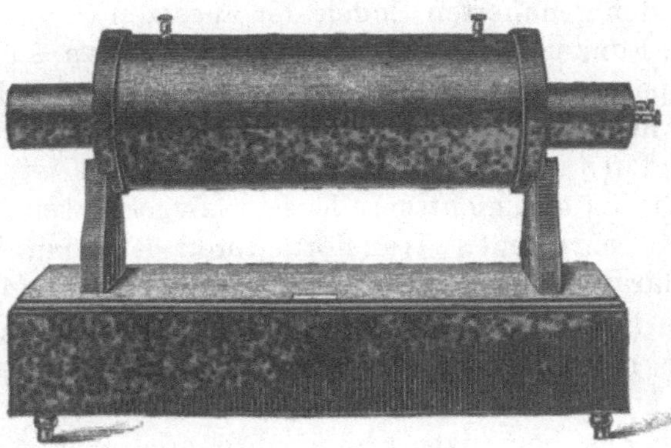

Fig. 61.

Eine Schlagweite von 1 mm erfordert bereits einen Spannungsunterschied von 4830 Volt. Zu 1 cm Schlagweite sind 25 410 Volt, zu 2 cm 31 350 Volt erforderlich, wenn das zwischenliegende Dielektrikum Luft von gewöhnlicher Dichtigkeit ist. Um derartige hohe und noch weit höhere Spannungen herzustellen, giebt es zwei Mittel. Das eine besteht darin, dass man einen Sammler für ruhende Elektricität, also eine Franklinsche Tafel oder eine Leydener Flasche (Fig. 1) ladet. Einfacher und bequemer ist es, einen aus einzelnen Stromstössen bestehenden elektrischen Strom auf eine hinreichend hohe Spannung zu transformieren. Die ältesten hierhin gehörigen Apparate sind die sogenannten Funkeninduktoren, welche nach ihrem ersten Erbauer auch Ruhmkorffsche Apparate genannt werden. Ein solcher ist Fig. 61 perspektivisch dargestellt. Eine aus wenigen Windungen dickeren Drahtes bestehende primäre Spule erhält den aus Stromstössen bestehenden Speisestrom. Um dadurch ein möglichst starkes Kraftfeld zu erzeugen, wird in die Höhlung der Spule ein Eisenkern, bestehend aus lackierten oder sonstwie isolierten Eisendrähten, gesteckt. Die Auflösung des Eisenkernes in die einzelnen isolierten Drähte ist nötig, um die durch die Veränderung des Kraftfeldes sonst entstehenden Wirbelströme abzuschneiden. Um die innere Spule ist eine zweite äussere Spule gelegt, welche aus sehr vielen Windungen dünnen Drahtes besteht. In diesem induzieren somit die Stromstösse in der inneren Spule eine elektromotorische Kraft von sehr hoher Spannung, so dass zwischen den genäherten Enden der äusseren Spule eine fortwährende Funkenentladung möglich wird. Man stellt neuerdings Apparate her, welche Funken mit einer Schlagweite von 1 m liefern. Wie man leicht erkennt, ist der Apparat nichts anderes als ein Transformator, jedoch ist seine gebräuchliche Bauart nicht gerade sehr zweckmässig. Bei den in § 24 beschriebenen Transformatoren ist man mit aller Sorgfalt darauf bedacht, für die magnetische Strömung, welche der Strom in der primären Spule hervorruft, einen geschlossenen Eisenkreis zu schaffen. Der vorliegende Induktionsapparat aber enthält als Eisenleitung für die magnetische Strömung nur das begrenzte Eisendrahtbündel in der primären Spule. Ausserhalb desselben müssen also die magnetischen Kraftlinien ihren Weg durch eine grosse Luftstrecke nehmen und dabei einen sehr grossen Widerstand überwinden. Die magnetische Stromstärke wird dadurch, wie das S. 70 aufgeführte Gesetz lehrt, erheblich herabgedrückt.

Um in der sekundären Rolle eine elektromotorische Kraft und eine ständige Funkenentladung hervorzurufen, müssen Stromstösse durch die Windungen der primären Rolle gehen; ein gleichmässig fliessender Strom induziert nicht, weil sein Kraftfeld sich nicht ändert (S. 87). Schickt man Wechselstrom durch die primäre Spule, so ist dieser Forderung ohne weiteres genügt, da dieser aus Stromstössen besteht. Man hat den Apparat aber zu einer Zeit gebaut und benutzt, als man mit Wechselstrom und Wechselstromerscheinungen noch nicht vertraut war. Zum Speisen der primären Spule stand somit nur Gleichstrom zur Verfügung, den man meistens mit

Hilfe von galvanischen Batterien, also auf chemischem Wege, gewann. Man musste folglich diesen Gleichstrom in Stromstösse zerlegen und zu dem Zwecke in den Stromkreis des primären Stromes einen Stromunterbrecher einschalten. Anfangs und lange Zeit hindurch machte man das in der Weise, dass man den Magnetismus des Eisenkernes der primären Spule, der beim Durchgang des Stromes durch diese Spule auftrat, benutzte, um eine vorgehaltene federnde Eisenplatte anzuziehen. Beim Anziehen der Platte wurde der Strom unterbrochen, der Eisenkern folglich unmagnetisch. Die losgelassene Platte ging infolge Federkraft wieder zurück und

Fig. 62.

schloss den Strom neuerdings etc. Die Vorrichtung heisst Neeffscher Hammer. Mit der Entdeckung und Benutzung der weiterhin zu besprechenden Röntgenschen Strahlen wurde es nötig, die Zahl der in der Zeiteinheit erfolgenden Stromstösse und somit die der Stromunterbrechungen in der primären Spule weit grösser zu machen, als es die federnde Eisenplatte leisten konnte. Man war deshalb darauf bedacht, Unterbrecher zu schaffen, welche eine grössere Frequenz der Stromstösse ermöglichten. Mit der Zeit sind eine Anzahl neuer Unterbrecher in Aufnahme gekommen. Die zwei leistungsfähigsten sind in den Abbildungen Fig. 62 und 63 dargestellt. Fig. 62 ist der sogenannte Quecksilberstrahlunterbrecher. Das Glasgefäss links enthält einen nach unten ausgezackten Cylinder aus Kupferblech, der auf einer wagerechten Axe befestigt ist und mit Hilfe dieser Axe von dem rechts stehenden kleinen Elektromotor durch Schnurtrieb in rasche Umdrehung versetzt werden kann. Vor dem Kupfercylinder steht ein eisernes Rohr, welches in verstellbarer Höhe auf der von dem Beschauer abgewandten Seite eine kleine Oeffnung besitzt. Unterhalb der Kupfertrommel trägt die Axe eine Rotationspumpe, welche bei der Drehung der Axe ebenfalls in Umdrehung versetzt wird. Füllt man nun das Glasgefäss so weit mit Quecksilber, dass die Pumpe von dem Metall bedeckt ist, so wird das Quecksilber in dem Standrohr emporgetrieben und spritzt in ständigem Strahl gegen die vorbeigehenden Flügel der Kupfertrommel. Schaltet man den Apparat so in den Stromkreis ein, dass das eine Ende der Leitung mit dem Standrohr, somit auch mit dem Quecksilber, das andere mit der Kupfertrommel verbunden ist, so wird der Strom geschlossen, sobald und solange der aus der Oeffnung des Standrohres herausspritzende Quecksilberstrahl einen Flügel der rotierenden Kupfertrommel trifft, und unterbrochen, sobald und solange ein Zwischenraum zwischen zwei Flügeln an dem Strahl vorbeigeht. Man hat es folglich in der Hand, die Zahl der Unterbrechungen beliebig zu steigern. Massgebend dafür ist die Geschwindigkeit des Elektromotors, welcher die Kupfertrommel dreht, und die Zahl der Flügel, welche auf der Trommel angebracht werden. Da die Flügel nach unten spitz zulaufen, so kann man die Dauer des einzelnen Stromschlusses verlängern und verkürzen, indem man die Ausflussöffnung in dem Standrohr höher oder tiefer anbringt. Der obere Teil des Rohres ist deshalb in dem unteren verschiebbar angebracht, und der obere, welcher die Ausflussöffnung trägt, kann mit Hilfe einer auf dem Deckel des Apparates angebrachten Schraube höher und tiefer gestellt werden. Bei jeder Unterbrechung des Stromes muss zwischen den Kupferflügeln und dem Quecksilberstrahl ein Funken entstehen. Um hierbei das Verbrennen des Metalls zu verhüten, füllt man das Glas über dem Quecksilber bis nahe zum Rande mit Petroleum. Dadurch wird der Luftsauerstoff von der Funkenstelle abgehalten und somit eine Verbrennung verhindert. Man kann mit Hilfe des

Apparates Stromunterbrechungen und damit Stromstösse mit einer Frequenz von 800—900 in der Sekunde erreichen.

Der in Fig. 63 dargestellte Unterbrecher heisst nach seinem Erfinder der Wehneltsche und nach seiner Wirkungsweise der elektrolytische Unterbrecher. Das Glasgefäss enthält Schwefelsäure vom spez. Gewicht 1,08, also ein Gemisch aus 11,6 % Schwefelsäure und 88,4 % Wasser. In die Flüssigkeit tauchen zwei Elektroden. Die Kathode ist eine Bleiplatte, die Anode ein dünner Platinstift, welcher durch die Handschraube bei *a* weiter oder weniger weit in die Flüssigkeit geschoben werden kann. Leitet man Gleichstrom durch die Flüssigkeit, so wird die Schwefelsäure als Elektrolyt zersetzt (S. 155), und an der Anode, also an dem Platinstift, wird Sauerstoff frei. Bei hinreichender Spannung des Stromes, — man wendet bei diesem Unterbrecher etwa 110 Volt Spannung an, — ist die Sauerstoffentwicklung an der Anode so stürmisch, dass der Platindraht, soweit er von der Flüssigkeit berührt wird, sich mit einer Gashülle umkleidet. Da die Gashülle den Strom nicht leitet, ist damit die Leitung unterbrochen. Im nächsten Augenblick ist die Gashülle infolge ihres geringen spez. Gewichts gegenüber der Säurelösung von dem Draht weggedrängt, der Draht also wieder mit der Flüssigkeit in Berührung und damit die Stromleitung wieder hergestellt. Alsbald beginnt wieder die Umkleidung mit der nicht leitenden Gashülle etc. Das Verdrängen und Zurückkehren der Flüssigkeit an der Platinanode folgt so schnell aufeinander, dass die schwingenden Flüssigkeitsteilchen einen heftigen Ton erzeugen. In dem Masse, wie infolge der

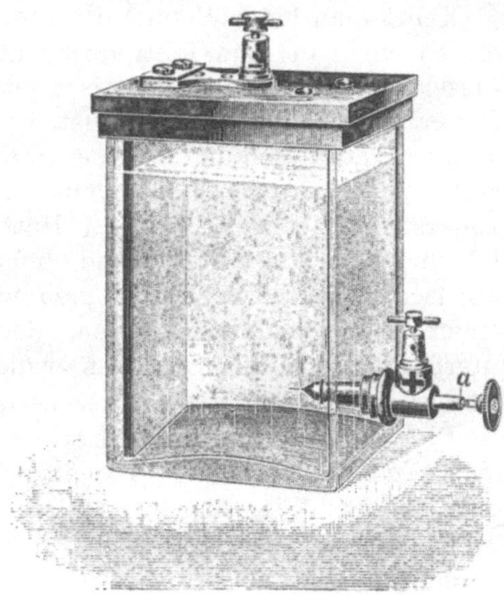

Fig. 63.

Gasentwicklung an der Anode der Leitungswiderstand wächst, wird mehr Energie zu seiner Ueberwindung verbraucht. Diese setzt sich, wie üblich, in Wärme um, und davon wird der Platindraht glühend. Die Wärme wird an die Schwefelsäurelösung abgegeben, so dass diese allmählich sich stark erhitzt und bei längerem Betrieb des Unterbrechers von aussen gekühlt werden muss. Elektrolytische Unterbrecher für Dauerbetrieb erhalten deshalb als Behälter für die Säure einen verbleiten Metallkasten mit einer Kühlschlange im Innern der Flüssigkeit.

Kehrt man beim Wehnelt-Unterbrecher die Stromrichtung um, so wird an dem Platindraht nicht Sauerstoff, sondern Wasserstoff entwickelt, da dieser jetzt Kathode ist. Da der Wasserstoff ebenfalls ein Gas ist, so bleibt die Wirkung auf die Stromunterbrechung dieselbe. Infolgedessen ist der Unterbrecher auch anwendbar, wenn der Speisestrom für die Primärspule Wechselstrom ist. Hätte der Wechselstrom an und für sich eine hinreichend hohe Frequenz, was aber praktisch nicht erreichbar ist, so würde man selbstredend keinen Unterbrecher nötig haben. Beim Wechselstrom hat der Unterbrecher die Wirkung, dass er die einzelnen Stösse dieses Stromes in kürzere Stromstösse zerlegt.

Die durch Induktionsapparate erzeugten Funken haben eine bedeutend geringere Frequenz, als die durch Entladung von Leydener Flaschen hervorgerufenen. Der Grund liegt darin, dass die sekundäre Spule des Apparates als starke Drosselspule wirkt.

§ 29. Funkenentladung in verdünnten Gasen.

Röntgensche Strahlen.

Eine Funkenentladung in der Luft oder in einem anderen Gase von gewöhnlicher Dichtigkeit zeigt den bekannten scharfen Lichtblitz, welcher ein zischendes oder knallendes Geräusch verursacht. Die unter dem Namen Blitz bekannten Funkenentladungen der gespannten atmosphärischen Elektricität bilden dieselbe Erscheinung, die sich von den Entladungen einer Leydener Flasche oder eines Induktionsapparates nur durch grössere Stärke des den Funken bildenden Wechselstromes und grössere Spannung unterscheidet.

Das Bild wird ein gänzlich anderes, wenn man die Funkenentladung in einem gasförmigen Dielektrikum vornimmt, welches stark verdünnt ist. Man erreicht solche Entladungen, indem man eine Glasröhre, die an zwei Stellen eingeschmolzene Platindrähte enthält, mit einer Luftpumpe auspumpt und sie dann zuschmelzt (Fig. 64). Die Platindrähte dienen zum Einleiten und Abführen der Elektricität und heissen demgemäss Elektroden. Wie bei einer elektrolytischen Zelle heisst die Eintrittsstelle die Anode, die Austrittsstelle die Kathode (S. 155).

Der Druck und damit auch die Dichtigkeit der freien atmosphärischen Luft wird bekanntlich durch die Höhe der Quecksilbersäule gemessen, deren Gewicht dem Luftdruck auf eine bestimmte Flächeneinheit das Gleichgewicht hält. Sie beträgt an der Meeresoberfläche normal 760 mm. Es wird darnach verständlich, wenn man sagt, die in Rede stehenden Glasröhren seien bis auf **10**, **8**, **1** mm ausgepumpt. Man will damit andeuten, dass die Luft in der Röhre so weit verdünnt ist, dass ihr Druck nur noch Quecksilbersäulen in den angegebenen Höhen tragen kann. Wird nun in einer Glasröhre wie in Fig. 64 die Luft bis auf etwa 6 mm Quecksilberdruck ausgepumpt, so geht bei einer Funkenentladung zwischen den Elektroden nicht mehr der scharfbegrenzte Lichtblitz über, sondern die ganze Röhre erscheint von einem violetten Licht angefüllt. Dieses Licht bleibt, wenn man den Luftdruck in der Röhre mehr und mehr verringert. Sinkt der Druck bis unter 2 mm Quecksilber, so füllt das Licht die Röhre nicht mehr gleichmässig aus, sondern erscheint geschichtet, indem senkrecht zum Röhrenquerschnitt helle und dunkle Schichten abwechseln. Treibt man die Luftverdünnung noch weiter, so wird das Licht schwächer, ferner bildet sich ein dunkler Raum zwischen der Kathode und der letzten Luftschicht, der mit zunehmender Luftverdünnung immer mehr sich ausdehnt. Schliesslich wird das Innere der Röhre ganz dunkel. Jetzt aber tritt eine neue Erscheinung auf. Während das Innere der Röhre dunkel bleibt, beginnen die Wandungen der Röhre

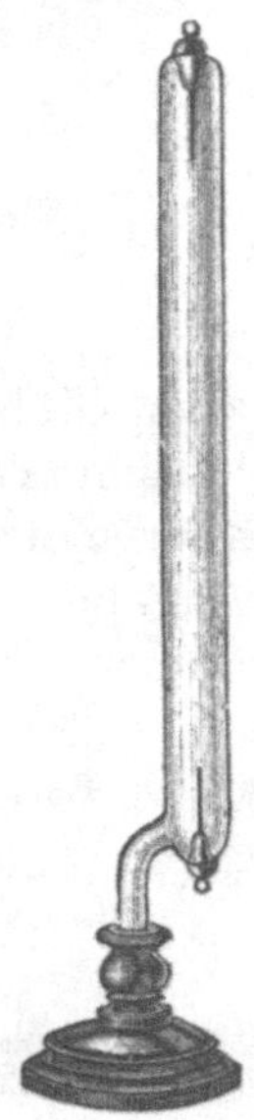

Fig. 64.

in grünlichem oder bläulichem Lichte zu erstrahlen. Die Färbung hängt von der Zusammensetzung des Glases ab. Das Leuchten der Glaswandungen wird um so stärker, je weiter man die Luftverdünnung treibt, und bei einem Druck von etwa $^1/_{1000}$ mm Quecksilber nimmt es einen hohen Glanz an.

Es lässt sich nun zeigen, dass die Funkenentladung in einer Röhre von der angegebenen Luftverdünnung eine Energieausstrahlung hervorruft, welche von der Kathode ausgeht und sich geradlinig von dieser aus verbreitet. Man bezeichnet sie deshalb auch als Kathodenstrahlung. Wo sie auf ihrem Wege feste Körper trifft, setzt sie sich um in Wärme, in Licht oder auch in mechanische Arbeit. Wo die Kathodenstrahlen die Glaswände der Röhre treffen, werden diese erhitzt und kommen schliesslich zum Glühen. Stellt man den Strahlen einen Metallschirm in den Weg, so hält dieser sie auf (Fig. 65), erhitzt sich aber gleichzeitig und kommt zum Glühen. Bringt man nach Angabe von Fig. 66 vor der Kathode ein Glimmerad an, dessen Axe auf Glasschienen läuft, so dreht sich das Rad durch die Kathodenstrahlen, welche infolge der Anordnung der Elektroden nur die oberen Flügel des Rades treffen können. Die Energie der Kathodenstrahlung setzt sich also in mechanische Arbeit um. Das Leuchten der Glaswände der Röhre rührt davon her, dass die Kathodenstrahlen das Glas treffen und dort die Aetherschwingungen erzeugen, die unserem Auge als Licht wahrnehmbar werden. Bei der Röhre Fig. 65 wirkt das eingestellte Aluminiumkreuz als Schirm. Die von ihm aufgefangenen Strahlen können die hinter ihm liegenden Teile der Glaswand nicht treffen, also auch nicht zum Leuchten bringen. Infolgedessen erscheint während der Funkenentladung das Bild des Kreuzes als dunkler Schatten auf der leuchtenden Glaswand im hinteren Ende der Röhre. Verschiedene Mineralien, wie Flussspath, Kalkspath u. a. leuchten

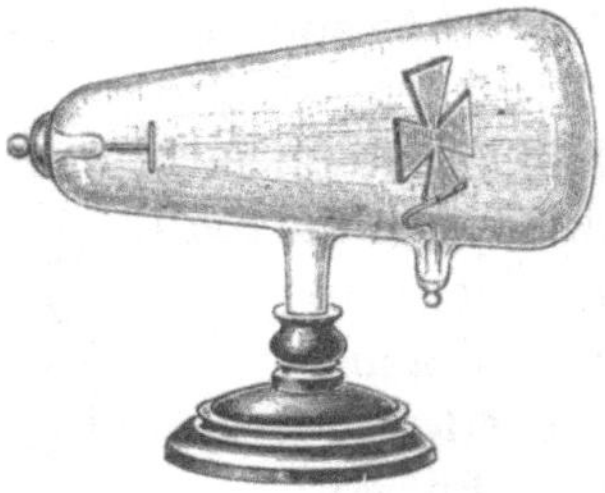

Fig. 65.

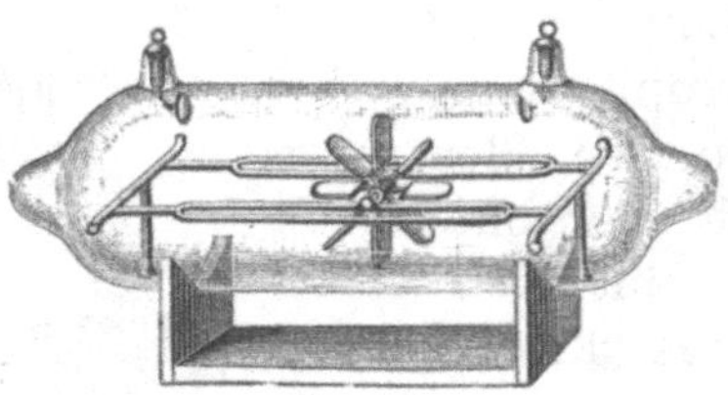

Fig. 66.

hell auf, wenn sie von den Kathodenstrahlen getroffen werden. Man zeigt dies nach Angabe von Fig. 67, indem man das Mineral in dem Weg der Kathodenstrahlen anbringt.

Dass die Kathodenstrahlen von allen Teilen der ausstrahlenden Kathode gleichmässig, geradlinig und senkrecht zur Kathodenfläche ausgesandt werden, lässt sich durch die Kathodenanordnung in der Röhre Fig. 68 (links) zeigen. Die Kathode ist hier ein nach Art eines Hohlspiegels gekrümmtes Metallblech. Da die Ausstrahlungen von jedem Teil der gekrümmten Kugelfläche senkrecht verlaufen, müssen sie sich in einem sogenannten Brennpunkte schneiden und von da wieder auseinandergehen, um schliesslich die Glaswand zu treffen. Wo der Strahlenkegel die Glaswand trifft, erhitzt er das Glas und bringt es zum Leuchten.

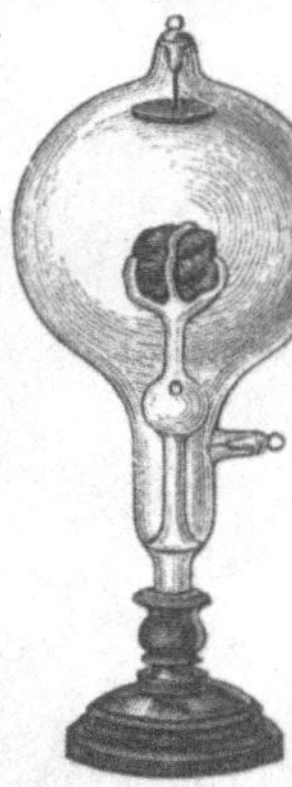

Fig. 67.

Hält man in die Nähe der Glaswand einer von den Kathodenstrahlen durchflossenen Röhre einen starken Magneten, so wird die sonst geradlinig verlaufende Kraftströmung abgelenkt (Fig. 69), was man daran erkennt, dass das Leuchten der Glaswand dem an der Wand vorbeibewegten Magneten folgt.

Dass es sich bei den in Rede stehenden Erscheinungen um eine Energieübertragung handelt, deren Träger oder Vermittler Elektricität ist, kann nicht bezweifelt werden. Die Wärme- und Lichtentwicklung, die mechanische Arbeit sind Energieaufwendungen, die anderswoher gespeist werden müssen. Auch ist klar, dass es sich dabei um Kraftlinien handelt, ähnlich wie ein in einem Leiter fliessender Strom sie im umgebenden Dielektrikum erzeugt; das ergiebt sich aus der Einwirkung des Magneten auf die Strömung oder Strahlung. Im übrigen aber fehlt es bis heute an einer bündigen Erklärung der Vorgänge.

Die Erkenntnis, dass die Erscheinungen der Kathodenstrahlen in dem Masse kräftiger hervortreten, wie die Luftverdünnung zunimmt, führte dazu, Röhren mit immer stärkerer Luftverdünnung herzustellen. Hierbei stiess man nun unerwartet auf eine neue Erscheinung. Bei sehr weitgehender Luftverdünnung in der Röhre setzen die Kathodenstrahlen jeden festen Körper, den sie treffen, in den Stand, eine neue Art von Strahlen auszusenden. Diese neuen Strahlen, nach ihrem Erfinder die Röntgenschen Strahlen genannt, wirken auf das Auge nicht ein, sind also unsichtbar, wohl aber üben sie chemische Wirkungen aus, vermögen beispielsweise die Silberverbindung einer photographischen Platte zu zersetzen. Man kann also mit ihnen photographieren. Gewisse Körper, unter diesen insbesondere das Bariumplatincyanür, bringen sie beim Auftreffen zu lebhaftem Leuchten. Das Merkwürdigste aber ist, dass sie durch viele Körper ebenso hindurchgehen, wie gewöhnliche Lichtstrahlen durch Glas. Diese Durchlässigkeit ist im allgemeinen um so grösser, je geringer das spez. Gewicht des den Strahlen ausgesetzten Körpers ist. So gehen die Strahlen durch schwarzes Tuch, Holz, Kautschuk etc. ohne weiteres hindurch, auch durch die Muskelsubstanz, überhaupt durch die Weichteile des menschlichen und tierischen Körpers. Die meisten Metalle sind undurchlässig, oder wenigstens schwierig durchlässig. Am besten gehen die Strahlen durch Aluminium, am schwierigsten durch Blei. Die Knochensubstanz des Körpers lässt sie sehr wenig durch.

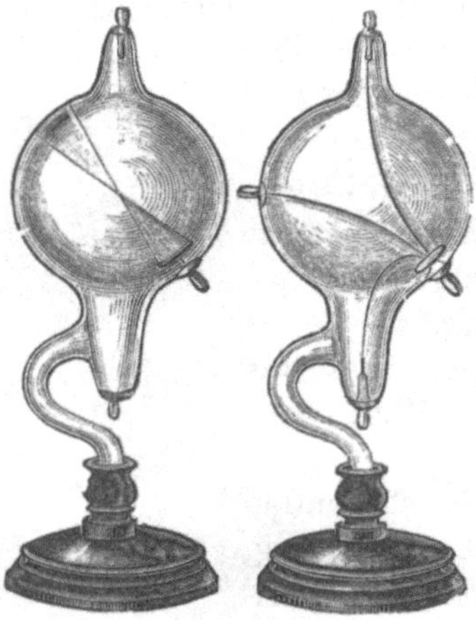

Fig. 68.

Diese Thatsachen ergeben die überraschende Wirkung, dass man undurchlässige Gegenstände durch die Strahlen sichtbar machen kann, auch wenn sie von undurchsichtigen Stoffen überdeckt oder eingeschlossen sind, die aber die Röntgenschen Strahlen durchlassen. Hält man beispielsweise die Hand vor eine Röntgensche Röhre und vor die Hand einen mit Bariumplatincyanür belegten Karton, einen sogenannten Röntgenschen Schirm, so leuchtet der Karton, soweit er von den Strahlen getroffen wird, und bleibt an den Stellen dunkel, die keine Strahlen empfangen. Da die Knochen der Hand die Strahlen auffangen, so erscheinen sie auf dem Schirm als dunkle Schattenbilder. Eine ähnliche Erscheinung tritt auf der photographischen Platte ein. Es wird dadurch möglich, den Knochen innerhalb der Weichteile und ebenso im Körperinnern befindliche undurchlässige Fremdkörper sichtbar zu machen und photographisch aufzunehmen. Die zahllosen, nach diesem Verfahren hergestellten photographischen Bilder sind so allgemein bekannt, dass von einer Anführung von Beispielen abgesehen werden kann. Da die Röntgenstrahlen von jedem Körper ausgesandt werden, der von Kathodenstrahlen bei sehr hoher Luftverdünnung der Röhre getroffen wird, so konstruiert man neuerdings die Röntgenröhren allgemein in der Weise, wie Fig. 70 darstellt. Die mit dem Draht *a* in Verbindung stehende Kathode wird als Hohlspiegel geformt. Bei *b* mündet die Leitung der Anode. Vor der Kathode bringt man nun noch unter einem Winkel von 45° einen Platinspiegel an, die sogenannte Antikathode. Dieser wird von den Kathodenstrahlen getroffen und erzeugt die Röntgenschen Strahlen. Infolge der schrägen Stellung der Antikathode werden die Strahlen in der Pfeilrichtung nach aussen entsandt. Man hat es so in der Hand, den Strahlen einen bestimmten Weg vorzuschreiben und ihre Wirkung auf eine bestimmte Stelle zu vereinigen. Die Leitung der Antikathode bei *c* wird mit der Anode leitend verbunden, so dass die Antikathode gleichzeitig Anode ist.

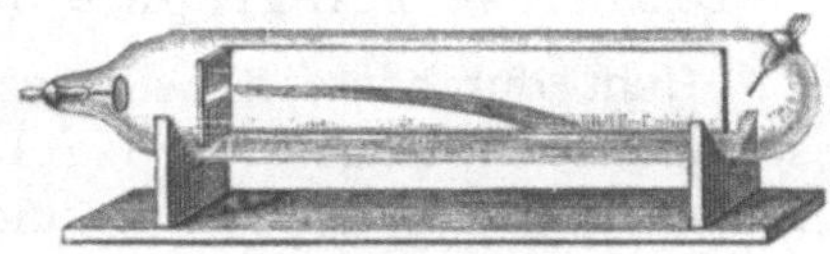

Fig. 69.

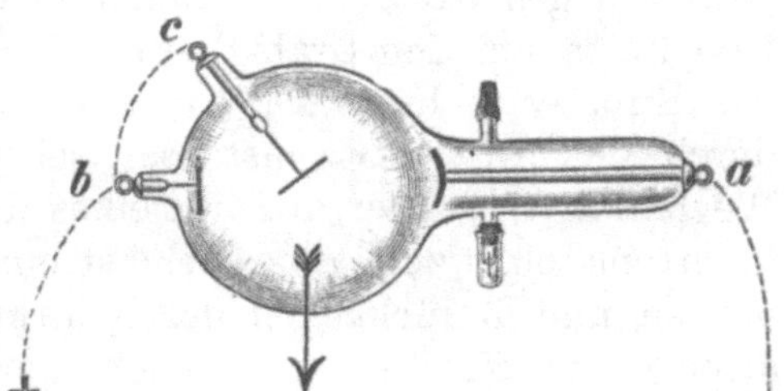

Fig. 70.

Zur vollen Wirksamkeit einer Röntgenröhre ist es nötig, dass die Röhre nicht, wie man sich ausdrückt, zu hart oder zu weich ist. Zu hart heisst die Röhre, wenn die Luftverdünnung zu weit getrieben ist. Bei vollständiger Luftleere geht überhaupt keine Entladung mehr durch die Röhre. Zu weich heisst die Röhre, wenn die Luftverdünnung nicht hinreichend ist. Ferner hängt die Leistungsfähigkeit der Röhre in hohem Grade von der Frequenz der Stromunterbrechungen in der primären Spule des Induktionsapparates ab. Lediglich aus diesem Grunde ist man bemüht gewesen, immer leistungsfähigere Unterbrecher aufzufinden, und diesen Bemühungen sind die in Fig. 62 und 63 beschriebenen Unterbrecher zu danken.

§ 30. Ausbreitung der elektrischen Schwingungen im Dielektrkium.

Drahtlose Telegraphie oder Funkentelegraphie.

Geht durch einen Leitungsdraht ein elektrischer Strom, so entstehen rings um den Draht herum im umgebenden Dielektrikum die in Fig. 6 und 7 dargestellten Kraftlinien. Der Bereich dieser Kraftlinien in der Richtung senkrecht zum Leitungsdraht erstreckt sich streng genommen unendlich weit. Wie weit man die Wirkung der Kraftlinien wahrnehmen kann, hängt von der Empfindlichkeit der zum Nachweis benutzten Instrumente ab. Das in den genannten Abbildungen benutzte Eisenpulver ist ein verhältnismässig grobes und wenig empfindliches Instrument, welches die Kraftlinien nur auf einer sehr begrenzten Ausdehnung nachzuweisen gestattet. Beim Einleiten des Stromes werden die Kraftlinien um den Draht herum ausgesandt, beim Aufhören des Stromes kehren sie zu ihm zurück. Leiten wir also durch den Draht Stromstösse, sei es nun in Form eines Wechselstromes oder in Form eines durch einen Unterbrecher in Stromstösse zerlegten Gleichstromes, so erfolgt das Ausbreiten und Zurückgehen der Kraftlinien ständig und periodisch. Die Kraftlinien machen also schwingende Bewegungen, deren Frequenz gleich der des in dem Leitungsdraht fliessenden Stromes ist.

Wird nach Angabe von Fig. 20 ein zweiter Draht zu dem ersten parallel angebracht, so werden die schwingenden Kraftlinien diesen Draht bei jedem Hin- und Rückgange schneiden. Es entsteht alsdann in ihm eine elektromotorische Kraft und bei geschlossenem Stromkreis ein Strom. Wir nennen die Wirkung bekanntlich Induktion (S. 80). Die Grösse der Induktionswirkung hängt ab von der Länge, auf welcher die beiden Drähte parallel geführt sind, ferner von der Stärke des in dem ersten (primären) Draht fliessenden Stromes und von der Zahl der Stromstösse, die in der Zeiteinheit erfolgen, also von der Frequenz des Speisestroms. Dass dem so sein muss, ist unschwer ersichtlich. Jeder Teil des durch den Draht I gehenden Stromes sendet Kraftlinien aus. Je länger also der Draht I ist, um so mehr Kraftlinien werden ausgesandt. Wo eine Kraftlinie den Draht II trifft, erzeugt sie eine elektromotorische Kraft. Je länger also der Draht II ist, um so mehr elektromotorische Einzelkräfte werden erzeugt, die sich addieren und eine Gesamtkraft hervorbringen. Die wirksame Länge der Drähte ist aber offenbar nur die Strecke, auf welcher sie parallel geführt werden. Macht man von der parallelen Führung der Drähte Abweichungen, so muss die Wirkung kleiner werden, und stellt man die Drähte senkrecht zueinander, so ist die Induktion aufgehoben oder verschwindend klein. Dass mit der Stärke des Speisestroms im Draht I die Induktionswirkung zunehmen muss, ergiebt sich daraus, dass die ausgesandte Kraftströmung von der Stärke dieses Stromes abhängt. Endlich muss die Frequenz des Speisestromes im Draht I für die elektromotorische Kraft im Draht II bestimmend sein, weil der Draht II von den Kraftlinien geschnitten werden muss, und bei jedem Schneiden eine elektromotorische Kraft von bestimmter Stärke erzeugt wird. Je mehr Stromstösse also in der Zeiteinheit erfolgen, um so grösser ist die Wirkung.

Da nun ein elektrischer Funken ein Wechselstrom von sehr hoher Frequenz ist, so muss eine Funkenentladung ebenfalls Induktionswirkungen hervorbringen können, und bei der ausserordentlich hohen Frequenz eines Funkenstromes muss seine Induktionswirkung entsprechend grösser sein, also auch auf eine entsprechend grössere Entfernung an geeigneten Instrumenten wahrnehmbar und benutzbar sein.

Auf diesen Thatsachen beruht die Energieübertragung durch schwingende Kraftlinien im Dielektrikum, die neuerdings in der drahtlosen oder Funkentelegraphie zu hervorragender praktischen Bedeutung gelangt ist. Die neueste Gestaltung dieser Telegraphie, wie sie wesentlich von Slaby in Berlin ausgearbeitet wurde, beruht auf folgendem:

Ein elektrischer Gleichstrom kann nur im geschlossenen Stromkreis fliessen (S. 52), ein Wechselstrom aber kann auch in einem ungeschlossenen Leiter hin und her schwingen. In Fig. 71 bedeute *AC* eine Funkenstrecke, d. h. zwischen

A und *C* sollen Funken, die von einem Induktionsapparat oder sonstwie geliefert werden, übergehen. An den Kugeln *A* und *C* sind begrenzte Leitungsdrähte *AB* und *CD* befestigt. Es lässt sich beweisen, dass bei der Funkenentladung ein Hin- und Herschwingen der Elektricität in beiden Leitungsdrähten stattfindet. Schaltet man bei l_1 und l_2 je eine kleine Glühlampe mit geradlinigem Kohlenfaden ein, so leuchten beide Lampen auf. Dies ist nur dadurch möglich, dass die Kohlenfäden von Elektricität durchflossen werden, dass also ein Strom durch sie fliesst. Das Leuchten der Kohlenfäden ist um so stärker, je näher man die Lampe an der Funkenstrecke einschaltet, also je näher sie den Kugeln *A* bezw. *C* steht. Nach *B* und *D* zu wird das Glühen schwächer. Dies beweist, dass die Strömung bei den Kugeln *A* und *C* am stärksten ist und nach den Endpunkten *B* und *D* hin abnimmt. Es wird dies begreiflich, wenn man bedenkt, dass beim Hin-

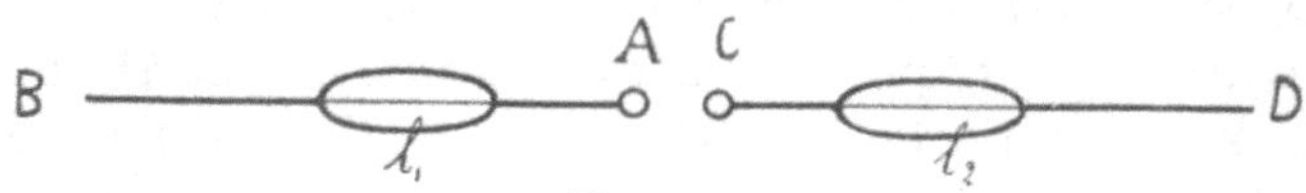

Fig. 71.

und Herschwingen die Elektricität in den Drähten an den freien Enden *B* und *D* aufgestaut wird, während sie bei *A* und *C* in der Funkenstrecke übergeht. Bei *B* und *D* kann folglich überhaupt keine Strömung stattfinden. Infolge der Aufstauung der bewegten Elektricität entsteht aber bei *B* und *D* die grösste erreichbare Spannung. Infolge dieser hohen Spannung findet an diesen Punkten eine Ausstrahlung in das umgebende Dielektrikum statt; die Drähte leuchten im Dunkeln bei *B* und *D* auf und senden ein strahlenförmiges Büschellicht aus. Die Sache ist genau so, als wenn in einem Rohr eine Flüssigkeit hin und her schwingt. Bei *B* bezw. *D* prallt der Flüssigkeitsstrom gegen ein Hindernis und wird zurückgeworfen. Es entsteht an der Stelle folglich der durch den Anprall erzeugte höchste Druck, und Tropfen der Flüssigkeit werden über das Hindernis hinweggeschleudert; die Strömung ist aber an dem Hindernis gleich Null. Bei *A* und *C* geht dagegen die Flüssigkeit über, die Strömung ist also dort in der grösstmöglichen Stärke vorhanden, aber die Spannung ist, eben weil keine Aufstauung stattfindet, gering.

Die Verschiedenheit der Stromstärke und Spannung an den verschiedenen Stellen der Drähte, die Zunahme der Stromstärke nach der Funkenstrecke, der Spannung nach den freien Drahtenden hin lässt sich auch durch geeignete Messinstrumente nachweisen.

Wenn man nun (Fig. 72) einen Leitungsdraht *AB* senkrecht aufstellt und am unteren Ende *A* mit der Erde leitend verbindet, so muss eine auf den Draht gerichtete Funkenentladung in ihm Wechselströme hoher Frequenz erzeugen, welche am freien Ende *B* die höchste Spannung und an dem Abflussende *A* die grösste Stromstärke annehmen. Bei *A* kann die Spannung nicht über diejenige des Elektricitätsvorrates in der Erde ansteigen, sie bleibt also, wie man zu sagen pflegt, gleich Null. Andererseits kann in *B* eine Strömung in das umgebende Dielektrikum nicht stattfinden, der Anprall der Elektricität gegen das Dielektrikum erzeugt aber die höchstmögliche Spannung. Befindet sich nun in einiger Entfernung der ebenfalls senkrecht gestellte und mit dem unteren Ende *C* gleichfalls geerdete Draht *CD*, so werden in ihm durch die von *AB* ausgehenden schwingenden Kraftlinien Wechselströme von gleicher Frequenz hervorgerufen, und diese Ströme haben aus gleichen Gründen bei *D* die höchste Spannung, bei *C* die Spannung Null, aber die grösste Stromstärke. Es findet also eine Energieübertragung von dem Draht *AB* auf den Draht *CD* statt. Diese Energieübertragung kann man zur Zeichengebung und damit zur Telegraphie benutzen. Die Zeichengebung kann dadurch ermöglicht werden, dass man mit dem Draht *CD* ein Instrument verbindet, welches die auf diesen Draht übertragene elektrische Energie nachweist. Wählen wir nun dazu ein Instrument, welches auf Spannung anspricht, d. h.

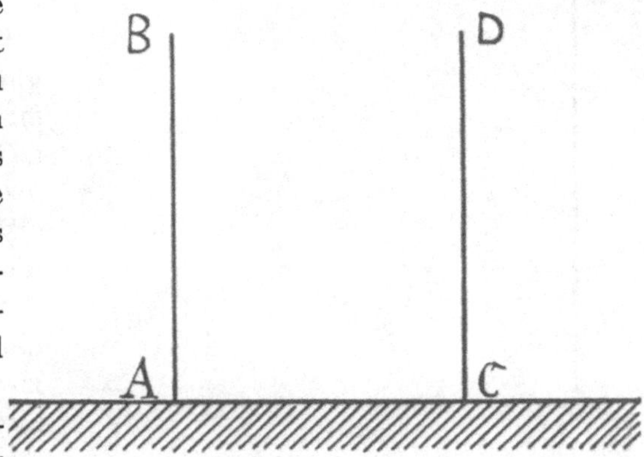

Fig. 72.

dessen Aeusserung um so stärker wird, je grösser die Spannung des im Draht *CD* erzeugten Wechselstromes ist, so ergiebt sich, dass dieses Instrument am vorteilhaftesten mit dem freien Ende *D* des Drahtes verbunden wird, da dort die grösste Spannung herrscht. Ist der Draht aber, wie es der Fall sein muss, sehr lang und senkrecht emporgeführt, so ist die Spitze gewöhnlich nicht oder nur schwierig erreichbar. Es handelt sich also nun noch darum, die höchste Spannung auf eine leicht zugängliche Stelle zu übertragen. Dies kann man leicht ausführen, indem man an dem geerdeten Ende von *CD* einen zweiten Draht *CE* senkrecht, also parallel zur Erdoberfläche anbringt (Fig. 73). Ist *CE* gleichlang mit *CD*, so entsteht, sobald auf *CD* Funken übertragen werden, in *E* dieselbe Wechselspannung, wie in *D*. Der Drahtzweig *CE* braucht dabei nicht ausgestreckt zu sein, kann vielmehr auch spulenförmig gewickelt werden (Fig. 74).

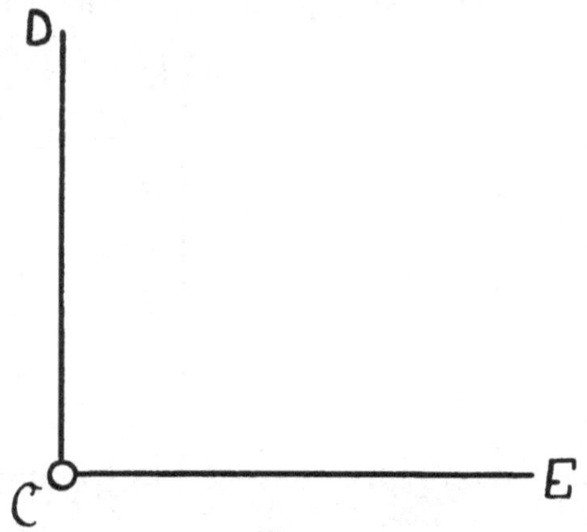

Fig. 73.

Das auf elektrische Spannung ansprechende Instrument, welches die auf den Draht *CD* bezw. *CE* übertragene Energie anzeigen soll, ist die sogenannte Branlysche Röhre (Fig. 75). Eine Glasröhre ***RR*** trägt im Innern die beiden Silberbolzen ***AA***, welche einen Zwischenraum zwischen sich lassen. Der Zwischenraum ist mit feinem Metallpulver, gewöhnlich mit einem Gemisch aus gepulvertem Nickel und gepulvertem Silber angefüllt. An die Silberbolzen sind Platindrähte gelötet, welche an den Enden aus der zugeschmolzenen Röhre herausführen. In der Röhre ist die Luft stark verdünnt. Die Röhre bildet einen Teil eines geschlossenen Stromkreises, in welchem sich eine Gleichstromquelle ***E*** und ein Stromanzeiger ***H*** befindet. Als Stromquelle dient ein galvanisches Element; als Stromanzeiger kann man irgend ein Galvanometer anwenden, kann aber auch bei *H* oder neben dem Galvanometer etwa eine elektrische Klingel oder den Schreibapparat eines Morsetelegraphen anbringen. Die in dem Stromkreise befindliche Metallpulverschicht besitzt nun einen sehr hohen Leitungswiderstand. Die geringe elektromotorische Kraft der Stromquelle in *E* reicht deshalb nicht hin, um so viel Strom durch den Stromkreis zu treiben, dass das Galvanometer oder die Klingel, bezw. der Morseschreiber in *H* ihn anzeigt. Wird aber der von einem Funkenstrom erregte Draht in Fig. 74 so mit einem der Platindrähte verbunden, dass die grösste Wechselspannung im Drahte auf die Röhre und damit auf die Metallpulverschicht übertragen wird, so gehen die Stromstösse des Wechselstromes infolge ihrer hohen Spannung durch das Metallpulver. Die Körnchen des Metalls werden dadurch aneinander gefrittet, und der früher auf viele Tausend Ohm sich belaufende Leitungswiderstand der Pulverschicht wird auf wenige Ohm herabgemindert. Infolgedessen vermag jetzt die Stromquelle in *E* hinreichend Strom durch den Stromkreis zu treiben, um die Klingel bezw. den Morseschreiber zur Thätigkeit zu bringen, insbesondere dann, wenn den Apparaten noch ein Relais (siehe dieses) vorgeschaltet wird. Die aneinander gefritteten Körnchen des Metallpulvers behalten aber ihren geringen Leitungswiderstand bei und verlieren ihn erst wieder, wenn sie durch mechanische Erschütterung durcheinander geworfen und voneinander getrennt werden. Durch einen federnden Klöppel unterhalb der Röhre, der beim Durchgang des Stromes mit *E* in Thätigkeit tritt, (Neeffscher Hammer S. 167) lässt man deshalb die Röhre fortwährend erschüttern. Für die praktische Verwendung des Apparates ist der sofort nach einer Zeichengebung in *H* erfolgende Wiedereintritt des hohen Leitungswiderstandes der Metallpulverschicht von der grössten Wichtigkeit. Tritt der hohe Widerstand nicht sofort wieder ein, so dauert die

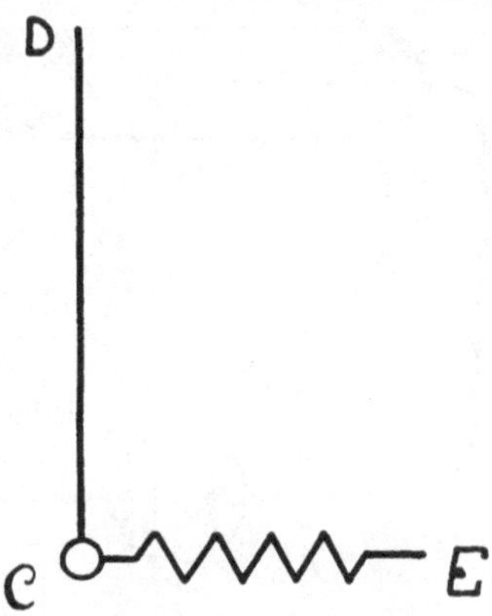

Fig. 74.

Zeichengebung in *H*, die ja von der Stromquelle in *E* bewirkt wird, an, und die Zeichenübertragung wird unbestimmt. Man darf deshalb auch dem Metallpulver nicht zu viel Silber beimischen, da dessen Körnchen nicht oxydieren und zu gut leiten. Der Apparat wird allerdings um so empfindlicher, je mehr Silber in dem Pulver vorhanden ist, aber die Empfindlichkeit wird hierbei auf Kosten der Zuverlässigkeit der Zeichengebung gesteigert.

Die Anlage einer Funkentelegraphie mit Geber- und Empfängerstation ist nun in Fig. 76 schematisch dargestellt. Der Draht I ist senkrecht an einem Gebäude oder am Maste

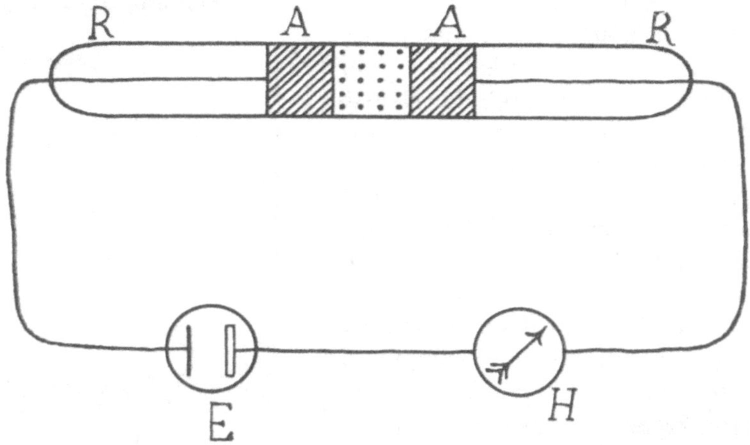

Fig. 75.

eines Schiffes emporgeführt und am unteren Ende mit der Erde bezw. dem Wasser leitend verbunden. Die seitwärts geführte Schlinge *S* ist in den Arbeitsraum geleitet. Die Funkenstrecke *FF* wird durch die sekundäre Spule eines Induktionsapparates *J* gespeist. Der Draht rechts ist ebenfalls mit der Erde leitend verbunden. Zweckmässig ist es, in diese Erdleitung einen Kondensator oder Leydener Flasche *C* einzuschalten, weil dadurch die Funken kräftiger werden und schärfer absetzen. Der Funkenstrom erzeugt nun in dem Draht I elektrische Wechselströme von hoher Frequenz und damit das schwingende Kraftfeld um ihn herum. Der Empfängerdraht II erhält durch das schwingende Kraftfeld in I Wechselströme von derselben Frequenz und mit der höchsten Spannung an der Spitze. Der Draht II ist mit der Erde leitend verbunden, eine Schlinge S_1 ist in den Arbeitsraum geführt. An dieser Schlinge ist die Spule *P* mit einer Drahtlänge gleich der des Empfängerdrahtes leitend befestigt, an sie schliesst sich die Branlysche Röhre *R*. Das andere Ende der Röhre ist leitend mit der Erde verbunden. Die Röhre bildet wieder einen Teil eines geschlossenen Gleichstromkreises, der von der Stromquelle in *E* gespeist wird und den Zeichengeber *H* enthält. Da in der Spule *P* der Verlauf der Wechselströme derselbe wie in dem Draht II ist, und die Länge des Spulendrahtes so gewählt wird, dass die höchste Spannung sich am Ende des Drahtes befindet, so wirkt

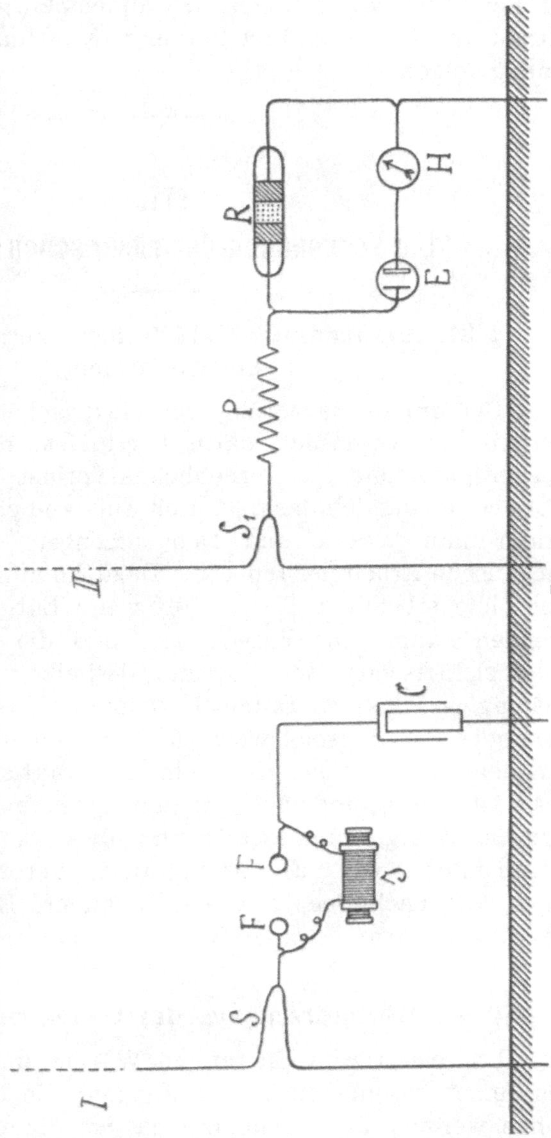

Fig. 76.

diese Spannung auf das Metallpulver der Röhre und vermittelt in der angegebenen Weise den Durchgang des Stromes aus der Stromquelle *E*. Es ist möglich, auf diese Art auf

100 Kilometer sichere Zeichen zu geben. Bei solcher Entfernung kommt die Krümmung der Erdoberfläche erheblich in Betracht. Wir müssen also annehmen, dass die von dem Draht ausgehenden kreisförmigen Kraftlinien der Erdkrümmung folgen.

III.
Die Verwendung der elektrischen Energie.

§ 31. Umwandlung elektrischer Energie in andere Energieformen.

Die grosse Bedeutung der elektrischen Energie für die Praxis ist wesentlich darin begründet, dass sie sich mit Leichtigkeit und ohne erheblichen Verlust in andere Energieformen umwandeln lässt. Durch Aufwand elektrischer Energie kann man Wärme und Licht erzeugen, mechanische und chemische Arbeit leisten etc. Dazu kommt noch, dass man sie ohne erhebliche Kosten auf weite Entfernungen hin versenden kann. Die Erzeugungs- und die Verbrauchsstellen der elektrischen Energie sind deshalb voneinander unabhängig und können räumlich weit auseinander liegen. Eine Energiequelle beispielsweise in Form einer Wasserkraft, die an dem Orte, wo sie sich befindet, praktisch nicht verwertbar ist, kann, indem sie Dynamomaschinen treibt, in elektrische Energie umgesetzt, und diese kann durch Drahtleitungen auf weite Entfernung an die Verbrauchsorte geleitet und dort nach Bedarf wieder in andere Energieformen umgesetzt werden.

§ 32. Wärmeerzeugung durch elektrische Energie.

Um elektrische Energie in Wärme umzusetzen, bedarf es keiner besonderen Vorbereitungen; die Umsetzung erfolgt ohne weiteres Zuthun überall da, wo die elektrische Energie nicht gezwungen wird, andere Arbeit zu leisten. Schickt man einen elektrischen Strom durch einen Leitungsdraht, so muss er den Leitungswiderstand des Drahtes überwinden.

Die dazu verbrauchte Energie setzt sich in Wärme um. Jede Wattsekunde verbrauchter Energie erzeugt eine Wärmemenge gleich 0,24 Grammkalorien, also eine Wärmemenge, mit welcher man die Temperatur von 0,24 Gramm Wasser um 1^0 C erhöhen kann. Der Widerstand eines Leitungsdrahtes wächst mit seiner Länge und nimmt ab mit seinem Querschnitt; wir haben es also in der Hand, die Wärmeerzeugung zu steigern, indem wir die Heizdrähte länger und dünner nehmen. Natürlich wird man zu Heizdrähten stets ein Material nehmen, dessen spezifischer Leitungswiderstand möglichst gross ist. Eine Grenze findet die Erwärmung der Heizdrähte natürlich an dem Schmelzpunkte des Metalls, aus dem sie bestehen. Man darf diese Grenztemperatur nicht erreichen, auch ihr nicht nahe kommen.

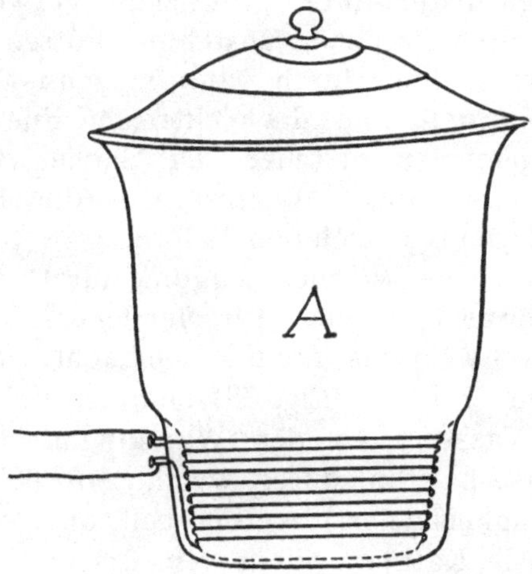

Fig. 77.

Die Arbeitsweise der heute in weitem Umfange gebrauchten elektrischen Heiz- und Kochapparate kann aus der schematischen Darstellung Fig. 77 leicht erkannt werden. Das Metallgefäss *A* ist im unteren Teil äusserlich mit dem Heizdraht in vielen Windungen umwickelt. Der Heizdraht muss natürlich mit einer nichtleitenden Substanz isoliert sein, weil sonst der Strom seinen Weg durch das Metall der Gefässwandung nehmen würde; auch muss die Isolierung aus einer feuerbeständigen Masse bestehen, da der eingeschlossene Draht heiss und sogar glühend wird. Isolierungen aus den sonst gebräuchlichen organischen Substanzen sind also ausgeschlossen. Als Isolierung wählt man eine Emailmasse, in welche die Drahtwindungen eingebettet werden. Die Isolierung ist andererseits dünn genug, um den Wärmedurchgang zu den Gefässwandungen zu ermöglichen.

In ähnlicher Weise, wie das vorbeschriebene Kochgefäss, erhitzt man mit Hilfe des elektrischen Stromes die Heizkörper von Zimmerheizungen, Bügeleisen, Brenneisen, Cigarrenanzündern, eisernen Pressplatten zum Pressen des Tuches in den Tuchfabriken etc. Die Wärmeerzeugung in dem Heizdraht ist von der Richtung des durchgehenden Stromes unabhängig; zur Wärmeerzeugung kann man folglich ebensowohl Wechselstrom wie Gleichstrom benutzen.

Die Methode, durch Aufwand elektrischer Energie Wärme zu erzeugen, ist zweifellos von allen die einfachste und bequemste; ihre praktische Verwendbarkeit wird bis jetzt durch die hohen Gestehungskosten behindert. Wo die Dynamomaschinen durch Dampfmaschinen getrieben werden müssen, da stellt sich die elektrische Energie für Heizzwecke im allgemeinen zu teuer. Die Sache wird aber eine andere, wenn etwa billige Wasserkräfte die Energie zur Speisung der Dynamomaschinen liefern.

Die Wärmeerzeugung durch den elektrischen Strom wird ferner in den verschiedenen Methoden des elektrischen Schweissens nutzbar gemacht. In einem Gefäss von geeigneter Form (Fig. 78) befindet sich eine Lösung von Soda in Wasser. An den Wandungen des Gefässes befinden sich Bleiplatten, durch welche ein elektrischer Strom in die Flüssigkeit geleitet werden soll, die also als Anode dienen (S. 155). Als Kathode dient ein Eisenstück, welches zur Schweisshitze, also zur Weissglut erhitzt werden soll. Schliesst man den Stromkreis, taucht man also das als Kathode dienende Eisenstück in die Flüssigkeit, so wird die Soda als Elektrolyt zersetzt. Hierbei scheidet sich an der Kathode das in der Soda enthaltene Metall Natrium aus. Metallisches Natrium aber kann in Berührung mit Wasser nicht bestehen, es zersetzt das Wasser und bildet mit ihm Aetznatron, wobei Wasserstoff als Gas entweicht. Das Aetznatron bleibt im Wasser gelöst. Der Stromdurchgang bewirkt also, dass an dem Eisenstück, soweit es von der Sodalösung berührt wird, Wasserstoffgas auftritt. Mit zunehmender Spannung des Stromes wird die Gasentwicklung immer stärker, und wenn die Stromspannung über 200 Volt steigt, wird sie so stürmisch, dass das Eisen ständig von einer Gashülle umschlossen wird, also von der umgebenden Flüssigkeit getrennt bleibt. Dadurch aber steigt der Leitungswiderstand an der Uebergangsstelle vom Eisen zur Flüssigkeit bedeutend, und entsprechend wird mehr Energie zur Ueberwindung dieses Widerstandes verbraucht. Wie üblich, setzt sich die verbrauchte Energie in Wärme um. Die Wärme teilt sich dem Eisen mit, und da dieses sie wegen der isolierenden Gashülle an die umgebende Flüssigkeit nicht abgeben kann, steigt seine Temperatur in kürzester Zeit zur Rot- und Weissglühhitze und erreicht sodann den Schmelzpunkt des

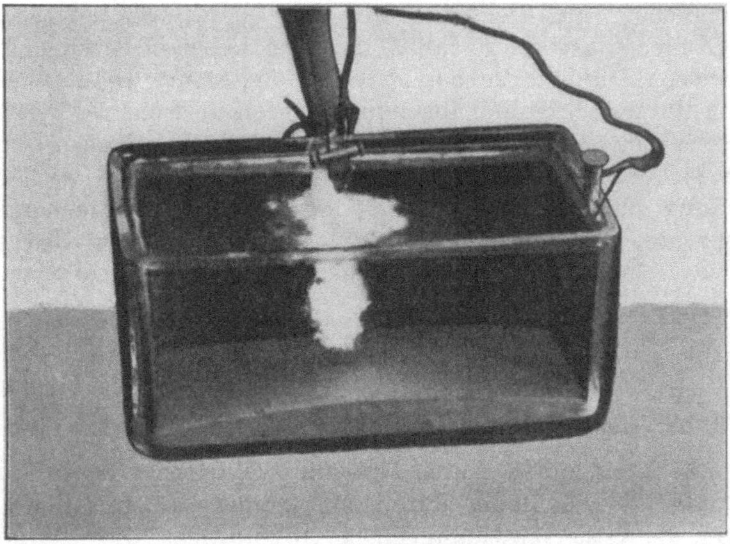

Fig. 78.

Eisens. Man kann also auf diese Art Eisenstücke sehr schnell, indem man sie als Kathoden in die Sodalösung bringt, weissglühend und damit schweissfähig machen. Die Praxis hat sich dieses Verfahren vielfach angeeignet, namentlich zum Erhitzen von kleineren Eisengegenständen, Nieten etc. Es hat vor dem Erhitzen im Feuer den Vorzug, dass in dem Sodabad kein Sauerstoff an das glühende Eisen herantreten, das Metall also auch nicht verbrennen kann. Der an der Kathode auftretende Wasserstoff wirkt auf das Eisen nicht ein. Die Abbildung Fig. 78 stellt die photographische Aufnahme eines auf die vorbeschriebene Art in einem Sodabad glühend gemachten Eisenstabes dar. Zu dem elektrischen Schweissen ist nur Gleichstrom verwendbar. Kehrt man die Stromrichtung um, so entwickelt sich an dem eingetauchten Eisen nicht Wasserstoff, sondern Sauerstoff; das glühende Eisen wird somit rasch verbrennen.

Auf der Wärmeerzeugung durch den elektrischen Strom beruhen auch die sogenannten Sicherungen, welche in elektrischen Leitungen angebracht werden und den Durchgang eines Stromes, dessen Stärke eine bestimmte Grenze übersteigt, verhindern sollen. Sie bestehen aus Drähten oder dünnen Blechen aus Blei, Zinn etc. Der Querschnitt der Drähte oder Bleche ist so gewählt, dass bei Ueberschreitung einer gewissen Stromstärke das Metall infolge der Wärmeentwicklung flüssig wird und abschmilzt, infolgedessen die Leitung unterbricht. Schmelzen in einer elektrischen Anlage häufiger die Sicherungen durch, so ist zu vermuten, dass durch die Leitung mehr Strom durchgeht, als die stromverbrauchenden Apparate, Lampen, Motoren etc. verzehren, dass also ein Stromverlust durch mangelhafte Isolierung vorhanden ist.

Die elektrische Beleuchtung.

§ 33. Umwandlung der elektrischen Energie in Licht.

Es ist möglich, durch Aufwand elektrischer Energie unmittelbar, d. h. ohne Vermittelung einer anderen Energieform, die Aetherschwingungen hervorzubringen, die wir Licht nennen. Es geschieht dies bei der im § 29 beschriebenen Funkenentladung durch verdünnte Luft oder sonstige verdünnte Gase. Die Sache hat jedoch nur ein wissenschaftliches Interesse. Eine praktische Ausbeutung dieser Möglichkeit ist bis jetzt noch nicht eingetreten. Das gegenwärtig als „elektrisches“ bezeichnete Licht wird niemals unmittelbar aus elektrischer Energie gewonnen, sondern mit Hilfe von Wärme, und entsteht, wie bei allen künstlichen Beleuchtungsarten, dadurch, dass ein fester Körper durch Wärmezufuhr glühend gemacht und glühend erhalten wird. Der glühende feste Körper strahlt Licht aus. Bei den sonstigen künstlichen Beleuchtungsarten beschafft man die erforderliche Wärme durch Aufwand chemischer Arbeit, und zwar ausschliesslich durch chemische Umsetzungen, die wir Verbrennung nennen. Das elektrische Licht unterscheidet sich von diesen nur dadurch, dass die zum Glühendmachen und Glühenderhalten des festen Leuchtkörpers nötige Wärme durch Aufwand elektrischer Energie erzeugt wird.

Elektrische Lampen waren bis vor kurzem in zwei Formen bekannt und in Gebrauch: die Glühlampen und die Bogenlampen. Dazu ist in jüngster Zeit eine dritte Lampenform gekommen, welche den elektrischen Glühlampen zuzuzählen ist, sich von ihnen aber dadurch unterscheidet, dass der Glühkörper nicht aus einem Kohlenfaden, sondern aus mineralischer Masse und zwar aus Metalloxyden besteht. Nach ihrem Erfinder heissen sie Nernstlampen.

§ 34. Die Glühlampe mit Kohlenbügel.

Bei dieser elektrischen Glühlampe ist die Art der Lichterzeugung theoretisch die einfachste. Der Glühkörper besteht aus einem dünnen und verhältnismässig langen Kohlenfaden, der dem Durchgange des Stromes einen sehr hohen Widerstand entgegensetzt. Ist die Spannung des Stromes hinreichend stark, um eine genügende Menge Elektricität durch den engen Kanal zu pressen, so wird der Kohlenfaden glühend. Da Kohlenstoff in der Glühhitze sich sofort mit Sauerstoff vereinigt, d. h. verbrennt, so muss der Zutritt von Sauerstoff und also auch von Luft abgehalten werden. Das ist der Grund, weshalb der Leuchtkörper der elektrischen Glühlampe in einem geschlossenen und luftleer gemachten Glasbehälter angebracht wird.

Bei der Lichterzeugung durch einen glühenden festen Körper hängt die Lichtwirkung von der Grösse der leuchtenden Oberfläche ab, welche das Licht ausstrahlt, und von der Temperatur, auf welche die leuchtenden Teilchen erhitzt sind. Demnach hängt die Leuchtkraft einer Glühlampe davon ab, wie stark der Glühkörper erhitzt wird, und welche Länge er hat. Die Höhe der Temperatur hängt von der Menge der durchgepressten Elektricität ab. Hierbei darf man über eine bestimmte Grenze bei gegebenem Kohlenfaden nicht hinausgehen, will man den Glühkörper nicht in kurzer Zeit ruinieren. Je länger der Kohlenfaden ist, um so mehr Widerstand bietet er bei gegebenem Querschnitt, um so mehr Spannung ist deshalb nötig, um die erforderliche Menge Elektricität durchzupressen. Man sieht, dass unter allen Umständen eine Vermehrung der Leuchtkraft nur durch Zufuhr einer entsprechend grösseren Menge elektrischer Energie möglich ist. Ein dickerer Kohlenfaden erfordert mehr Strom, um zur erforderlichen Weissglut zu kommen, ein längerer mehr Spannung. Uebrigens setzt eine Glühlampe mit Kohlenbügel nur etwa 5% der ihr zugeführten Energie in Licht um, der Rest wird in Form von Wärme in die Umgebung entsandt.

Beim Durchgang des Stromes durch den Kohlenfaden werden von diesem Kohlenteilchen in feinster Form zerstäubt. Diese setzen sich als Ueberzug an die Glaswände an, schwärzen sie und erzeugen auf die Dauer einen aus dichter Kohlenmasse bestehenden Spiegel. Es wird dadurch mehr und mehr Licht verschluckt, die Leuchtkraft der Lampe also vermindert. Ueberdies wird durch die Abgabe dieser Kohlenteilchen der Leuchtkörper mehr und mehr geschwächt, er sendet weniger Licht aus und reisst schliesslich an der schwächsten Stelle. Glühlampen haben deshalb stets eine beschränkte Lebensdauer.

Die Lampen werden stets für eine gewisse Stromspannung geliefert, d. h. der Kohlenfaden der einzelnen Lampe hat eine solche Dicke und Länge, dass bei einer bestimmten Spannung die zur Weissglut erforderliche Strommenge durchgepresst wird. Eine auch nur mässige Steigerung der Spannung über das normale Mass ist schädlich und führt in kurzer Zeit zur Zerstörung des Kohlenfadens.

Für eine elektrische Glühlampe ist es gleichgiltig, in welcher Richtung der Strom den Kohlenfaden durchfliesst, also auch, ob er seine Richtung stetig wechselt. Zum Speisen von Glühlampen ist deshalb Wechselstrom ebenso geeignet, wie Gleichstrom.

§ 35. Glühlampen mit mineralischem Glühkörper. Nernstlampen.

In einer gewöhnlichen leuchtenden Gasflamme wird das Licht von kleinen Kohlenstoffteilchen ausgesandt, welche durch Zersetzung der im Leuchtgase enthaltenen Kohlenstoffverbindungen frei werden und in der Flamme zur Weissglut kommen. Der glühende Kohlenstoff besitzt ein geringes Lichtausstrahlungsvermögen, d. h. er wandelt nur verhältnismässig wenig Wärmeschwingungen in Lichtschwingungen um. Andere Körper, insbesondere gewisse Metalloxyde (Thoriumoxyd, Ceroxyd) sind ihm in dieser Beziehung weit überlegen. Man weiss, welche ausserordentlichen Wirkungen dadurch erzielt werden, dass man die Wärme der Gasflamme benutzt, um einen in die Flamme gehaltenen fremden Glühkörper aus diesen Metalloxyden zu erhitzen. Das Gasglühlicht beruht darauf. Die Flamme sendet bei ihm an und für sich kein Licht aus, man mischt vielmehr das Gas vor Zutritt an die Verbrennungsstelle mit soviel Luft, dass die Flamme lichtlos (blau) brennt. Sie ist aber sehr heiss und vermag den Glühkörper, den sogenannten Glühstrumpf, zur lebhaftesten Weissglut zu bringen.

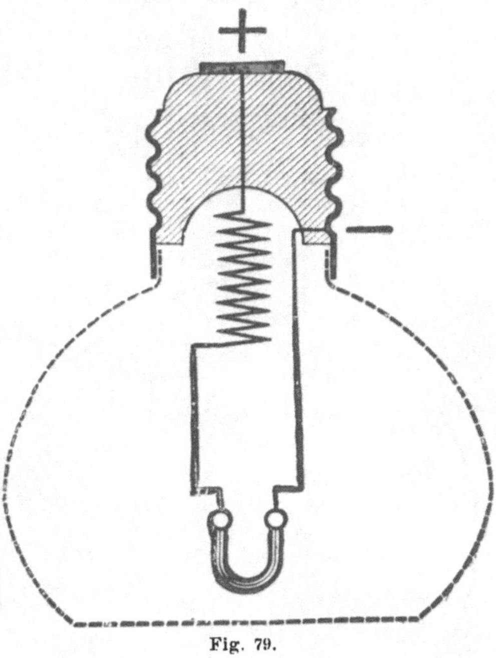

Fig. 79.

Es stand zu erwarten, dass man in der elektrischen Glühlampe ähnliche gesteigerte Wirkungen erzielen würde, wenn man als Glühkörper statt des Kohlenfadens eine Masse mit ähnlichem Ausstrahlungsvermögen anwendete, wie im Gasglühlicht den Glühstrumpf. Die Ausführung des Gedankens scheiterte aber zunächst daran, dass solche Metalloxyde den Strom nicht leiten. Es hat sich nun weiterhin gezeigt, dass die Leitungsfähigkeit mineralischer Glühkörper mit steigender Temperatur zunimmt und in der Glühhitze eine so gute wird, wie die eines Kohlenfadens. Es kam also darauf an, den mineralischen Glühkörper zunächst zum Glühen zu bringen, das Weiterglühen konnte dann durch den durchgehenden Strom bewirkt werden. Bei den ersten derartigen Lampen brachte man den Glühkörper durch Anwendung einer äusseren Wärmequelle zum Glühen. So stellt Fig. 79 eine Form der Lampe dar, in welcher der bügelförmige Glühkörper durch eine Spiritusflamme erhitzt wird. Die Vorwärmung des Glühkörpers durch eine fremde Wärmequelle aber war umständlich und unbequem. Sie setzte vor allem voraus, dass man die Lampe in erreichbarer Nähe hatte oder sie in erreichbare Nähe bringen konnte. Die Lampe von einer beliebigen Stelle des Stromkreises aus zu entzünden, war ausgeschlossen. Zur allgemeinen praktischen Verwendbarkeit war es nötig, den Speisestrom gleichzeitig zur Anwärmung des Glühkörpers zu benutzen. Fig. 80 zeigt, auf welche Weise das erreicht wurde. Der stäbchenförmige Glühkörper ist von einer hohlen Porzellanspirale umgeben. Durch diese Spirale geht ein feiner Platindraht. Wird dieser vom Strom durchflossen, so wird er glühend und bringt auch die Porzellanspirale zum Glühen. Diese erhitzt durch Strahlung den eingeschlossenen Glühkörper auf die erforderliche

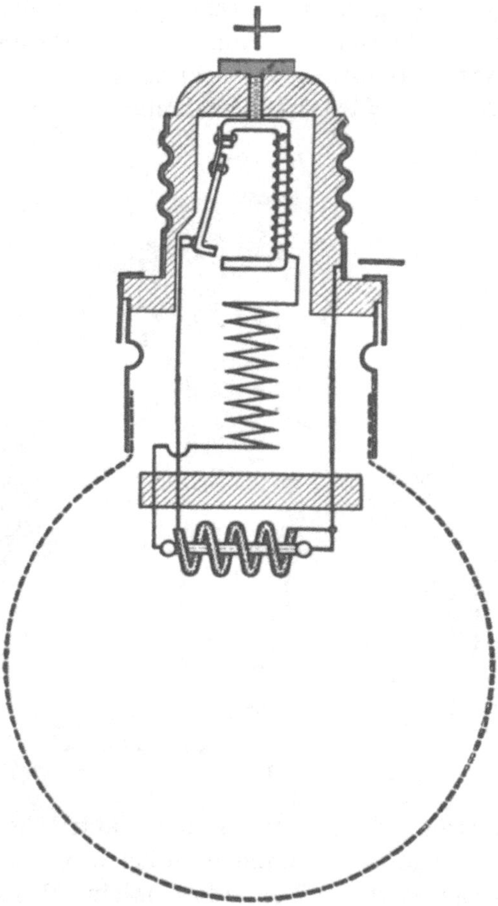

Fig. 80.

Temperatur (700° C). Sobald diese erreicht ist, geht der Strom durch den Glühkörper und lässt ihn in heller Weissglut erstrahlen. Sobald der Glühkörper leitend geworden ist, kann die Heizspirale aus dem Stromkreis ausgeschaltet werden. Dies geschieht selbstthätig durch den im oberen Teil der Lampe oberhalb des Brenners angebrachten Elektromagneten. Die Wicklung desselben liegt in dem Stromkreis, der durch den Glühkörper geht. Sobald also der Glühkörper leitend geworden ist, wird der Eisenkern des Elektromagneten erregt, und er zieht den vorliegenden, durch Federkraft ferngehaltenen Anker an. Der Anker aber, solange er nicht angezogen ist, schliesst in der aus der Abbildung ersichtlichen Weise den Stromkreis für die Heizspirale, schaltet also die Spirale aus, sobald und solange er von dem Elektromagneten angezogen wird. Erlischt die Lampe, so verliert der Eisenkern seinen Magnetismus, und der Anker geht durch Federkraft zurück, schliesst also wieder den Stromkreis der Heizspirale. Die Lampe ist somit jederzeit gebrauchsfähig.

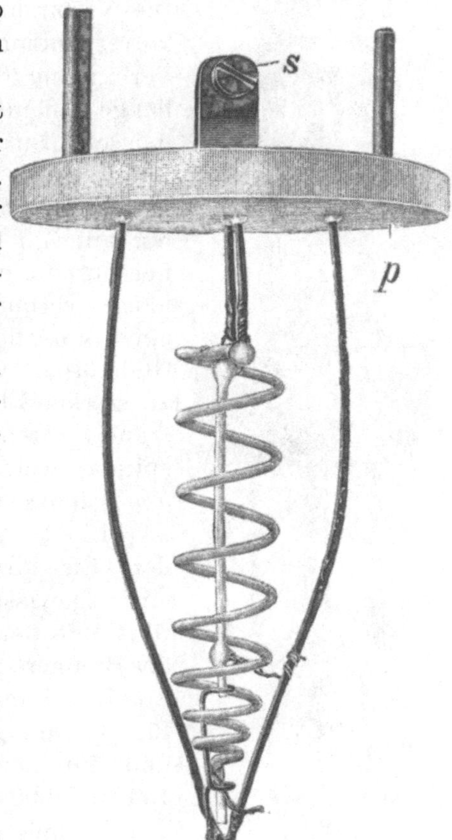

Fig. 81.

Die Nernstlampe, wie sie gegenwärtig von der Allgemeinen Elektricitäts-Gesellschaft in Berlin hergestellt wird, hat die in den Fig. 81 und 82 dargestellte Einrichtung. Fig. 81 stellt den eigentlichen Brenner dar, Fig. 82 den Brenner in Verbindung mit dem Gehänge und ohne Lampenglocke. Als

Glühkörper dient wieder ein geradliniges Stäbchen, welches in der Axenrichtung durch die Heizspirale hindurchgeht. Oberhalb auf der Porzellanplatte *p* in dem Gehänge ist der Elektromagnet angebracht, dessen Wicklung in den Stromkreis des Glühkörpers eingeschaltet ist. Die Verbindungen aa_1, bb_1 und cc_1 sind korrespondierende Teile, welche bei der Verbindung des Brenners mit dem Gehänge ineinander geschoben werden müssen. Um Verwechselungen zu verhüten, sind die Verbindungen so eingerichtet, dass *a* nur auf a_1, und *b* nur auf b_1 passt. Bei *c* wird der Brenner durch eine Schraube *s* mit dem Gehäuse verbunden. Die Lampe besitzt einen Vorschaltwiderstand, welcher den Glühkörper vor dem Durchgang eines zu starken Stromes schützt. Der Widerstand besteht aus einer feinen Eisenspirale, welche in einem von der Luft abgeschlossenen Glasgefäss angebracht ist (Fig. 83). Wie jede Sicherung, schmilzt der Eisendraht bei Ueberschreitung einer gewissen Stromstärke ab. Das Glas mit der Eisenspirale ist oberhalb des Brenners in dem Gehänge angebracht.

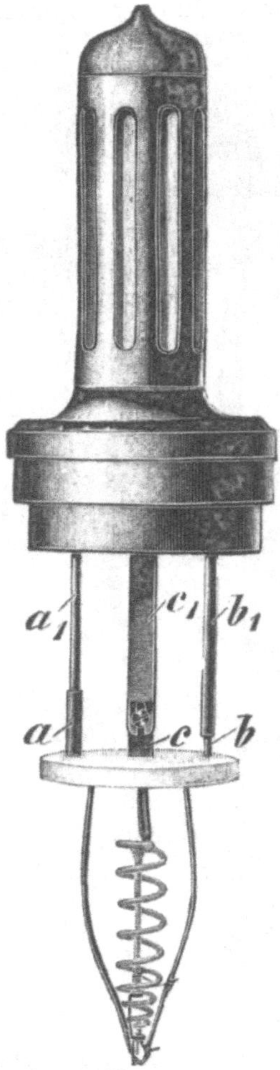

Fig. 82.

Die Lampen werden gegenwärtig für Spannungen von 110 und 220 Volt und für einen Energieverbrauch von 100 und 200 Watt hergestellt. Die 100 Watt-Lampe ist in ihrer Lichtwirkung gleichwertig 4 Glühlampen mit Kohlenbügel und die 200 Watt-Lampe gleich 8,5 Glühlampen von je 16 Kerzen Leuchtkraft. Da die 16-kerzige Glühlampe mit Kohlenbügel 50 Watt Energie verbraucht, so ergiebt sich, dass die Nernstlampe dieselbe Lichtmenge zu rund 50% des Preises der gewöhnlichen Glühlampe liefert.

Da der Glühkörper sowohl als die Heizspirale aus mineralischer Masse bestehen, so ist der Zutritt der Luft ohne

Wirkung. Die Nernstlampe braucht deshalb den Glühkörper nicht in einen luftleeren Glaskörper einzuschliessen. Die Benutzungsdauer eines Brenners wird zu 300 Brennstunden angegeben. Ein Ersatzbrenner kostet gegenwärtig 2 Mk.

§ 36. Die Bogenlampe.

Verbindet man zwei Kohlenstäbe mit den Polen einer Stromquelle, so geht, wenn man die freien Enden der Stäbe in Berührung bringt, ein Strom durch, da der freie Kohlenstoff ein Leiter der Elektricität ist. Trennt man jetzt die Kohlenstäbe voneinander, so wird der Strom, falls er unter einer hinreichenden Spannung steht, nicht unterbrochen. Es werden vielmehr Teilchen von der einen Kohlenspitze zur anderen überführt, und diese bilden eine Art Leitung zwischen den Kohlenspitzen. Hierbei wird eine so hohe Temperatur erzeugt, dass sowohl die Enden der stromleitenden Kohlenstäbe, als auch die von einer Kohle zur anderen übergeführten Teilchen in ausserordentlich starke Weissglut kommen. Diese glühenden Kohlenmassen geben das Licht dieser Lampe. In Fig. 84 sind die Kohlenstäbe einer Gleichstromlampe dargestellt; gleichzeitig ist aus der Abbildung zu ersehen, welche Formveränderungen die Enden der Stäbe beim Brennen der Lampe annehmen. Der Strom fliesst hierbei von der oberen zur unteren Kohle; es ist üblich geworden, die Kohle, durch welche der Strom eintritt, die positive, die andere die negative Kohle zu nennen. Die positive Kohle höhlt sich aus, sie bildet an ihrer Spitze einen Krater; die negative Kohle spitzt sich in der aus der Abbildung ersichtlichen Weise zu. Die Grösse des Lichtbogens zwischen den Kohlenspitzen, also die Entfernung der Kohlen, ist von wesentlicher Bedeutung. Bei zu langem Bogen verschwindet die Spitze der unteren Kohle, eine violette Flamme wandert um die Kohlenenden herum, das Licht brennt unruhig. Bei zu kleinem Lichtbogen spitzt sich die untere Kohle zu lang zu, und die Kohlen drohen sich zu berühren.

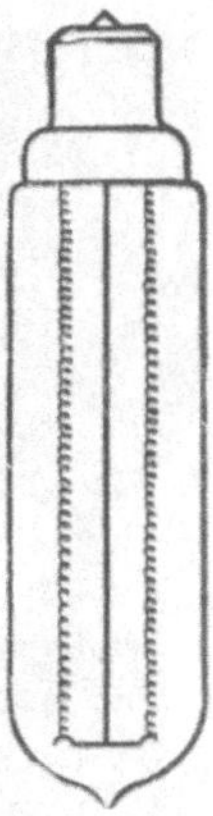

Fig. 83.

Da die Lichtwirkung in der Bogenlampe ebenfalls auf der Wärmeerzeugung durch den elektrischen Strom beruht, so ist auch für die Bogenlampe sowohl Gleichstrom als Wechselstrom geeignet. Die Erscheinungen sind jedoch verschieden. Beim Gleichstrom brennt die positive Kohle doppelt so schnell ab, wie die negative; sie wird deshalb entsprechend stärker genommen. Die Kraterbildung tritt nur an der positiven Kohle auf, welche in der Regel oben angebracht wird. Das Licht wird folglich zum grössten Teil nach unten geworfen. Gleichstrombogenlampen eignen sich deshalb vorwiegend für Bodenbeleuchtung, insbesondere für Strassenbeleuchtung. Beim Wechselstrom bilden sich an beiden Kohlenspitzen Krater. Es entstehen also zwei Lichtkegel, von denen der eine nach unten, der andere nach oben geht. Bei Wechselstrombogenlampen werden deshalb auch Decken und Wände beleuchtet. Grössere, gleichmässig zu beleuchtende Lokale, Schaufenster etc. eignen sich deshalb besser für Wechselstrom. Um die Kraterbildung zu begünstigen, werden die Kohlen in der Mitte durchbohrt, der entstehende Kanal wird mit Kohlenpulver fest ausgefüllt. In dem Kanal brennt die Kohle rascher ab, die Kraterbildung wird deshalb stärker. Solche Kohlen nennt man Dochtkohlen.

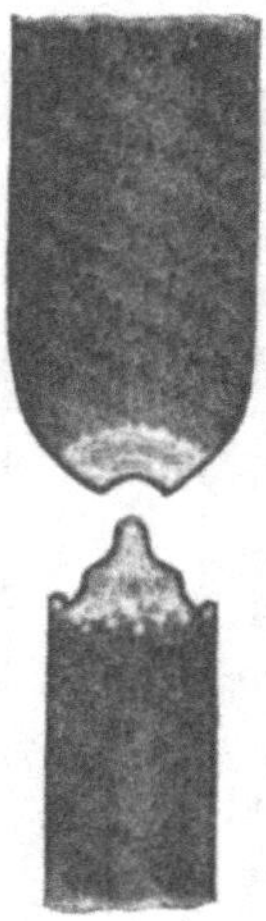
Fig. 84.

Gleichstromlampen erfordern eine Spannung von **40—47** Volt, Wechselstromlampen eine solche von 27—35 Volt. Je geringer die Stärke des durch die Kohlen gehenden Stromes ist, um so mehr Spannung wird zur Erzeugung des Lichtbogens erforderlich. Der Grund liegt darin, dass mit sinkender Stromstärke die Temperatur des Lichtbogens abnimmt und in diesem Masse weniger Kohlenteilchen von der einen zur anderen Kohle übergeführt werden, der Widerstand des Lichtbogens also wächst. Bei normalem Betrieb in den üblichen Lampen hat der Lichtbogen eine Temperatur von mehr als **2000°** C. Die Temperatur kann bis zu **4000°** C ansteigen.

Die Bogenlampen arbeiten um so vorteilhafter, je grösser ihr Stromverbrauch ist; im Mittel setzt eine Bogenlampe **10%** der ihr zugeführten Energie in Licht um.

§ 37. Regulierung der Bogenlampe.

Der Lichtbogen zwischen zwei Kohlenspitzen entsteht nur dann, wenn während des Stromdurchganges die vorher sich berührenden Kohlenspitzen voneinander entfernt werden. Die Entfernung darf nicht zu gross werden, weil sonst die Lampe erlischt. Die beiden Kohlenstäbe brennen aber an ihren Spitzen langsam ab, ihre Entfernung wächst also. Das ständige und gleichmässige Brennen einer Bogenlampe erfordert somit eine Reguliervorrichtung. Diese muss folgendes leisten:

1. beim Inbetriebsetzen der Lampe die sich berührenden Kohlenspitzen auf die erforderliche Strecke voneinander entfernen;
2. während des Betriebes die Kohlenstäbe in dem Masse aufeinander zu bewegen, wie die Kohlenspitzen abbrennen;
3. bei Ausserbetriebsetzung der Lampe die Kohlenstäbe wieder miteinander in Berührung bringen.

Die unter 3 genannte Bedingung ist deshalb nötig, weil nur durch sie die Lampe jederzeit beim Einschalten des Stromes in Thätigkeit treten kann.

Nach der Art der Regulierung unterscheidet man Hauptstrom-, Nebenschluss- und Differentiallampen. Hauptstromlampen werden heute nicht mehr benutzt; die Differentiallampen haben die grösste Bedeutung, weil bei ihnen die Regulierung am sichersten und genauesten ist.

Als Reguliervorrichtung in den Bogenlampen benutzt man die Wirkung, welche eine stromdurchflossene Spule auf einen in ihre Oeffnung hineinragenden Eisenkern ausübt. Die Spule zieht den Eisenkern so weit in sich hinein, bis ihr Mittelpunkt mit dem Mittelpunkt des Eisenkernes zusammenfällt. Bei der Differentiallampe bringt man zwei Spulen übereinander an. Die Wirkung der einen Spule auf den Eisenkern sucht die Kohlen der Lampe voneinander zu entfernen, die der anderen sie zu nähern. Die wirksame Kraft ist also stets die Differenz der Einwirkungen der Spulen auf den gemeinsamen Eisenkern; daher heisst die Lampe Differentiallampe. Bei der Nebenschlusslampe ist eine der Spulen und zwar diejenige, welche die Kohlen voneinander zu entfernen sucht, durch eine Spiralfeder ersetzt; die verbleibende Spule liegt im Nebenschluss zum Lampenstrom.

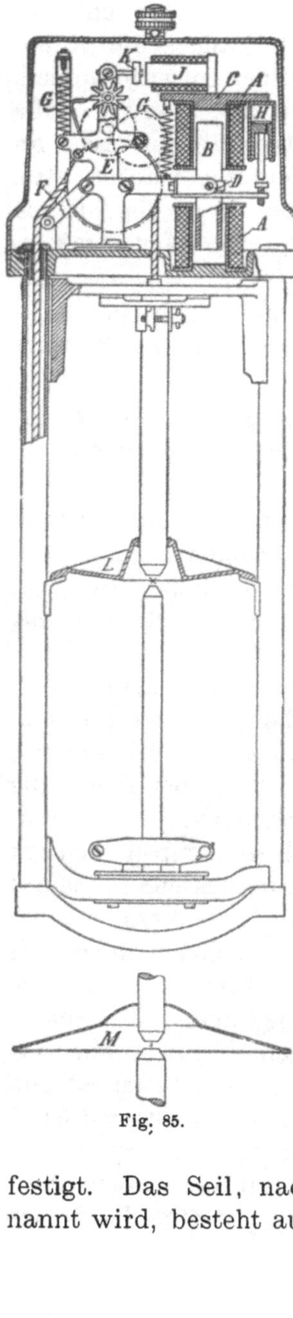

Fig. 85.

Die Abbildungen Fig. 85—87 zeigen gebräuchliche Formen von Differentiallampen, und zwar giebt Fig. 85 den Durchschnitt, Fig. 86 die perspektivische Ansicht der Reguliervorrichtung an. Bei Fig. 87 fehlt ein noch näher zu besprechender Teil. Vier Spulen *A* sind paarweise übereinander angeordnet. Durch die oberen Spulen geht der ganze Lampenstrom, d. h. sie liegen in der Hauptstromleitung. Ihre Wicklungen bestehen deshalb aus wenigen Windungen dicken Drahtes. Die beiden unteren Spulen liegen in einer Nebenleitung, welche nur wenig Strom führen soll. Ihre Wicklungen bestehen deshalb aus vielen Windungen dünnen Drahtes. Der Eisenkörper *B* hat die Form eines *H*; seine vier Schenkel ragen in die Oeffnungen der Spulen hinein. Die beiden oberen Spulen suchen somit den Eisenkörper aufwärts zu ziehen, während die unteren Nebenschlussspulen ihn abwärts zu bewegen bestrebt sind. Der Eisenanker *B* ist in einer Gabel *D* zwischen Zapfenschrauben gelagert. Die oberen Spulen *A* sind durch eine Eisenplatte *C* verbunden und werden von zwei auf dem Lampenteller stehenden Säulen getragen.

Die beiden Kohlenträger sind an den Enden eines Kupferseiles *F* befestigt. Das Seil, nach welchem die Lampe Seillampe genannt wird, besteht aus **1000** feinen Kupferdrähten und läuft über eine Schnurscheibe, die am Umfang eine Nute trägt. Der obere Kohlenträger besitzt Uebergewicht, so dass, wenn kein Strom durch die Lampe geht, die Kohlenstäbe durch die Wirkung der Schwerkraft zur Berührung gebracht und in Berührung erhalten werden. Die Schnurscheibe bildet nun einen Teil des Laufwerkes *E*, welches aus einem Hauptrad, zwei Zwischenrädern und einem Sternrad besteht. Das Hauptrad ist durch ein Gesperre mit der Schnurscheibe gekuppelt.

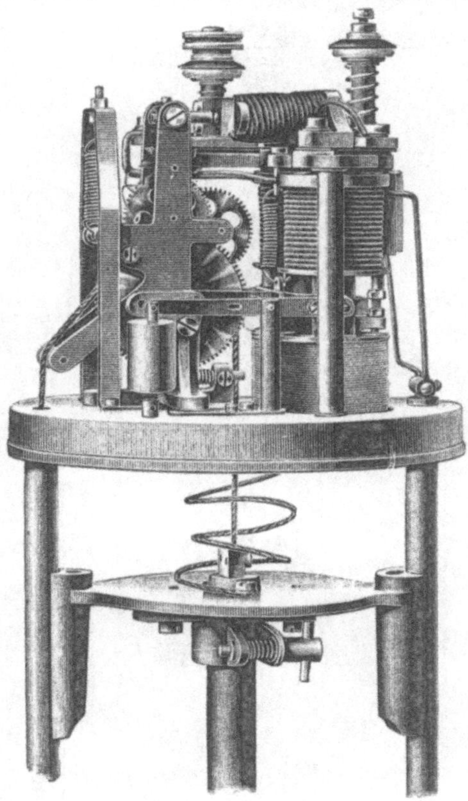

Fig. 86.

Geht nun der Strom durch die Lampe, so ziehen die oberen Spulen *A* den Eisenkörper *B* in sich hinein und heben die Gabel *D*. Die Kohlen entfernen sich voneinander, und das Laufwerk wird festgehalten. In dem Masse, wie die Entfernung der Kohlenspitzen voneinander wächst, wird der Widerstand des Lichtbogens und damit der Widerstand in der Hauptleitung grösser. Infolgedessen wird jetzt mehr Strom durch die Nebenleitung, also durch die unteren Spulen *A* getrieben. Diese ziehen jetzt den Eisenkörper stärker nach unten, und dadurch wird das Laufwerk wieder frei gegeben. Die Schwerkraft bewirkt also wieder ein Nähern der Kohlenspitzen. Es ist klar, dass auf diese Art ein Gleichgewichtszustand zwischen den Wirkungen der beiden Spulenpaare eintreten und eine bestimmte Entfernung der Kohlenspitzen erreicht und erhalten wird. Um beim Anzünden der Lampe ein plötzliches Emporschnellen des Eisenkörpers *B* zu verhüten, ist die Ventilpumpe *H* angebracht. Sie bietet der Aufwärtsbewegung des Laufwerkes Widerstand. Das Laufwerk ist ferner zu beiden Seiten seines Drehpunktes an Federn *G* aufgehängt. Es geschieht dies, um die Reibung in der Lagerung des Laufwerkes zu vermindern. Die Federn tragen sowohl das Laufwerk als auch die mit diesem in Verbindung stehenden Kohlenführungen und entlasten folglich die Zapfen der Laufwerklagerung.

Fig. 87.

Soll die Lampe für Gleichstrom benutzt werden, so trägt sie den sogenannten Sparer *L*, einen emaillierten Eisenkörper in Form eines Hohlkegels, unmittelbar über dem Lichtbogen. Der Nutzen der Vorrichtung besteht darin, dass die Luft in und unter diesem Hohlkegel arm an Sauerstoff wird, weil durch das Verbrennen der Kohlen fortwährend Sauerstoff verzehrt, dieser aber aus der Umgebung nicht hinreichend schnell erneuert wird. In dem Masse, wie die Luft an Sauerstoff ärmer wird, brennen die Kohlen langsamer ab. Man erzielt auf diese Art eine Kohlenersparnis bis zu 40%. Wechselstromlampen erhalten an Stelle des Sparers *L* einen Reflektor *M*, der das von der unteren Kohle ausgestrahlte Licht auffängt und nach unten wirft, die Lampe also für Bodenbeleuchtung geeignet macht. Im übrigen besteht der Unterschied zwischen Gleichstrom- und Wechselstromlampe dieser Art nur in der Verschiedenheit der Wicklung in den Nebenschlussspulen. Zur Vermeidung der Wirbelströme werden die Eisenkerne *B* bei Wechselstromlampen geblättert.

Werden die Lampen zu zwei oder mehreren in Reihe geschaltet, so muss dafür gesorgt werden, dass beim Erlöschen oder Versagen einer Lampe in der Reihe die übrigen weiter brennen können. Zu dem Zwecke erhalten die Lampen einen Nebenschliesser *J*, der auf der Platte *C* angeordnet und dessen Anker *K* im Laufwerk befestigt ist. Der Nebenschliesser hat denselben Widerstand, wie die Lampe. Tritt also die Lampe ausser Thätigkeit, so bleibt der Widerstand ungeändert, die Nebenschlussspulen erhalten nicht zuviel Strom, der sie verbrennen würde, und die übrigen Lampen brennen weiter. Bei Parallelschaltung der Lampen ist die Ausserbetriebsetzung einer Lampe für die übrigen gleichgiltig. Der Nebenschliesser ist also nicht erforderlich. Die Lampe hat deshalb dann die in Fig. 87 dargestellte Form. Ersetzt man in Fig. 87 in der Differentiallampe die Hauptstromspulen durch Spiralfedern, so wird die Lampe zur Nebenschlusslampe (Fig. 88).

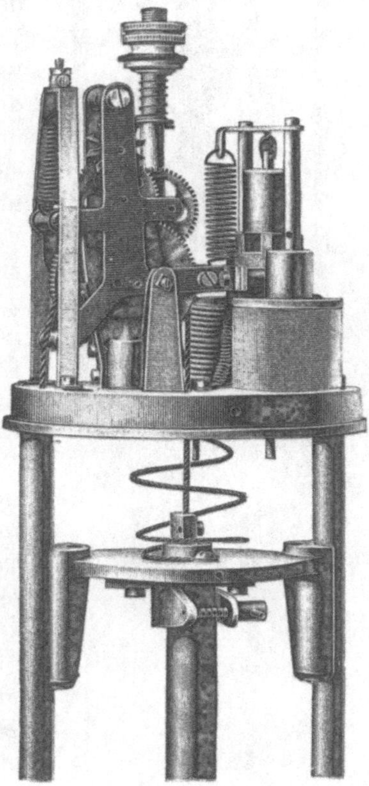

Fig. 88.

Die vorbeschriebene Lampenkonstruktion stammt von Siemens & Halske in Berlin. Es giebt eine grosse Anzahl verschiedener Ausführungsformen von Reguliervorrichtungen zu Bogenlampen, die alle auf demselben Prinzip beruhen, einen Eisenkern durch eine stromdurchflossene Spule anziehen zu lassen. Hierbei besteht nun allerdings der Uebelstand, dass die Anziehung der Spule auf den Eisenkörper nicht in allen Lagen des letzteren zur Spule dieselbe ist.

Die Anziehung wächst in dem Masse, wie die zwischen Spulenöffnung und Spulenmittelpunkt befindliche Eisenmasse zunimmt, ist also am grössten, wenn das Ende des Eisenkörpers mit dem Spulenmittelpunkt zusammenfällt. Dieser Wechsel in der anziehenden Kraft macht die Verwendung von Hebeln und Räderwerken in den Regulatoren erforderlich. Eine neuere Konstruktion umgeht diese Schwierigkeit, indem sie den Eisenkörper der Spulen nicht cylindrisch gestaltet, sondern von einem Ende zum anderen spitz zulaufen lässt, ihn also konisch gestaltet. Die Anziehung der Spule ist jetzt in jeder Stellung des Eisenkörpers dieselbe. Ein Räder- und Sperrwerk fällt bei dieser Lampe, die nach ihrem Erfinder die Kriziksche heisst, weg. Die Reguliervorrichtung dieser Lampe, die in Deutschland von der Elektricitäts-Aktiengesellschaft vorm. Schuckert & Co. in Nürnberg gebaut wird, ist deshalb, wie aus der Abbildung Fig. 89 hervorgeht, ausserordentlich einfach. Die Haupt- und Nebenschlussspule stehen nebeneinander. Die beiden konischen Eisenkerne sind mit den Spitzen nach oben gerichtet und in cylindrische Blechröhren eingeschoben, welche unterhalb und oberhalb der beiden Spulen zwischen Führungsrollen laufen. Die Blechröhren dienen gleichzeitig als Kohlenhalter und erhalten am oberen Ende den Strom durch biegsame Schnüre zugeführt. Eine über die Schnurscheiben oben geführte Schnur hält die Kohlenträger, so dass die Bewegung der Kohlen entgegengesetzt

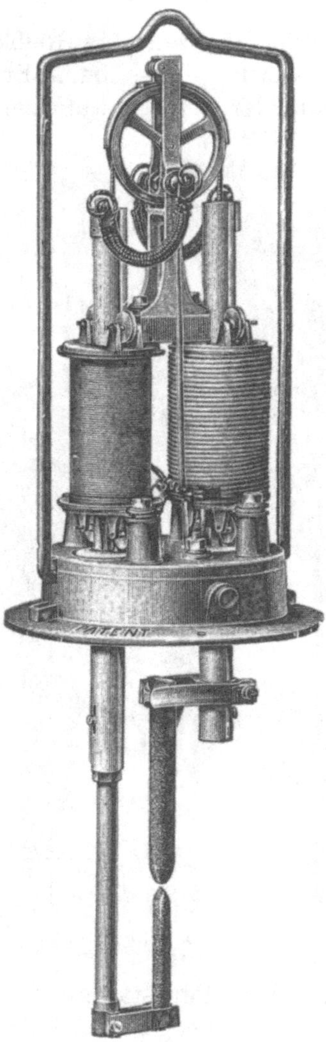

Fig. 89.

gerichtet ist. Um eine Zerstörung der Kohlenträger zu verhüten, wenn die Kohlen verzehrt sind, sind Anschläge angebracht, welche eine weitere Annäherung der Träger verhindern, sobald die Kohlen bis auf eine bestimmte Länge abgebrannt sind. Der Lichtbogen reisst alsdann in kurzer Zeit ab.

Von Interesse ist ferner eine von derselben Gesellschaft gebaute Reguliervorrichtung für Wechselstrom-Bogenlampen, welche auf der Wirkung eines Drehstrommotors beruht. Die Arbeitsweise eines Drehstrommotors ist weiterhin dargelegt. Die Abbildung Fig. 90 zeigt die Einrichtung der Lampe. Der Reguliermechanismus besteht aus einer Aluminiumscheibe *a*, auf welche zwei Elektromagnete *E* und *e* wirken. Die Wicklung des Magneten *E* wird von dem Hauptstrom, welcher die Lampe speist, durchflossen, die Wicklung des Magneten *e* liegt im Nebenschluss, also parallel. Jeder Magnet erzeugt in Verbindung mit einem passenden Eisenanker in der Aluminiumscheibe *a* Wechselströme. Diese haben gegen den Magnetisierungsstrom eine zeitliche Phasenverschiebung, und dadurch wird, wie aus § 41 ersichtlich ist, eine Drehwirkung auf die Scheibe *a* ausgeübt. Der eine Magnet sucht die Scheibe nach rechts, der andere sie nach links zu drehen. Die Drehung wird durch Zahnradtrieb auf eine Rolle *b* übertragen, welche eine Kette trägt. An den Enden dieser Kette sind die Kohlenhalter befestigt. Bei richtiger Grösse des Lichtbogens, also bei normaler Stellung der Kohlenstäbe im Betriebe, sind die auf die Scheibe *a* ausgeübten Drehwirkungen gleich, heben sich also auf. Wird infolge

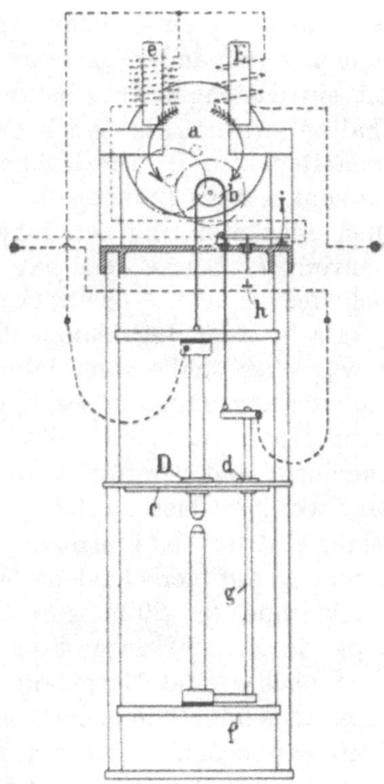

Fig. 90.

des Abbrandes der Kohlen der Lichtbogen grösser, so geht mehr Strom durch die Nebenleitung des Elektromagneten *e*. Dieser übt eine stärkere Drehwirkung auf die Scheibe *a* aus, und die Kohlen müssen sich einander nähern. Dies geschieht solange, bis die normale Kohlenstellung wieder erreicht ist. Ist dagegen die durch die Hauptleitung gehende Stromstärke zu gross, was beispielsweise beim Inbetriebsetzen der Lampe, also bei der Bildung des Lichtbogens der Fall ist, so erhält die Scheibe *a* entgegengesetzte Drehung, und die Kohlen werden voneinander entfernt. Es ist klar, dass in kürzester Zeit ein Gleichgewichtszustand erreicht und dieser dauernd erhalten wird. Als Wechselstromlampe erhält die Lampe einen Reflektor *c*. Die Kohlenhalter bewegen sich zwischen den senkrechten Lampenstäben. Die obere Kohle wird durch einen Specksteinring *D* geführt, die untere durch den Specksteinring *d*. Ausserdem hat die untere Kohle als Führung noch das gegabelte Querstück *f* an den Lampenstäben.

Da in jeder Bogenlampe die Kohlen allmählich abbrennen, so würde es schliesslich dahin kommen, dass die metallenen Kohlenhalter einander so nahe stehen, dass sich zwischen ihnen der Lichtbogen bildet. Die Teile würden alsdann abschmelzen und zerstört werden. Es muss deshalb dafür gesorgt werden, dass die Lampe selbstthätig erlischt, ehe diese Gefahr eintritt. Man erreicht dies bei den einzelnen Lampensystemen auf verschiedene Art. Bei der Besprechung der Kriziklampe (S. 202) wurde dieser Punkt schon berührt. In der in Fig. 90 dargestellten Lampe ist am oberen Ende des Stabes *g* eine Platte angebracht. Ist der untere Kohlenhalter in seiner höchsten Lage angekommen, so stösst diese Platte gegen den Stift *h* und hebt den Ausschalter *i* aus. Die Platte ist mit dem Stab *g* verstellbar verbunden, um etwaige Verlängerungen der die Kohlenhalter tragenden Kette ausgleichen zu können. Beim Heben des Ausschalters *i* wird die um den Elektromagneten *e* geführte Nebenschlussleitung unterbrochen, so dass nur die durch den Magneten *g* bewirkte Drehkraft die Scheibe *a* treibt. Diese entfernt folglich die Kohlen so weit voneinander, dass die Lampe erlöschen muss.

Dynamomaschinen werden neuerdings in der Regel für eine Spannung von 110 Volt gebaut. Von den Bogenlampen aber erfordert, wie erwähnt, die Gleichstromlampe 40—50 Volt, die Wechselstromlampe 27—35 Volt. Die Spannung von 110 Volt reicht also hin, um 2 Gleichstromlampen, oder 3 Wechselstromlampen, die in Reihe geschaltet sind, zu speisen. Ausserdem ist noch ein Ueberschuss an Spannung vorhanden, der durch Vorschaltwiderstand verzehrt werden muss. Die dazu verbrauchte Energie setzt sich in Wärme um. Erst neuerdings ist mit Erfolg versucht worden, Gleichstromlampen für 35 Volt Spannung zu konstruieren und diese zu je 3 in Reihe zu schalten. Als Vorschaltwiderstände dienen Drähte aus Material von grossem Widerstand, die spiralförmig gewunden sind. In diesen setzt sich die verbrauchte Energie in Wärme um. Bei Wechselstromlampen braucht man als Vorschaltwiderstand häufig und vorteilhaft eine sogenannte Drosselspule. Es ist dies eine gewöhnliche Stromspule, in deren Windungen beim Durchgang eines Wechselstromes durch die Selbstinduktion (S. 86) eine elektromotorische Gegenkraft entsteht, die die Spannung des Lampenstromes entsprechend herabmindert. Eine solche Drosselspule wirkt vorteilhaft, weil sie bei weitem nicht soviel Energie in Wärme umsetzt, wie ein gewöhnlicher Vorschaltwiderstand.

Will man bei einer üblichen Stromspannung von 110 bis 120 Volt nur eine oder zwei Bogenlampen brennen, so kann dies bei Wechselstromlampen einfach dadurch erreicht werden, dass man vor der Lampe einen Transformator anbringt, welcher die Spannung auf das erforderliche und zulässige Mass herabmindert. Bei Gleichstromlampen ist dies nicht möglich; will man hier bei 110 Volt Spannung nur eine Lampe brennen lassen, so muss die überflüssige Spannung durch Vorschaltwiderstand gänzlich verbraucht, also eine entsprechende Energiemenge in nutzlose Wärme verwandelt werden.

Elektrische Kraftübertragung.

§ 38. Umwandlung elektrischer Energie in mechanische Arbeit.

Der Zusammenhang zwischen elektrischer Energie und mechanischer Arbeit, insbesondere die Art und Weise, wie elektrische Energie in Form strömender Elektricität in mechanische Arbeit umgesetzt werden kann, ist aus den photographischen Kraftlinienbildern Fig. 18 und 19 ohne weiteres ersichtlich. In Fig. 18 befindet sich ein stromdurchflossener Leiter im magnetischen Felde. Man erkennt, dass die Kraftlinien des magnetischen Feldes eine Zugkraft auf den Leiter ausüben, die senkrecht zu der Kraftlinienrichtung steht und den Leiter aus dem Felde herauszubewegen bestrebt ist. In Fig. 19 sind zwei Leiter im magnetischen Felde, welche von einem elektrischen Strom in entgegengesetzter Richtung durchflossen werden. Die Einwirkung der magnetischen Strömung zwischen den Polen der Feldmagnete auf die stromdurchflossenen Leiter tritt wieder deutlich zutage; wir sehen aber gleichzeitig, dass mit der Richtung des Stromes im Leiter auch die Richtung des Zuges der Kraftlinien auf den Leiter umgekehrt wird. Befinden sich also die beiden Leiter auf dem Umfange eines Ankerringes, so werden sie beide den Anker in demselben Sinne zu drehen suchen. Die praktische Ausführung dieses Gedankens ergiebt eine elektrische Kraftmaschine und zwar den Gleichstromelektromotor.

§ 39. Der Elektromotor für Gleichstrom.

Jede Gleichstromdynamomaschine ist eine umkehrbare Maschine, d. h. sie kann jederzeit, wenn ihre beiden Feldmagnete erregt werden, und wenn von aussen Strom durch die Ankerspulen gesandt wird, als Kraftmaschine arbeiten. Wird in Fig. 24 aus einer äusseren Leitung Strom durch den Kommutator in die Ankerspulen gesandt, so fliesst dieser in den Spulen s_1—s_4 entgegengesetzt wie in den Spulen s_5—s_8. Werden gleichzeitig die Feldmagnete erregt, also die magnetische Strömung zwischen den Magnetpolen hervorgerufen, so tritt die im vorigen Paragraph besprochene Wirkung ein; die Spulen s_1—s_4 einerseits, die Spulen s_5—s_8 andererseits erfahren durch die Kraftlinien des magnetischen Feldes einen entgegengesetzt gerichteten Zug, sie suchen also den Anker in demselben Sinne zu drehen. Wird also ein Anker genau wie bei einer Dynamomaschine mit einer Spulenwicklung versehen und senden wir durch die Spulen mit Hilfe eines Kommutators Strom, was zur Folge hat, dass der Strom in den beiden Hälften der Bewicklung entgegengesetzt fliesst, so werden sämtliche Spulen den Anker in demselben Sinne zu drehen suchen. Die Maschine wirkt jetzt als Kraftmaschine. Das magnetische Feld wird ebenfalls durch den von aussen zugeführten Strom erzeugt, indem man diesen Strom durch die Wicklungen der Feldmagnete gehen lässt. Hierbei kann man, wie bei der Dynamomaschine, die Magnetschenkelbewicklung im Hauptstromkreise und im Nebenschluss anbringen, kann auch, wie bei der Kompound-Dynamomaschine, eine aus Haupt- und Nebenleitung gemischte Bewicklung anbringen. Die gegenwärtig gebrauchten Gleichstrommotoren sind zum grössten Teil, wenn nicht ausschliesslich, Nebenschlussmaschinen.

Der Elektromotor verlangt somit Zufuhr äusserer Energie in Form von strömender Elektricität; woher der zu seiner Speisung erforderliche Strom stammt, ist gleichgiltig. Natürlich wird man in der Praxis nur den von Dynamomaschinen erzeugten Strom zum Betriebe elektrischer Kraftmaschinen benutzen, da nur dieser hinreichend billig zu beschaffen ist.

Mag nun die Maschine als Stromerzeuger oder als Motor arbeiten, immer handelt es sich um den Zug, welchen die magnetische Strömung des Kraftfeldes auf die Ankerwicklung ausübt. Bei der Stromerzeugung werden die Ankerspulen dem Zug der Kraftlinien entgegenbewegt, beim Elektromotor folgen sie diesem Zuge. In beiden Fällen ist das Verhältnis der Energieumwandlung dasselbe. Es leuchtet ein, dass die Kraft, mit welcher der Anker eines Elektromotors umgedreht wird, um so grösser ist, je stärker die magnetische Strömung zwischen den Polen der Feldmagnete, also je stärker das Kraftfeld ist, ferner je stärker der elektrische Strom ist, der die Ankerspulen durchfliesst, und endlich, je mehr Ankerspulen vorhanden sind.

Jede Kraftmaschine ist nun in der Regel einer wechselnden äusseren Belastung ausgesetzt. Man verlangt von ihr, dass sie bei dieser wechselnden Belastung ihre Geschwindigkeit annähernd beibehält, und dass insbesondere Geschwindigkeitsänderungen nicht sprungweise erfolgen. Die gebräuchlichen Kraftmaschinen, wie Dampfmaschinen, Gasmotoren etc., erhalten zu diesem Zweck besondere Reguliervorrichtungen, die meistens ziemlich verwickelte und umfangreiche Konstruktionen erfordern. Der Elektromotor ist in dieser Beziehung allen anderen Kraftmaschinen überlegen. Damit hat es folgende Bewandtnis:

Sobald der Anker eines Elektromotors sich dreht, schneiden seine Spulen die Kraftlinien des magnetischen Feldes. Folglich entsteht in ihnen eine elektromotorische Kraft, deren Grösse von der Zahl der in der Zeiteinheit geschnittenen Kraftlinien, also von der Umdrehungsgeschwindigkeit des Ankers abhängt. Sie ist der elektromotorischen Kraft des von aussen zugeführten Stromes entgegengesetzt gerichtet. Die treibende Kraft, welche den Speisestrom durch die Ankerwicklung presst, ist also die Differenz aus der Spannung dieses Speisestromes und der durch den Umlauf des Ankers bewirkten Gegenspannung. Hat beispielsweise der Speisestrom eine Spannung von 110 Volt und beträgt die Gegenspannung 105,5 Volt, so wird der Speisestrom mit einem Druck von 110—105,5 = 4,5 Volt durch die Ankerwicklung getrieben. Hat die Ankerwicklung einen Widerstand von 0,075 Ohm, so beträgt die Stärke des durchgehenden Stromes $\frac{4,5}{0,075} =$ 60 Ampere. Bei dieser Stromstärke erfahren die Ankerwicklungen einen Zug von bestimmter Stärke durch die Kraftlinien des Feldes, d. h. der Motor kann eine bestimmte Arbeit leisten. Wird nun der Motor stärker belastet, so hat das zunächst zur Folge, dass die Geschwindigkeit des Ankers abnimmt. Damit fällt aber sofort die Gegenspannung im Anker, und folglich vergrössert sich der wirksame Druck und damit die Stärke des Speisestromes. Der stärkere Strom in den Ankerwicklungen vermehrt aber die Zugkraft. Aehnlich ist es, wenn die Belastung des Motors abnimmt. Die Umlaufsgeschwindigkeit des Ankers und damit die Gegenspannung in seinen Spulen nimmt zu, die Stärke des Speisestromes folglich ab. Der Motor entnimmt folglich selbstthätig der Speiseleitung immer genau soviel Energie, wie er als mechanische Arbeit liefern muss. Natürlich hat die Tourenzahl zwischen Leerlauf und Vollbelastung verschiedene Werte, der Unterschied beträgt jedoch nicht mehr als 4 %.

Jeder Elektromotor kann theoretisch eine beliebige Menge Arbeit leisten, indem er entsprechend mehr Energie aus der Speiseleitung entnimmt. Praktisch findet dies bald seine Grenze darin, dass die Stromstärke in den Ankerspulen nicht zu stark werden darf, sollen diese sich nicht übermässig erhitzen. Für grössere Arbeitsleistungen muss man mehr Ankerspulen, folglich grössere Anker und damit grössere Maschinen nehmen.

Ein grosser Vorzug der elektrischen Kraftmaschine liegt darin, dass die Wirkung auf den Anker ursprünglich eine rein drehende ist. Es braucht deshalb nicht, wie bei Kolbendampfmaschinen, Gasmotoren etc., erst eine hin- und hergehende Bewegung in eine drehende umgewandelt zu werden. Die schwingenden, d. h. hin- und hergehenden schweren Metallmassen mit all den Uebelständen dieser schwingenden Bewegung fallen fort. Ein Elektromotor kann deshalb eine weit grössere Geschwindigkeit annehmen und eine weit grössere Tourenzahl ausführen, als eine andere Kraftmaschine.

Für das Anlassen des Elektromotors ist zu beachten, dass in den Ankerspulen erst dann eine Gegenspannung auftritt, wenn der Anker sich dreht; in den Spulen des ruhenden Ankers ist eine solche naturgemäss nicht vorhanden. Würde man nun beim Anlassen der Maschine sofort den Speisestrom mit seiner vollen Spannung einleiten, so erhielten die Ankerspulen für den ersten Augenblick einen Strom von solcher Stärke, dass die Kupferdrähte schmelzen würden. Der Anker würde sich zwar sofort in Bewegung setzen, aber ehe er Zeit hätte, die erforderliche Gegenspannung zu erzeugen, wäre das Unglück fertig. Ein Gleichstromelektromotor darf deshalb nur mit Hilfe eines Anlasswiderstandes in Gang gesetzt werden. Dieser gestattet, vorerst einen Strom von geringer Stärke durch die Ankerspulen zu treiben. Sobald der Anker sich dreht, wird der Anlasswiderstand allmählich und langsam ausgeschaltet. Beim Abstellen der Maschine wird durch Bewegen des Schalthebels der ganze Anlasswiderstand wieder eingeschaltet. Hier soll man möglichst schnell verfahren. Der Anlasswiderstand besteht aus einer Anzahl Spiralen, also aus einer grossen Länge eines Leitungsdrahtes aus Metall von geringer Leitungsfähigkeit. Mit Hilfe eines Schalthebels werden die Spiralen aus- und eingeschaltet.

Die Zugkraft der Kraftlinien des Feldes wird, wie man weiss, auf die Ankerwicklung der Maschine ausgeübt. Die Wicklung muss den Anker mitreissen. Es ist deshalb erforderlich, die Wicklung stark und zugkräftig zu machen. Aus diesem Grunde nimmt man als treibende Ankerwicklung Kupferstäbe, die in Nuten des Ankereisens versenkt werden.

Dieselben Erscheinungen, welche bei der Dynamomaschine eine Verschiebung der neutralen Zone hervorrufen und eine Verschiebung der Bürsten erfordern, sind auch beim Elektromotor vorhanden. Um funkenlosen Gang zu erzielen, müssen aber beim Elektromotor die Bürsten rückwärts verschoben werden. Es ist dies darin begründet, dass der Strom in den Ankerspulen, wenn die Maschine als Motor arbeitet, entgegengesetzt zu dem Strom fliesst, den die Maschine als Dynamomaschine erzeugen würde. Die Drehrichtung des Ankers hängt von der Richtung ab, in welcher der Speisestrom die Ankerspulen durchfliesst. Vertauscht man deshalb die Bürsten oder verstellt man sie um 180°, so bewegt sich der Anker entgegengesetzt, weil dadurch die Richtung des Speisestromes in den beiden Hälften der Ankerwicklung umgekehrt wird. Man kann also, was für viele praktische Verwendungen sehr wichtig ist, den Anker der Maschine und damit die von ihm getriebene Betriebswelle nach Bedarf vorwärts und rückwärts laufen lassen. Als Bürsten verwendet man bei Elektromotoren vorwiegend Kohlenstäbe. Im übrigen gilt alles, was bezüglich der Gleichstrom-Dynamomaschine gesagt wurde, auch für den Elektromotor. Jede Dynamomaschine kann als Elektromotor gebraucht werden, und jeder Gleichstrom-Elektromotor kann auch als Stromerzeuger arbeiten. Der von ihm erzeugte Strom besitzt aber bei gleicher Ankergeschwindigkeit nicht die Spannung, welche der Speisestrom hat, wenn die Maschine als Motor arbeitet. Man sieht leicht ein, dass das auch nicht möglich ist; denn wären die Spannungen gleich, so würde die Maschine als Motor eine Gegenspannung erzeugen, die der Spannung des Speisestromes gerade das Gleichgewicht hielte. Es würde alsdann gar kein Strom durch die Ankerwicklung gehen und die Maschine könnte überhaupt keine Energie abgeben.

§ 40. Der Elektromotor für ein- und mehrphasigen Wechselstrom.

Elektrische Kraftmaschinen, welche ein- und mehrphasigen Wechselstrom als Betriebskraft benutzen, sind erst in der neuesten Zeit zur Bedeutung gelangt. Man wusste lange

Zeit die Energie eines Wechselstromes nicht in mechanische Arbeit umzusetzen. Der Gleichstrommotor kann für Wechselstrom nicht benutzt werden, da, sofern die magnetische Strömung zwischen den Feldmagneten ihre Richtung nicht ändert, die abwechselnd entgegengesetzt gerichteten Stromstösse in den Ankerspulen den Anker in entgegengesetzter Richtung zu bewegen suchen, der Anker also stillstehen muss. Erst als man erkannte, dass der mehrphasige Wechselstrom im stande wäre, ein Drehfeld, d. h. ein sich drehendes Kraftfeld zu erzeugen (§ 41), wurde die Umsetzung von Wechselstromenergie in mechanische Arbeit möglich. Die ersten Wechselstrommotoren waren Drehstrommotoren, d. h. sie erhielten als Speisestrom mehrphasigen Wechselstrom. Erst nach ihnen und auf Grund der an ihnen gemachten Erfahrungen gelang es weiterhin, auch Motoren für einphasigen, also gewöhnlichen Wechselstrom zu bauen. Es empfiehlt sich, die Drehstrommotoren zunächst zu besprechen. Aehnlich, wie die Wechselstrom-Dynamomaschine einfacher ist, als die Maschine für Gleichstrom, zeichnet sich auch der Wechselstrommotor vor dem Gleichstrommotor durch grössere Einfachheit aus.

§ 41. Der Drehstrommotor.

Die Arbeitsweise eines Drehstrommotors lässt sich mit Hilfe der Abbildung Fig. 91 leicht erkennen.

Der Eisenring S trägt vier getrennte Wicklungen A_1 A_2 und B_1 B_2. Die Wicklungen sind paarweise miteinander verbunden; für A_1 A_2 ist die Verbindung in der Zeichnung angedeutet, für B_1 B_2 der Einfachheit wegen weggelassen. Durch die Wicklungen wird nun von einer Stromquelle aus zweiphasiger Wechselstrom geleitet und zwar so, dass in den Spulenpaaren A_1 A_2 und B_1 B_2 Wechselströme fliessen, die einen Phasenunterschied von einer halben Periode haben. Die Periodenzahl der beiden Ströme, ebenso ihre mittlere Stromstärke, ist dieselbe. Wenn folglich der Strom in den Spulen A_1 A_2 seine grösste Stärke erreicht hat, so ist er in den Spulen B_1 B_2 gleich Null. In dem Masse, wie die Stromstärke in A_1 A_2 abnimmt, wächst sie in B_1 B_2. Ist sie in A_1 A_2 gleich Null, so hat der Strom in B_1 B_2 seine grösste Stärke u. s. f.

Der Strom in den Spulenpaaren A_1 A_2 bezw. B_1 B_2 ruft nun in bekannter Weise eine magnetische Strömung in dem Eisen des Ringes S hervor. Hat der Strom in A_1 A_2 seine grösste Stärke und ist er in B_1 B_2 gleich Null, so liegen die Pole des Magneten S auf der Verbindungslinie von B_1 B_2; ist der Strom in B_1 B_2 in seiner vollen Stärke und in A_1 A_2 gleich Null, so liegen die Magnetpole auf der Verbindungslinie von A_1 A_2. Nimmt der Strom in A_1 A_2 von seiner höchsten Stärke ab und in B_1 B_2 von Null an zu, so gehen die Pole aus der Stellung B_1 B_2 über C_1 C_2 in die Lage A_1 A_2 über. In dem Masse, wie jetzt wieder der Strom in A_1 A_2 ansteigt und in B_1 B_2 abnimmt, gehen die Pole in S von A_1 A_2 über D_1 D_2 in die Stellung B_1 B_2. Die Magnetpole in dem Eisenkörper S wandern also im Kreise herum, es entsteht ein sich drehendes Kraftfeld oder ein Drehfeld. In allen Leitern, welche sich im Bereich dieses drehenden Kraftfeldes befinden, welche also von der magnetischen Strömung geschnitten werden, entstehen nun in bekannter Weise elektromotorische Kräfte und bei geschlossenen Leitern Ströme. Ohne besondere Anordnung würden diese Ströme in Form von nutzlosen oder schädlichen Wirbelströmen verlaufen; man kann sie aber durch richtige Lagerung der Leiter so anordnen, dass die aus Fig. 18 und 19 ersichtliche Zugwirkung der Kraftlinien des Feldes auf die stromdurchflossenen Leiter entsteht. Wird zu dem Zwecke innerhalb des Ringes S ein beweglicher Eisenring L angebracht, welcher an seinem Umfange in Löchern oder Nuten Kupferstäbe oder sonstwie Leiter in Form einer üblichen Ankerwicklung trägt, so erzeugt das sich drehende Kraftfeld in S Ströme in den Leitern auf L, und die Zugwirkung des Feldes auf diese Ströme bewirkt, dass der Ring L sich ständig dreht. Auf diese Art kann der mehrphasige Wechselstrommotor Arbeit leisten.

Die bei magnetelektrischen Maschinen, mögen sie als Stromerzeuger oder als Kraftmaschinen dienen, übliche Unterscheidung zwischen Anker und Feldmagnet ist bei den Drehstrommotoren nicht mehr anwendbar, da man je nach der Auffassung jeden der Teile S und L sowohl als Feldmagnet wie als Anker bezeichnen kann. Es ist üblich geworden, bei diesen Maschinen die beiden Teile als feststehenden und beweglichen Teil zu unterscheiden. Ersterer, in unserer Abbildung also *S*, heisst Ständer (*Stator*), letzterer, also *L*, Läufer (*Rotor*).

Die in den Leitern des Läufers erzeugte elektromotorische Kraft und demnach auch die durch sie bewirkte Stromstärke hängt, genau wie bei der Ankerwicklung einer Gleichstrom-Dynamomaschine, von der Zahl der Kraftlinien des magnetischen Feldes ab, die in der Zeiteinheit von dem Leiter

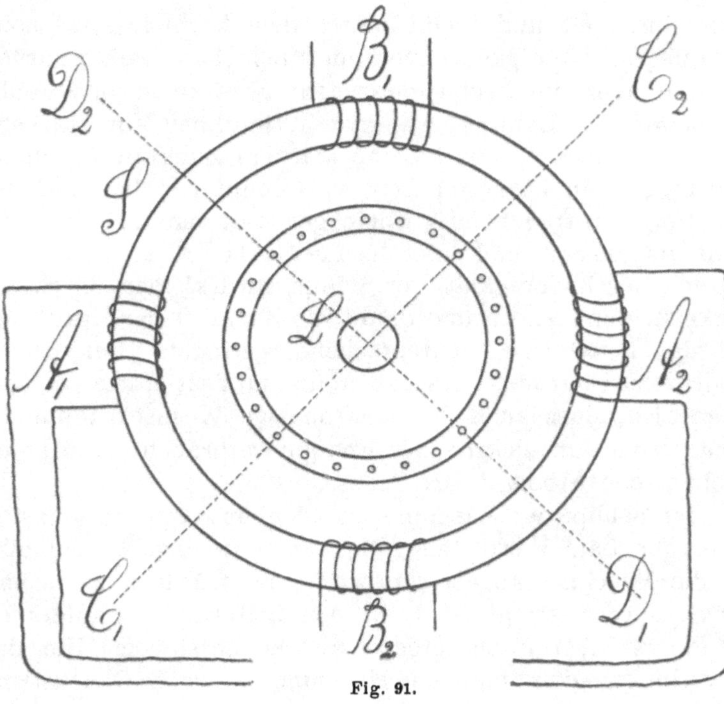

Fig. 91.

durchschnitten werden. Nun dreht sich der Läufer *L* in derselben Richtung, wie das Kraftfeld im Ständer *S*. Würde folglich der Läufer sich mit derselben Winkelgeschwindigkeit bewegen, wie das umlaufende Kraftfeld, so ist klar, dass ein Schneiden von Kraftlinien durch die Leiter nicht erfolgen könnte. In den Leitern entstände folglich kein Strom, und das Kraftfeld könnte auf sie auch keine Zugkraft ausüben. Würden wir den Läufer durch äusseren Antrieb so schnell drehen, dass er bezüglich seiner Winkelgeschwindigkeit mit dem Kraftfeld gleichen Schritt hielte, so blieben die Leiter dauernd stromlos. Soll also Strom in den Leitern und damit Zug auf sie entstehen, so muss der Läufer hinter dem voreilenden Kraftfelde im Ständer zurückbleiben, es muss eine Differenz in der Winkelgeschwindigkeit von Läufer und Drehfeld vorhanden sein. Diese Differenz wird der „Schlipf" oder die „Schlüpfung" der Maschine genannt. Von ihrer Grösse hängt die Leistung der Maschine ab. Wird der Läufer stärker belastet, so verringert er seine Umlaufsgeschwindigkeit und bleibt hinter dem Drehfeld, das seine Umlaufsgeschwindigkeit unverändert beibehält, weiter zurück. Dadurch aber durchschneiden mehr Kraftlinien des Feldes die Leiter des Läufers, es entsteht in ihnen ein stärkerer Strom, und dieser bewirkt eine stärkere Zugkraft durch die Kraftlinien. In kürzester Zeit wird somit ein der stärkeren Belastung entsprechender Gleichgewichtszustand eintreten. Wird umgekehrt der Läufer weniger belastet, so vergrössert er seine Geschwindigkeit, der Schlipf wird kleiner, die Stromstärke in den Leitern und damit die Zugkraft der Kraftlinien auf die Leiter wird entsprechend geringer. Der Gleichgewichtszustand muss also ebenfalls baldigst eintreten. Wir sehen also, dass auch der mehrphasige Wechselstrommotor immer soviel an elektrischer Energie verbraucht, wie er als mechanische Arbeit liefern muss.

Der Schlipf der Maschine ist offenbar dann am grössten, wenn der Läufer stillsteht, also auch in dem Augenblicke, wo die Maschine angelassen wird. Es würde jetzt, sobald der Ständer *S* erregt wird, in den Leitern des Läufers ein Strom von übermässig grosser Stärke entstehen. Um dies zu verhüten, giebt man der Maschine, wie dem Gleichstrommotor, einen Anlasswiderstand bei, der ausgeschaltet wird, sobald der Läufer seine normale Geschwindigkeit erlangt hat.

In der mehrphasigen Wechselstromkraftmaschine hat also der Läufer das Bestreben, die Drehungsgeschwindigkeit des umlaufenden Kraftfeldes anzunehmen, er kann sie aber niemals erreichen. In dem Masse, wie der Läufer weniger belastet wird, nähert er sich dieser Grenze. Diese Thatsache, dass Läufer und Kraftfeld einen gegebenen Winkelraum niemals in derselben Zeit durcheilen, hat zu einer besonderen Bezeichnung der Maschine geführt; man nennt sie asynchronen (ungleichzeitigen) Wechselstrommotor. Der Schlipf beträgt bei grösseren Maschinen nicht über 4 %, bei kleineren geht er bis zu 10 %. Vor dem Gleichstrommotor hat die mehrphasige Wechselstromkraftmaschine mehrere bemerkenswerte Vorzüge. Sie hat weder Kommutator noch Schleifringe zur Stromzuführung, folglich auch keine Bürsten. Die empfindlichsten und am leichtesten dem Verschleiss und Verderb ausgesetzten Teile fallen also weg. Funkenbildung ist bei der Maschine überhaupt unmöglich; sie kann deshalb auch in Räumen arbeiten, wo die Gleichstrommaschine wegen der Feuersgefahr nicht verwendbar ist, beispielsweise in Räumen, in welchen brennbare Gase und brennbarer Staub entwickelt werden. Sie ist auch in hohem Grade unempfindlich gegen Nässe sowie gegen schädliche Dämpfe. Es ist nur dafür zu sorgen, dass die Isolierung der stromführenden Teile widerstandsfähig ist.

Die Eisenkerne sowohl des Ständers als auch des Läufers werden, um schädliche Wirbelströme nach Möglichkeit abzuschneiden, aus geblättertem Eisen hergestellt.

Die Drehstrommotoren der heutigen Praxis werden nicht mit dem in Fig. 91 angenommenen zweiphasigen, sondern mit dreiphasigem Wechselstrom gespeist. Der Ständer *S* trägt alsdann drei Spulenpaare, die sich im Durchmesser gegenüberliegen. Natürlich werden die Spulen so gross genommen, dass sie den ganzen Umfang des Ständers überdecken. Die Umsetzung der elektrischen Energie in mechanische Arbeit ist im übrigen dieselbe.

Bei der Verwendung mehrphasigen Wechselstromes in Kraftmaschinen kommt in Betracht, dass der Speisestrom aus verschiedenen, beim dreiphasigen Strom aus drei Einzelströmen von verschiedener Phase besteht, und dass jeder Einzelstrom einen besonderen Stromkreis erfordert. Würde man demnach für jeden Einzelstrom eine besondere Zu- und Rückleitung anbringen, so würde der dreiphasige Wechselstrommotor sechs Leitungsdrähte erfordern. Gerade beim dreiphasigen Wechselstrom lässt sich die Sache aber vereinfachen. Man kann für alle drei Ströme eine einzige gemeinsame Rückleitung anwenden, so dass insgesamt vier Leitungen nötig sind, kann aber die Einrichtung auch so treffen, dass für je zwei Ströme die dritte Leitung als Rückleitung dient. Die Zahl der Leitungsdrähte ermässigt sich dann auf drei. Hierzu ist nötig, die Enden der Spulenpaare auf dem Ständer in der Weise zu verbinden, wie es in Fig. 92 oder in Fig. 93 dargestellt ist. Die Verbindung nach Fig. 92 heisst Sternschaltung, die nach Fig. 93 Dreieckschaltung. Bei der Sternschaltung heisst der Vereinigungspunkt *K* der drei Spulenenden der Knotenpunkt des Systems. Jede der drei Leitungen dient abwechselnd als Rückleitung für die in den beiden anderen Leitungen fliessenden Ströme, da der Phasenunterschied der drei Ströme dies ermöglicht.

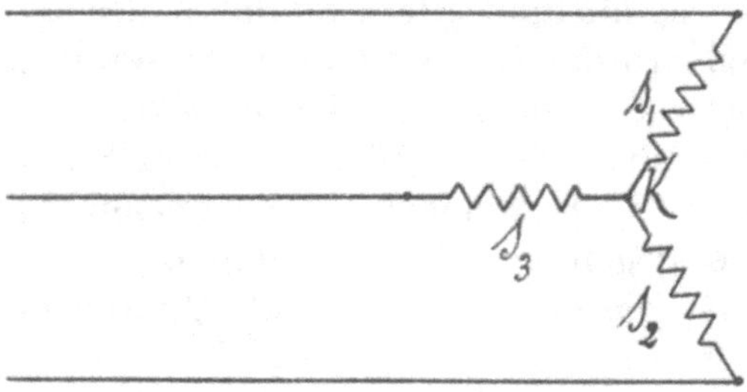

Fig. 92.

Bei der praktischen Ausführung des Drehstrommotors wird der Ständer aus Eisenblechscheiben hergestellt, die durch zwischengelegtes Papier isoliert sind. An der Innenseite sind die Bleche mit Nuten oder Löchern versehen, welche zur Aufnahme der Spulenwicklung dienen. Für einen Dreiphasenmotor ist die Spulenwicklung dieselbe, wie die in Fig. 44 angegebene, welche zur Erzeugung von dreiphasigem Wechselstrom dient. Der Läufer ist vom Ständerumfang durch einen möglichst kleinen Luftzwischenraum getrennt. Der Läufer besteht ebenfalls aus Eisenblechen und trägt an seinem Umfange Nuten oder Löcher zur Aufnahme der Wicklung. Gewöhnlich verwendet man zur Wicklung Kupferstäbe Zu beiden Seiten sind diese Stäbe durch Kupferringe miteinander verbunden und dadurch kurz geschlossen. Man nennt einen solchen Läufer deshalb auch einen Kurzschlussanker. Man kann aber auch die Wicklung des Läufers zu ebensovielen Gruppen vereinigen, wie die Bewicklung des Ständers, so dass beim Durchgang von Strom in dem Läufer ebensoviele Pole entstehen, wie im Ständer. Die einen Enden der Wicklung werden alsdann ebenfalls in

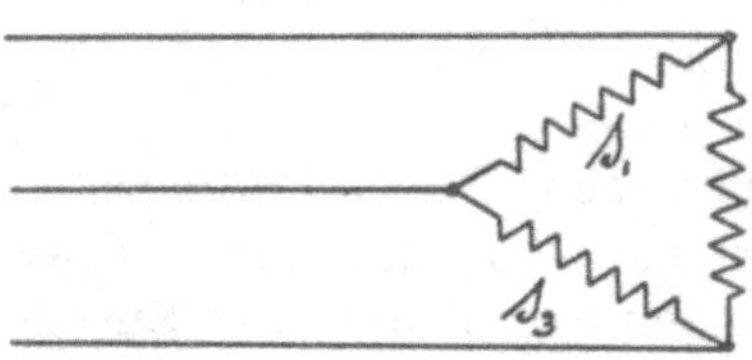

Fig. 93.

Sternschaltung oder in Dreieckschaltung verbunden, die anderen werden zu drei Schleifringen, die seitlich auf der Axe befestigt sind, geführt. Der Strom kann alsdann nur dann von der einen Wicklungsgruppe zur anderen übergehen, wenn die Schleifringe miteinander verbunden sind. Diese Art der Wicklung in Verbindung mit den Schleifringen gestattet, einen Anlasswiderstand in die Läuferbewicklung einzuschalten. Sobald der Läufer die normale Geschwindigkeit erhalten hat, wird der Anlasswiderstand ausgeschaltet. Nur kleinere Drehstrommotoren bis zu 1,5 Pferdestärken erhalten einen Kurzschlussanker und brauchen keinen Anlasswiderstand. Grössere werden mit Schleifringen ausgestattet. Die äussere Ansicht eines Läufers mit Gruppenwicklung und Schleifringen ist in Fig. 94 dargestellt.

Fig. 94.

Die Firma Siemens & Halske baut Drehstrommotoren, in welchen die zu grosse Stromstärke in den Läuferwicklungen dadurch vermieden wird, dass der Strom in je zwei zugehörigen Wicklungen beim Anlassen entgegengesetzt geriohtet ist (Fig. 95). Da die beiden zusammengehörigen Spulengruppen ungleiche Windungszahl haben, bezw. räumlich gegeneinander verschoben sind, so sind die elektromotorischen Kräfte in ihnen ungleiche. Beim Anlassen treibt somit nur die Differenz dieser Kräfte Strom durch die Spulen. Dieser genügt, um den Läufer in Bewegung zu setzen. Hat dieser seine normale Geschwindigkeit erlangt, so werden die Spulen nach Angabe von Fig. 96 geschaltet, so dass nun der Strom in jeder Spulengruppe in gleicher Richtung fliesst, also unter der vollen elektromotorischen Kraft steht. Das Umschalten geschieht entweder mit der Hand oder durch einen auf der Läuferwelle sitzenden Centrifugalregulator. Die äussere Ansicht einer solchen Maschine ist in Fig. 97 dargestellt.

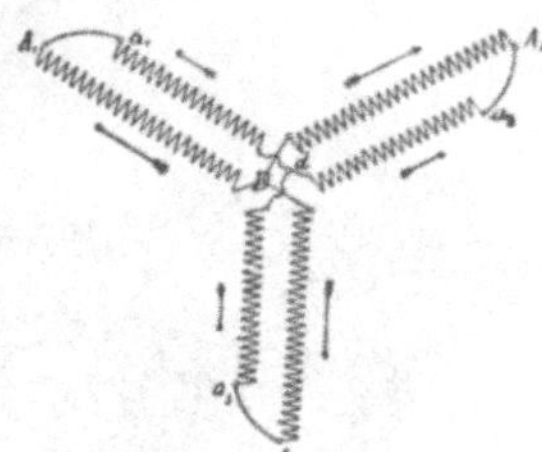

Fig. 95.

§ 42. Der einphasige Wechselstrommotor.

Leitet man durch die Wicklung des Ständers einer Maschine, wie sie im vorhergehenden Paragraph besprochen wurde, gewöhnlichen, d. h. einphasigen Wechselstrom, so kehren sich bei jedem Stromstoss die Pole in der Eisenmasse des Ständers um. Es entsteht ein schwingendes, aber kein drehendes Magnetfeld. Ein Läufer in einem solchen Felde bleibt stehen. Giebt man aber dem Läufer anderweitig eine Drehung von genügender Geschwindigkeit, so setzt er die Drehung fort und er kann Arbeit leisten. Die Maschine arbeitet jetzt wie ein Drehstrommotor und ist thatsächlich auch ein solcher, nur erzeugt jetzt der sich drehende Läufer selbst das Drehfeld. Der Grund für die Entstehung des drehenden Kraftfeldes ist in derselben Erscheinung zu suchen, welche S. 112 als Quermagnetisierung des Ankers bezeichnet wurde.

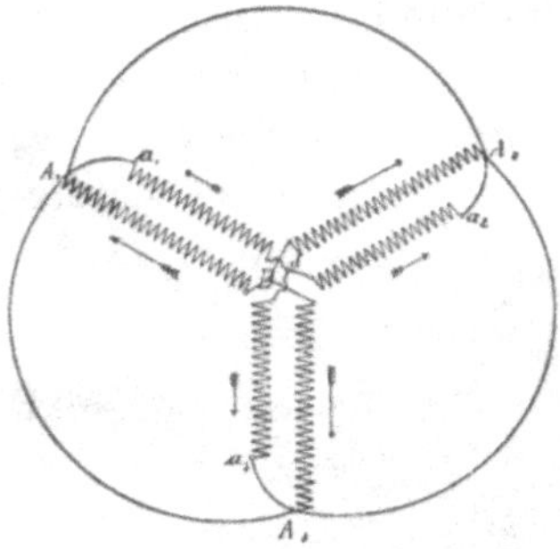

Fig. 96.

Fig. 97.

Es seien (Fig. 98) M_1 und M_2 zwei Elektromagnete, welche von einphasigem Wechselstrom gespeist werden. Die magnetische Strömung ändert ihre Richtung mit dem Strom, welcher um die Eisenkerne fliesst. Ist also beim ersten Stromstoss M_1 ein Nordpol, M_2 ein Südpol, so ist beim nächstfolgenden M_1 ein Südpol, M_2 ein Nordpol etc. Der Wechselstrom erzeugt also ein schwingendes Magnetfeld, oder, was dasselbe sagt, einen magnetischen Wechselstrom. Befindet sich nun zwischen den Polen von M_1 und M_2 ein Eisenring R, so entsteht durch die wechselnde magnetische Strömung abwechselnd bei A_1 und A_2 ein Südpol bezw. ein Nordpol. Ist der Ring mit einer Wicklung versehen und fliesst durch die Wicklung ein Strom, der auf beiden Ringhälften entgegengesetzte Richtung hat, so entsteht Quermagnetisierung, und diese ist bestrebt, freie Pole bei B_1 und B_2 zu erzeugen. Geht Wechselstrom durch die Wicklungen der Ringhälften, so schwingen diese Pole ebenfalls, so dass abwechselnd bei B_1 bezw. B_2 ein Nordpol bezw. Südpol ent-

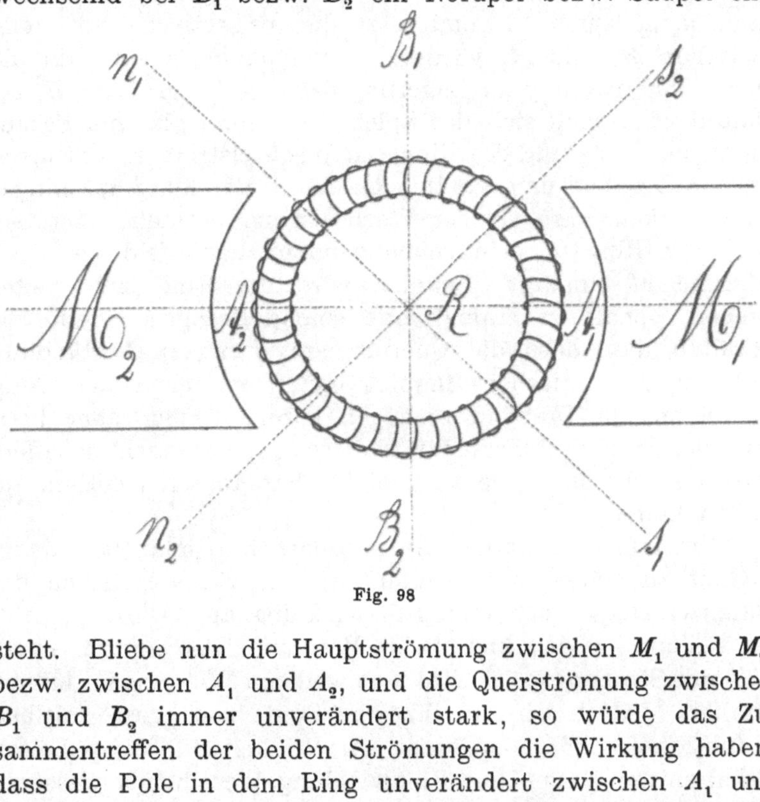

Fig. 98

steht. Bliebe nun die Hauptströmung zwischen M_1 und M_2, bezw. zwischen A_1 und A_2, und die Querströmung zwischen B_1 und B_2 immer unverändert stark, so würde das Zusammentreffen der beiden Strömungen die Wirkung haben, dass die Pole in dem Ring unverändert zwischen A_1 und B_2 bezw. A_2 und B_1, etwa in der Richtung n_1 s_1, lägen. So ist es bekanntlich beim Anker der Gleichstromdynamomaschine. Die Stromstärke eines Wechselstromes steigt aber bei jedem Stromstoss von Null zu einem grössten Werte an, und fällt von da wieder zu Null ab. Folglich wird die magnetische Strömung zwischen M_1 und M_2 ebenfalls dieses Verhalten zeigen, da sie ja von Wechselstrom, also von solchen Stromstössen, bewirkt wird. In dem Augenblicke aber, wo die Hauptströmung zwischen M_1 und M_2 zu Null wird, ist die Induktionswirkung auf die Wicklung des Ringes R am stärksten (S. 83), folglich auch die Quermagnetisierung des Ringes am stärksten. Infolgedessen liegen jetzt die Pole nicht mehr auf der Linie n_1 s_1, sondern auf der Linie B_1 B_2. Gleich darauf steigt die Hauptströmung zwischen M_1 und M_2 wieder an, jetzt aber in umgekehrter Richtung. Die Folge ist, dass jetzt die Pole des Ringes etwa auf der Linie n_2 s_2 liegen. Nimmt jetzt die magnetische Strömung zwischen M_1 und M_2 wieder bis zu Null ab, so bewirkt die Quermagnetisierung die Lagerung der Pole in der Linie B_1 B_2. Darauf wiederholt sich das Spiel. Es kommt also nur darauf an, in der Wicklung des Ringes R Wechselstrom zu erzeugen, um ein Drehfeld und damit auch eine Umdrehung des Ringes zu bewirken. Ein solcher Wechselstrom entsteht aber, sobald der Ring in dem schwingenden Magnetfeld zwischen M_1 und M_2 umläuft. Folglich wird der Ring sich weiter drehen, sobald er einmal eine solche Drehgeschwindigkeit erhalten hat, dass die Quermagnetisierung in Verbindung mit der magnetischen Hauptströmung zwischen den Feldmagneten ein Drehfeld erzeugen kann. Es ist aber klar, dass der Ring im Ruhezustande dieses Drehfeld nicht schaffen, dass also die Maschine auch nicht ohne äusseres Zuthun anlaufen kann.

Um nun dem Läufer die erforderliche Umlaufsgeschwindigkeit zu geben, bringt man auf dem Ständer neben der Hauptwicklung noch eine Hilfswicklung an. Diese besteht, da sie nur für den Anlauf der Maschine, also nur für kurze Zeit mit Strom gespeist wird, aus wenigen Windungen dünnen Drahtes, jedoch wird in ihr eine Spule von grosser Selbstinduktion (S. 86) oder sonst ein Widerstand eingeschaltet. Erhalten nun Haupt- und Hilfswicklung denselben einphasigen Wechselstrom, so wird dieser in den beiden Wicklungen gespalten, und es entstehen zwei Wechselströme von verschiedener Phase, da der in dem Nebenstromkreis eingeschaltete Widerstand eine Phasenverschiebung des Hilfsstromes gegen den Hauptstrom hervorruft. Mehrphasige Ströme in der Bewicklung des Ständers erzeugen aber ein Drehfeld. Folglich setzt sich der Läufer in Bewegung. Hat er seine normale Geschwindigkeit erlangt, so schaltet man die Hilfsspulen nebst dem Widerstand aus. Die Maschine läuft also als Drehstrommotor an und arbeitet hiernach als einfacher Wechselstrommotor. Die vorhin gemachten Bemerkungen über den Kurzschlussanker und den Anker mit Schleifringen bei Drehstrommotoren finden auch hier Anwendung.

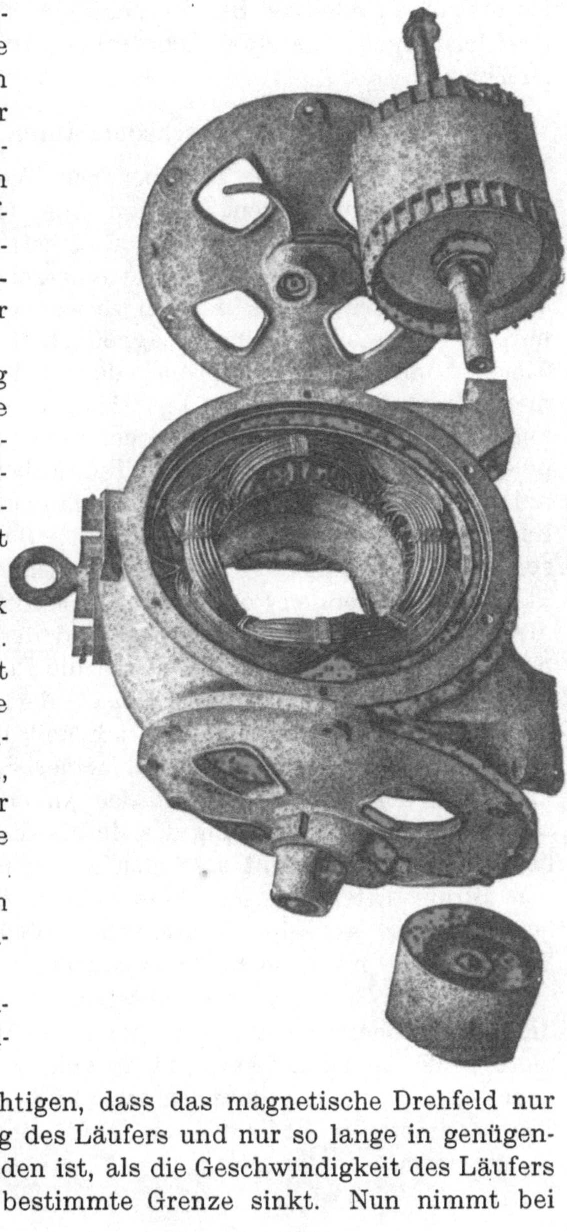

Fig. 99.

Die Abbildung Fig. 99 zeigt die praktische Ausführung eines einphasigen Wechselstrommotors mit Kurzschlussanker aus der Fabrik von Helios in Köln. Die Maschine ist zerlegt. Grössere Maschinen erhalten, wie üblich, auf dem Läufer eine dreiphasige Wicklung mit Schleifringen zum Einschalten von Anlasswiderstand.

Bei dem einphasigen Wechselstrommotor ist stets zu berücksichtigen, dass das magnetische Drehfeld nur bei der Umdrehung des Läufers und nur so lange in genügender Stärke vorhanden ist, als die Geschwindigkeit des Läufers nicht unter eine bestimmte Grenze sinkt. Nun nimmt bei steigender Belastung, wie beim Drehstrommotor, die Tourenzahl des Läufers ab, folglich wird das Drehfeld schwächer. Bei Ueberlastung wird das Drehfeld so schwach, dass der Motor stehen bleibt. Bei Beschaffung einer Maschine für Kraftleistungen, die stark schwanken, ist darauf Rücksicht zu nehmen.

§ 43. Synchronmotoren.

Die in dem § 22 besprochenen Wechselstrommaschinen, welche zur Erzeugung von ein- und mehrphasigem Wechselstrom dienen, sind, wie Gleichstrommaschinen, umkehrbar, d. h. man kann die stromerzeugenden Maschinen ohne weiteres auch als Motoren verwenden. Erforderlich ist nur die Herstellung eines magnetischen Kraftfeldes durch Gleichstrom. Denken wir uns, dass bei einem Drehstrommotor statt des Läufers ein mit Gleichstrom gespeister Anker angebracht wird, und dass in dem Anker zwei freie Magnetpole gebildet werden (Fig. 29). Der Anker kann von selbst anlaufen, weil das im Ständer umlaufende Drehfeld einen Zug auf die Ankerwicklung ausübt. Hat der Anker eine solche Geschwindigkeit erlangt, dass seine Pole mit den im Ständer umlaufenden Polen gleichen Schritt halten, so halten die entsprechenden Pole sich fest und der Anker dreht sich mit derselben Geschwindigkeit, wie die Pole im Ständer umlaufen. Aus diesem Grunde heisst der Motor synchron (gleichzeitig). Die Umlaufgeschwindigkeit der Pole im Ständer hängt nur von der Wechselzahl seines Speisestromes, und diese von der Geschwindigkeit des Ankers in der Maschine ab, welche den zur Speisung des Motors dienenden Drehstrom liefert. Der Motor läuft also gleichzeitig (synchron) mit der den Strom liefernden Maschine. Auch bei steigender Belastung muss er seine Tourenzahl beibehalten. Wird die Belastung zu gross, so bleibt er stehen.

Dient als Speisestrom einphasiger Wechselstrom, so tritt dieselbe Erscheinung auf, wie beim einphasigen Asynchronmotor, die Maschine kann nicht von selbst anlaufen, da noch kein Drehfeld vorhanden ist. Zum Anlaufen grösserer Synchronmotoren bedient man sich eines kleinen Asynchronmotors.

§ 44. Behandlung der magnetelektrischen Maschine.

Eine magnetelektrische Maschine, mag sie nun zur Stromerzeugung oder als Kraftmaschine dienen, ist mechanisch unverhältnismässig einfacher, als etwa eine Dampfmaschine, Gaskraftmaschine etc. Der bewegte Teil besteht in allen Fällen aus einem Ring bezw. einer Trommel, die sich mit ihrer Axe in festen Lagern dreht, ist also von der denkbar einfachsten Art. Die Wartung hat sich in diesem Punkte nur darauf zu beschränken, dass die Schmierung der Lager tadellos ist. Bei der grossen Tourenzahl der sich drehenden Anker oder Läufer ist hierauf besonderes Gewicht zu legen. Die Lager dürfen nur ganz unerheblich warm werden. Gewöhnlich wird Ringschmierung angewandt. Der Oelbehälter ist alsdann zeitweilig abzulassen und mit Petroleum auszuspülen. Das Oel ist vor dem Wiedereingiessen durch Filtrieren zu reinigen. Die Zähflüssigkeit des Schmieröles ist nach dem Drucke zu bemessen, mit welchem die Welle gegen ihre Lager arbeitet. Schwer belastete Ankerwellen dürfen nicht mit leichtflüssigem Oel geschmiert werden. Andererseits soll das Oel in der Kälte auch nicht zu dickflüssig werden.

Weiterhin kommt noch in Betracht, dass die Welle, von der die Maschine durch Riemen Antrieb erhält, oder welche sie durch Riemenübertragung treiben soll, der Anker- oder Läuferwelle der Maschine genau parallel sein muss. Die Riemen sollen gleichmässig sein, die Enden dürfen nicht übereinander gelegt werden. Um den Riemen spannen zu können, soll die Maschine zweckmässig auf Laufschienen durch Schrauben befestigt werden.

Die übrigen Rücksichten, welche bei der Wartung der Maschine zu beobachten sind, liegen nicht auf mechanischem, sondern auf elektrischem Gebiete.

Der Raum, in welchem eine magnetelektrische Maschine arbeitet, soll trocken sein und trocken erhalten werden. Ein Luftstrom ist vorteilhaft, weil er die Maschine, die beim Betriebe stets warm wird, kühlt. Alle Teile der Maschine sollen staubfrei erhalten werden; zur Beseitigung des Staubes ist ein Handblasebalg vorteilhaft. Zum Putzen nehme man Lappen, nicht lose Putzwolle, damit keine Fasern hängen bleiben. Vor Ingangsetzen einer Maschine soll alles bewegliche Eisen, insbesondere etwa benutztes eisernes Werkzeug aus der Nähe der magnetisch werdenden Teile der Maschine entfernt werden. Eine Sorglosigkeit in dieser Beziehung kann schwere Unfälle herbeiführen.

Es ist zweckmässig, dass das Maschinengestell nicht gegen die Erde isoliert, sondern mit der Erde gutleitend verbunden ist. Der Wärter wird dadurch in hohem Masse gegen elektrische Schläge geschützt.

Bei Gleichstrommaschinen ist dem Kommutator besondere Sorgfalt zuzuwenden. Es ist gut, den Kommutator zeitweilig mit einem Lappen abzureiben, der ganz wenig mit Mineralöl oder Vaselin getränkt ist. Von den Kupfer- oder Kohlenbürsten abgeriebener Staub verursacht, wenn er sich zwischen den Segmenten ansetzt, leitende Verbindung und damit Kurzschluss. Die Bürsten sollen dem Kommutator fest und deshalb mit hinreichendem Druck anliegen, andererseits soll der Druck nicht unnötig stark sein. Kupferbürsten liegen dem Kommutator schräge an und müssen immer so gestellt sein, dass der Kommutator nicht ihnen entgegenläuft; als Kohlenbürsten dienen Platten oder Stäbe; sie werden senkrecht zum Kommutator-Durchmesser gestellt.

Vielfach, namentlich bei grösseren Maschinen, werden die Bürsten aus einzelnen Teilen hergestellt, die parallel auf dem Kommutator liegen und durch Zwischenräume getrennt sind. In einem solchen Falle ist es nützlich, die Teile der entgegengesetzten Bürste so zu lagern, dass sie den Zwischenräumen der ersteren gegenüberstehen; der Kommutator wird auf diese Art auf der ganzen Bürstenfläche gleichmässig angegriffen. Auch ist es gut, um den Kommutator nicht ungleichmässig abzunutzen, die Bürsten zeitweilig in der Axenrichtung des Ankers zu verstellen. Bei Bürsten, die aus einzelnen parallelen Teilen bestehen, darf während des Betriebes ein einzelner Teil vom Kommutator abgehoben werden. Niemals darf dies mit sämtlichen Teilen oder bei ungeteilter Bürste mit der ganzen Bürste geschehen, weil sonst heftige Funkenbildung auftritt.

Das schlimmste Vorkommnis ist starkes Feuern der Maschine, d. h. starke Funkenbildung am Kommutator; es kann dadurch der Kommutator in kurzer Zeit zerstört werden.

Bei einer sonst richtig konstruierten Maschine lässt sich die Funkenbildung durch Verstellen der Bürsten beheben. Der Maschinenwärter hat in Bezug hierauf sich möglichst Erfahrung und Sicherheit anzueignen.

Jede Maschine, auch in kleineren Anlagen, soll einen Strom- und Spannungsmesser besitzen; der Wärter hat die Angaben beider Instrumente fortlaufend zu beobachten und darnach das Ein- und Ausschalten des Regulierwiderstandes zu besorgen.

Beim Anlassen einer Nebenschluss-Dynamomaschine bleibt der äussere Stromkreis offen, der Regulierwiderstand ausgeschaltet. Die Maschine hat alsdann zunächst nur den zur Erregung der Feldmagnete erforderlichen Strom zu liefern. Hat die Maschine ihre normale Geschwindigkeit erreicht, so wird die Schaltkurbel am Regulierwiderstand so gestellt, dass der Spannungsmesser die erforderliche Spannung anzeigt, alsdann wird der äussere Stromkreis eingeschaltet. Beim Abstellen verfährt man umgekehrt. In gleicher Weise erfolgt das Anlassen und Abstellen einer Maschine mit gemischter Wicklung. Eine Hauptstrommaschine wird bei geschlossenem äusseren Stromkreis angelassen, da sonst die Feldmagnete sich nicht erregen können. Ein Nebenschlussmotor darf stets nur mit einem Anlasswiderstande in Gang gesetzt werden, der Widerstand ist langsam und vollständig erst dann auszuschalten, wenn der Anker umläuft. Das Ausschalten muss möglichst schnell geschehen. Beim Anlassen und Abstellen von Maschinen mit anderer Wicklung ist das Verfahren dasselbe, wenn die Maschinen mit Strom aus einer Centrale gespeist werden. Wird ein Motor mit Hauptschluss- oder gemischter Wicklung von einer gleichartigen Dynamomaschine gespeist, so setzt er sich ohne weiteres in Gang, wenn diese arbeitet, und umgekehrt. Der Anlasswiderstand fällt fort.

Der Regulierwiderstand von Gleichstrommaschinen wirkt auf die Stärke der magnetischen Strömung zwischen den Feldmagneten. Vergrösserung des Widerstandes schwächt die Strömung. Bei Stromerzeugern sinkt dadurch die Spannung des Stromes, weil weniger Kraftlinien geschnitten werden, bei Motoren aber erhöht sich die Tourenzahl, weil die Gegenspannung im Anker sinkt. Soll eine Gleichstrom-

Dynamomaschine als Motor arbeiten, so kann dies bei einer Nebenschlussmaschine ohne weiteres geschehen, nur sind die Bürsten in der Drehrichtung des Ankers rückwärts zu verstellen, bis funkenloser Gang vorhanden ist. Eine Hauptstrommaschine läuft als Motor gegen die Bürsten. Man muss deshalb, um die frühere Richtung zu erzielen, den Strom in den Wicklungen der Feldmagnete oder in denjenigen des Ankers umkehren. Bei einer Maschine mit gemischter Wicklung ist zu ihrer Verwendung als Motor die Stromrichtung in der Haupt-, also dicken Wicklung der Feldmagnete umzukehren. Die Bürstenverschiebung ist bei allen Maschinen dieselbe.

Soll zu einer arbeitenden Gleichstrom-Dynamomaschine eine zweite parallel zugeschaltet werden, so muss die zweite Maschine vor der Zuschaltung auf die erforderliche gleiche Spannung gebracht werden, ehe ihre Klemmen mit den Stromsammelschienen verbunden werden. Die Maschinen erzeugen alsdann eine ihren Leistungen entsprechende grössere Stromstärke. Zwei Dynamomaschinen hintereinander geschaltet geben entsprechend höhere Spannung. Hier muss die positive Klemme der ersten mit der negativen der zweiten und die negative Klemme der ersten mit der positiven der zweiten verbunden werden. Hat beim Zuschalten einer zweiten Maschine diese noch keine oder nicht die erforderliche Spannung, so erhält sie von der in Betrieb befindlichen Strom und arbeitet als Motor.

Der Maschinenwärter hat insbesondere noch auf jede aussergewöhnliche Wärmeentwicklung an der Maschine zu achten. Jede derartige Erscheinung ist sofort zu melden. Tritt brandiger Geruch von verkohltem Firniss oder sonstiger Isolierung auf, so muss die Maschine sofort abgestellt werden.

Wechselstrommaschinen machen im allgemeinen weniger Schwierigkeit in der Wartung, besonders deshalb, weil sie keinen Kommutator haben. Erschwerend aber kommt für sie in Betracht, dass sie in der Regel für weit höhere Spannungen gebaut werden, als Gleichstrommaschinen. Deshalb ist für eine sehr sichere Isolierung der stromführenden Teile zu sorgen, und der Wärter hat insbesondere darauf zu achten, ob irgendwo sich Isolationsfehler zeigen. Die Schleifringe auf der Axe des Ankers sind durch vorstehende Ringe aus Hartgummi zu trennen, weil sonst hier ein Ueberschlagen in Form eines Lichtbogens auftritt.

Das Parallelschalten zweier Wechselstrommaschinen ist anscheinend viel schwieriger, als die Vereinigung zweier Gleichstrommaschinen in dieser Schaltung. Bei letzteren ist die zuzuschaltende Maschine nur auf dieselbe Spannung zu bringen, wie sie die erste hat, bei Wechselstrommaschinen aber muss die zweite Maschine, ehe sie mit der ersten parallel verbunden werden darf, nicht nur gleiche Spannung, sondern auch gleiche Periodenzahl und gleiche Phasenstellung haben. Bei mehrphasigen Maschinen kommt noch hinzu, dass in beiden Maschinen auch das Drehfeld in demselben Sinne umlaufen muss.

In Bezug auf den letzten Punkt bedarf es jedoch nur einer einmaligen Feststellung, da eine Aenderung in der Bewegungsrichtung des Drehfeldes nicht eintreten kann, solange die Leitungen von der Maschine zum Schaltbrett nicht vertauscht werden. Bezüglich der erforderlichen Phasengleichheit aber giebt es ein einfaches Mittel, um festzustellen, wann der richtige Augenblick zum Zusammenschalten der beiden Maschinen gekommen ist. Man nennt die Vorrichtung den Phasenindikator. Man denke sich die beiden Maschinen hintereinander geschaltet und in dem Stromkreis zwei Glühlampen in Reihenschaltung angebracht. Solange nicht Phasengleichheit vorhanden ist, werden die Lampen aufflackern und erlöschen. Dies geschieht anfangs rasch hintereinander, später in längeren Zwischenräumen, schliesslich brennen die Lampen ruhig. Nunmehr können die Maschinen parallel geschaltet werden. Arbeiten die Maschinen, was meistens der Fall ist, auf hohe Spannung, so ist die Einschaltung der Lampen in den Stromkreis nicht ohne weiteres möglich. Man verwendet jetzt zwei Transformatoren, deren primäre Wicklungen mit je einer Maschine verbunden werden, und deren sekundäre Wicklungen hintereinander geschaltet werden und die beiden Glühlampen aufnehmen. Die Transformatoren haben hierbei nur den Zweck, im sekundären Kreis eine für die Glühlampen erforderliche niedere Spannung zu erzeugen. Man kann auch die Maschinen bezw. die sekundären Stromkreise der Transformatoren, statt hintereinander, gegeneinander schalten. Die Wirkung ist dann die, dass bei Phasengleichheit der Maschine die Lampen erlöschen. Eine andere Form des Phasenindikators ist eine Kupferscheibe, die zwischen zwei Spulen drehbar gelagert ist. Die eine Spule wird von der einen, die andere von der anderen Maschine erregt. Solange die beiden Maschinen noch nicht gleiche Phase haben, entsteht ein Drehfeld, welches die Kupferscheibe mitnimmt. Sobald Phasengleichheit vorhanden ist, bleibt die Scheibe stehen.

§ 45. Die Versendung und Verteilung der elektrischen Energie.

Die Versendung der elektrischen Energie von der Erzeugungsstelle und ihre Verteilung auf die Verbrauchsstellen erfolgt durch metallische und zwar in der Regel durch kupferne Leitungsdrähte. Die wirtschaftlichen Rücksichten verlangen, dass beim Transport möglichst wenig Energie verloren geht, und dass die zum Transport und zur Verteilung dienenden Leitungen möglichst wenig kosten. Beide Forderungen lassen sich nur erfüllen, wenn man die elektrische Energie in Form sehr hoch gespannter Elektricität versendet, also wenn die Stärke des zu befördernden Stromes sehr gering und seine Spannung sehr hoch ist. Andererseits kann man an den Verbrauchsstellen in den meisten Fällen die elektrische Energie in dieser Form nicht anwenden, muss vielmehr grössere Stromstärke mit entsprechend niedrigerer Spannung haben.

Bei Verwendung von Wechselstrom liegt die Sache sehr einfach. Man kann Wechselstrom mit beliebiger Spannung erzeugen, und durch Anwendung von Transformatoren kann man den Verbrauchsstellen Strom von beliebig niederer Spannung zuführen. Wenn also die Verbrauchsstellen im Nebenschluss zur Hauptstromzuführung liegen, so ist nur nötig, vor jeder Gebrauchsstelle oder vor einer Gruppe von Verbrauchsstellen einen Transformator anzubringen. Die Parallelschaltung der Verbrauchsstellen bildet bei jeder Stromart die Regel, da sie die einzelnen Stellen voneinander unabhängig macht.

Schwieriger ist die Versendung und Verteilung der elektrischen Energie bei Gleichstrom. Gleichstrom lässt sich in beliebig hoher Spannung nicht herstellen, auch nur auf Umwegen mit besonderer Schwierigkeit umformen (S. 149). Ausserdem ist auch bei Gleichstrom die Parallelschaltung der Verbrauchsapparate die Regel, muss es überdies sein, weil der zugeführte Strom überhaupt nicht Spannung genug hat, um mehrere hintereinander geschaltete Apparate zu speisen. Die Folge ist, dass man bei grossem Verbrauch von Energie grosse Mengen Elektricität mit verhältnismässig niederer Spannung versenden muss. Will man hierbei nicht übermässig viel Energie in Form von nutzloser Wärme verlieren, so müssen die Kupferleitungen sehr dick genommen werden. Damit aber kommt man infolge der hohen Kupferpreise wirtschaftlich bald an eine Grenze. Gleichstrom eignet sich deshalb nicht für Versendung auf weite Strecken oder zur Verteilung auf ein räumlich ausgedehntes Netz. Insbesondere ist das der Fall bei einer einfachen Hin- und Rückleitung zwischen der Erzeugungs- und der Verbrauchsstelle. Wesentliche Verbesserung bietet das Dreileiter- und das Fünfleitersystem.

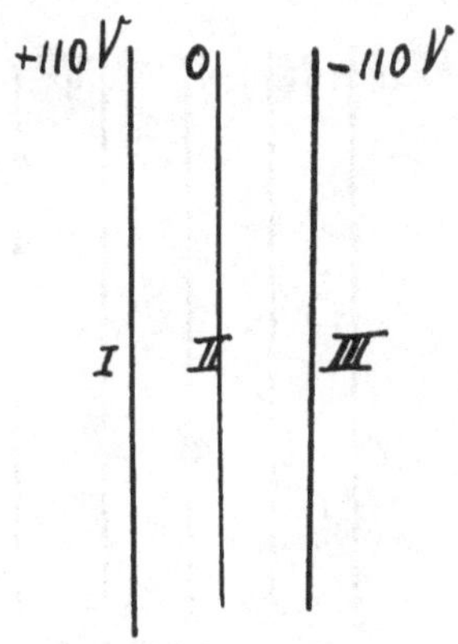

Fig. 100.

Bei dem Dreileitersystem benutzt man drei Leitungen, welche in Fig. 100 mit I—III bezeichnet sind. Der Mittelleiter II führt den Namen Nullleiter, weil in ihm die Elektricität dieselbe Spannung besitzt, wie die Elektricität der Erde. Wir nehmen diese Spannung als Nullpunkt an, ähnlich wie man bei gespanntem Dampf im Kessel die Spannung der freien Atmosphäre als Ausgangs- oder Nullpunkt annimmt. Der Leiter I führt nun Elektricität, deren Spannung um 110 Volt höher, und der Leiter III solche, deren Spannung 110 Volt tiefer liegt, als die der Erde. Folglich besteht zwischen den Leitern I und II und zwischen II und III ein Spannungsunterschied von je 110 Volt, und der Spannungsunterschied zwischen den Leitern I und III beträgt offenbar 220 Volt. Wird zwischen I und II ein stromverbrauchender Apparat geschaltet, so strömt die Elektricität durch ihn in der Richtung von I nach II. Schalten wir den Apparat zwischen

II und III, so strömt die Elektricität von II nach III. Es ist üblich, die Spannung in I, die 110 Volt höher liegt, als in II, mit + 110 Volt, die Spannung in III, die 110 Volt tiefer liegt, als in II, mit — 110 Volt zu bezeichnen. Die Sache ist ähnlich, wie bei Temperaturunterschieden. Nehmen wir an, in II herrsche die Temperatur 0°, in I sei sie 110° höher, in III 110° tiefer, so sagt man, die Temperatur betrage in I + 110°, in III — 110°. Zwischen I und II, sowie zwischen II und III ist ein Temperaturunterschied von je 110° und zwischen I und III ein solcher von 220° vorhanden.

Apparate, welche einen Strom von 110 Volt Spannung erfordern, können also beliebig zwischen I und II oder zwischen II und III parallel geschaltet werden, doch ist thunlichst dafür zu sorgen, dass die Leiter I und III gleichmässig belastet werden, sie also gleichviel Strom zu transportieren haben.

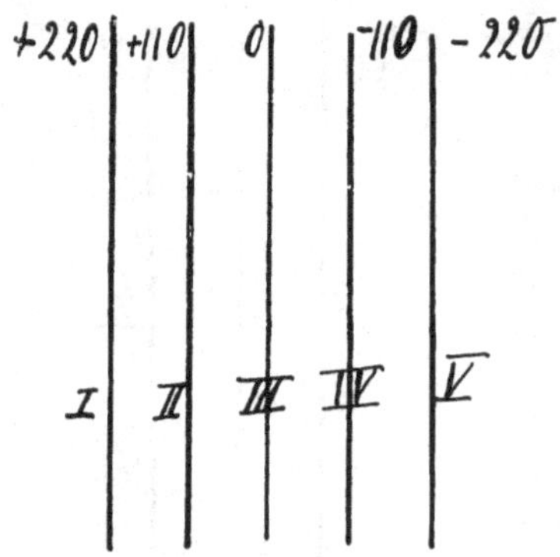

Fig. 101.

Das Fünfleitersystem ist eine Erweiterung oder Verdoppelung des Dreileitersystems. Es sind die in Fig. 101 angedeuteten fünf Leiter I—V vorhanden. Der Leiter III ist der Mittelleiter; die Leiter II und I führen Elektricität, welche um je 110 Volt höher gespannt ist, die Leiter IV und V solche mit je 110 Volt tieferer Spannung. Zwischen je zwei benachbarten Leitern ist also wieder ein Spannungsunterschied von 110 Volt vorhanden; zwischen den beiden äussersten Leitern I und V beträgt der Spannungsunterschied 440 Volt.

Beim Dreileitersystem brauchen die Leiter I und III nur die Hälfte, beim Fünfleitersystem die Leiter I, II, IV und V nur je ein Viertel des Stromes gegenüber einem Zweileitersystem zu befördern. Da nun die Wärmeerzeugung in einem stromführenden Leiter im quadratischen Verhältnis zur Stromstärke wächst und abnimmt, demnach auch die erforderlichen Leiterquerschnitte im selben Verhältnis zu- und abnehmen, so liegt der Vorteil dieser Mehrleitungssysteme auf der Hand.

§ 46. Energieübertragung für Schwachstrom.

Die heutige Praxis unterscheidet zwischen einer Starkstrom- und einer Schwachstromtechnik. Bei beiden handelt es sich um die Erzeugung, Versendung und Verwendung bezw. Umwandlung von Energie in Form von strömender Elektricität. Der Unterschied liegt wesentlich darin, dass die Starkstromtechnik mit grossen Energiemengen arbeitet, also grosse Stromstärken und hohe Spannungen benutzt, während die Schwachstromtechnik nur verhältnismässig geringe Elektricitätsmengen mit niederer Spannung benutzt. Grundsätzlich liegt darin natürlich kein Unterschied; es kommt aber in Betracht, dass die grossen Energiemengen der Starkstromtechnik Arbeitsgebiete eröffnen, die der Schwachstromtechnik naturgemäss verschlossen sind. Die elektrische Beleuchtung, Heizung, die elektrische Kraftmaschine u. a. wurden erst möglich, als es gelang, elektrische Energie in grosser Menge zu einem wirtschaftlich erschwingbaren Preise herzustellen. Solange dies nicht möglich war, konnte elektrische Energie nur da Verwendung finden, wo es sich um verhältnismässig geringe Energiemengen handelte, und wo überdies die Qualität der durch sie geleisteten Arbeit die Rücksicht auf die Erzeugungskosten des elektrischen Stromes in den Hintergrund treten liess. So kommt es, dass bis auf den heutigen Tag die Schwachstromtechnik die elektrische Energie meistens auf chemischem Wege in galvanischen Elementen erzeugt. Diese Art der Energieerzeugung ist, wie wiederholt angedeutet wurde, so teuer, dass die Verwendung im Grossen ausgeschlossen ist. Die Verwendung elektrischer Energie in der Schwachstromtechnik kommt wesentlich in Betracht bei der elektrischen Klingel, dem elektromagnetischen Telegraphen und beim Telephon.

§ 47. Die elektrische Klingel.

Die beiden Eisenkerne *EE* (Fig. 102) werden mit einer Spule so umwickelt, dass beim Durchgang eines Stromes durch die Spulenwindungen an den Enden der Kerne ungleichnamige Magnetpole entstehen (Fig. 17). Vor den Polen befindet sich eine Eisenplatte *P*, die an einem federnden

Metallbande bei *K* befestigt ist und mit Hilfe dieses Bandes schwingende Bewegungen ausführen kann. Am freien Ende ist an der Platte ein gekrümmter Draht befestigt, der einen Metallklöppel trägt. Unterhalb des Klöppels befindet sich eine Glocke *G*. Geht die Platte *P* nieder, so schlägt der Klöppel auf die Glocke. Im Ruhezustande, also wenn die beiden Spulen stromlos sind, wird die Platte *P* durch die Feder wagerecht und so gehalten, dass sie einen kleinen Zwischenraum zwischen sich und den Polenden der Eisenkerne lässt, andererseits aber den Metallstift *S* berührt. Von der Stromquelle *B* geht nun ein Stromkreis durch die beiden

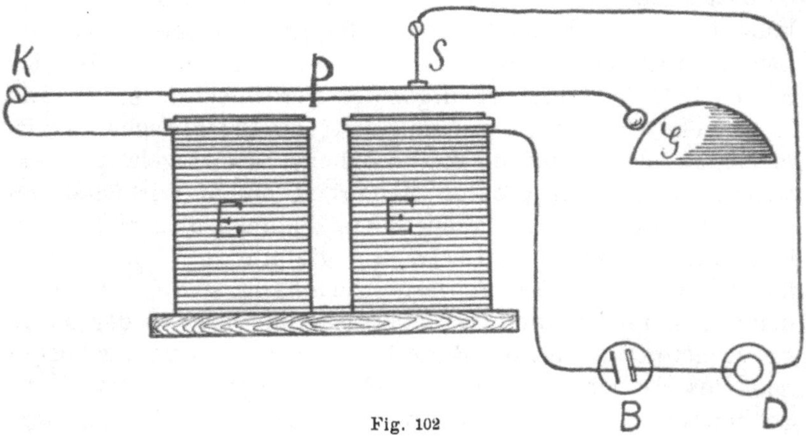

Fig. 102

Spulenwicklungen bis zu *K*, dann bis zur Platte *P*, weiterhin durch den Stift *S* und von da zurück zu *B*. Der Drücker *D* ist in den Stromkreis eingeschaltet. Beim Niederdrücken des Stiftes in *D* werden die getrennten Enden des Leitungsdrahtes in metallische Verbindung gebracht, und der Stromkreis ist geschlossen. Sobald dies geschieht, ziehen die magnetisch gewordenen Eisenkerne die Platte *P* an, und der Klöppel schlägt auf die Glocke. Beim Niedergehen der Platte *P* aber trennt diese sich von dem Stift *S* und unterbricht dadurch wieder den Stromkreis. Die Anziehung der Eisenkerne hört auf, und die Platte *P* geht durch die Kraft der haltenden Feder wieder zurück. Sobald sie den Stift *S* berührt, wird der Stromkreis wieder geschlossen, die Platte wieder angezogen etc. Die Folge ist, dass, solange man durch Drücken auf den Stift bei *D* den Stromkreis geschlossen hält, die Platte *P* schnelle Schwingungen ausführt, und der Klöppel fortwährend auf die Glocke schlägt, der Apparat also fortwährend läutet. Wo der Drücker *D* im Stromkreise angebracht wird, ist gleichgiltig, man kann also von jeder Stelle des beliebig weit gezogenen Leitungsdrahtes die Glocke zum Tönen bringen; auch ist klar, dass man im Stromkreise mehrere Drücker anbringen kann, wenn diese in Parallelschaltung angebracht werden. Dadurch wird es möglich, von mehreren Stellen (Zimmern etc.) aus Zeichen zu geben.

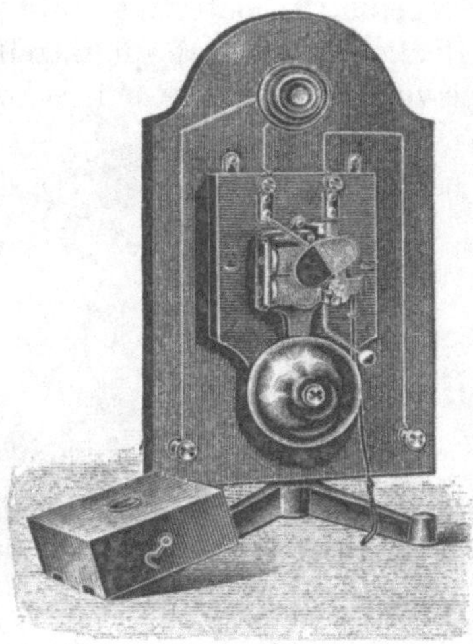

Fig. 103.

Der einzige der Abnutzung ausgesetzte Teil des Apparates ist die Stelle, wo der Stift *S* der Platte *P* anliegt. Dort tritt bei jedem Anziehen der Platte durch die Eisenkerne *E* der Oeffnungsfunke auf. Unedles Metall würde durch diesen sofort verbrennen und sich mit einer nichtleitenden Oxydschicht bedecken. Der dadurch erzeugte Leitungswiderstand würde bald so gross werden, dass die geringe elektromotorische Kraft der Stromquelle nicht hinreicht, genügend viel Strom durch die Spulen zu treiben, um die Eisenkerne hinreichend stark zu magnetisieren. Man versieht deshalb sowohl das Ende des Stiftes *S* als auch die Stelle, wo der Stift die Platte *P* berührt, mit einem Platinüberzug. Platin oxydiert bekanntlich auch bei höherer Temperatur nicht.

Eine praktische Ausführung des in Fig. 102 schematisch dargestellten Apparates ist in Fig. 103 dargestellt.

Bei der elektrischen Klingel handelt es sich also darum, Energie in Form von strömender Elektricität an eine gegebene Verbrauchsstelle zu versenden und dort in mechanische Arbeit umzusetzen. Der Apparat selbst ist also eine Art Elektromotor. Selbstredend ist es nicht nötig, als Stromquelle ein galvanisches Element zu benutzen, man kann auch eine kleine durch die Hand zu treibende magnetelektrische Maschine zur Stromerzeugung benutzen, und vielfach wird davon heute Anwendung gemacht.

§ 48. Der elektromagnetische Telegraph.

Der arbeitende Teil eines magnetelektrischen Telegraphen stimmt mit demjenigen einer elektrischen Klingel nahezu überein. Wenn man in Fig. 102 an die Platte *P* bezw. an den Verlängerungsdraht nicht einen Klöppel, sondern einen Schreibstift befestigt und unterhalb desselben statt der Glocke *G* einen Papierstreifen, der sich langsam vorwärts bewegt, so würde bei Stromschluss der Stift auf dem fortschreitenden Papierstreifen eine Punktreihe erzeugen. Schaltet man nun weiterhin die federnde Platte und den Stift *S* aus den Stromkreis aus, so dass der Strom solange geschlossen bleibt, als man den Stift des Drückers *D* niedergedrückt hält, so ist man im stande, durch längeres oder kürzeres Niederdrücken bei *D* auf dem Papierstreifen in beliebiger Folge Striche und Punkte zu erzeugen. Aus der Vereinigung oder Aufeinanderfolge von Strichen und Punkten kann man ein Schriftsystem zusammensetzen, welches die Buchstaben des Alphabetes, die Zahlzeichen, Satzzeichen etc., kurz alles enthält, was zur schriftlichen Darlegung von Gedanken erforderlich ist. Die Fig. 104 enthält den Apparat in perspektivischer Darstellung. Der Papierstreifen wird beim Arbeiten durch ein ausgelöstes Uhrwerk abgewickelt und zwischen Leitrollen durchgeführt. Gegen ihn stösst, wenn und solange die Platte des Elektromagneten angezogen, der Stromkreis also geschlossen wird, der Umfang einer drehbaren Metallscheibe, deren untere Hälfte in eine flüssige Druckerfarbe taucht. Der Umfang der Scheibe, die von dem Papierstreifen gedreht wird, ist also ständig

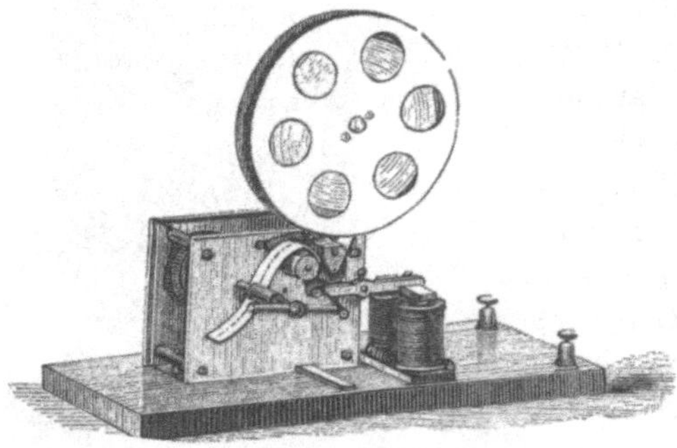

Fig. 104.

mit Schreibflüssigkeit bedeckt. In dieser Form heisst der Apparat nach seinem Erfinder ein Morseschreiber.

Der elektromagnetische Telegraph und insbesondere der Morseschreiber ist, wie man sieht, ein sehr einfacher Apparat. Etwas schwierig aber wird seine Benutzung dadurch, dass es sich beim Telegraphieren um grössere Entfernungen, also um lange Leitungsdrähte handelt, sowie dadurch, dass die Zeichengebung exakt und scharf sein, das Anziehen und Loslassen des Ankers des Elektromagneten also sofort mit Schluss und Unterbrechung des Stromes erfolgen muss. Die langen Leitungen erzeugen einen erheblichen Leitungswiderstand, und bei der verhältnismässig geringen elektromotorischen Kraft der Stromquelle ist der von einer entfernten Station ankommende Strom so schwach, dass er die Eisenkerne des Elektromagneten nicht mehr hinreichend stark erregen kann. Man hat die Schwierigkeit dadurch beseitigt, dass man den Linienstrom, d. h. den von einer Station zur anderen durch die Leitung gehenden Strom nicht benutzt, um den Morseschreiber in Thätigkeit zu setzen, sondern um durch Bewegen eines leicht beweglichen Ankers den Strom einer an der Empfangstation aufgestellten sogenannten Lokalbatterie zu schliessen und zu öffnen. Diese wirkt alsdann auf den Morseschreiber. Der vom Linienstrom beeinflusste Elektromagnet, das sogenannte Relais, ist durch verschiedene Vorrichtungen so empfindlich gemacht, dass selbst sehr schwache Ströme ihn mit Sicherheit in Thätigkeit setzen. Wesentlich wurde dies erreicht durch Anwendung eines polarisierten Relais. Bei diesem sind die Eisenkerne des Elektromagneten nicht unmagnetisches Eisen, sondern sie stehen bereits unter dem Einflusse eines Stahlmagneten, besitzen also freie Pole. Der Linienstrom wird nun benutzt, um den Magnetismus dieser Eisenkerne zu verstärken und zu schwächen. Der an einem Hebelarm befestigte, höchst leicht bewegliche Anker wird durch die Veränderungen des Magnetismus angezogen und losgelassen.

Der präcisen Anziehung und Loslassung der Anker im Morseschreiber steht bei raschem Arbeiten die Hysteresis der magnetischen Eisenkerne hindernd im Wege (S. 72). In grösseren geschlossenen Eisenmassen ist diese Wirkung naturgemäss stärker. Man bildet deshalb die Eisenkerne nicht aus massiven Stäben, sondern aus cylindrischen Röhren, weil in deren Wandungen die magnetische Strömung rascher entsteht und aufhört.

Der Morseschreiber ist der verbreiteste Empfangsapparat für die elektromagnetische Telegraphie. Er hat den Uebelstand, dass die Zeichen erst in die übliche Schrift übertragen werden müssen, ferner, dass die Zeichengebung am Aufgabeorte geraume Zeit erfordert. Im Mittel können acht bis zehn Worte in der Minute übertragen werden. Um schnelleres Arbeiten zu ermöglichen und um ferner die Zeichen in direkt benutzbarer Schrift zu übertragen, sind eine Menge von Konstruktionen aufgestellt worden. Am meisten Eingang hat der Typendrucker von Hughes gefunden. Bei ihm sind die Zeichen in gewöhnlicher Schrift am Umfang von Scheiben befestigt. Auf der Aufgabe- und der Empfangsstation sind je eine Scheibe aufgestellt, welche sich beim Betriebe mit genau gleicher Geschwindigkeit drehen. Wird der Strom geschlossen, sobald ein zu übertragendes Zeichen eine bestimmte Stelle einnimmt, so kann dies auf der Empfangsstation an der dortigen Scheibe bemerkbar gemacht und auf einen Papierstreifen gedruckt werden. Die nähere Beschreibung des Apparates muss aber hier unterbleiben, da die Konstruktion dem elektrischen Gebiete nicht angehört. Es werden mit dem Apparat in der Minute durchschnittlich 20 Worte übertragen. Wegen der grösseren Geschwindigkeit der Uebertragung wird er auf grösseren Telegraphenämtern mehr und mehr benutzt.

Als Energiequelle benutzt man meistens galvanische Elemente, neuerdings vielfach auch Akkumulatoren. Dynamomaschinen werden zum Telegraphenbetrieb seit einiger Zeit in Amerika benutzt.

Um den zum Betriebe des Apparates erforderlichen Stromkreis zu schliessen, ist es nicht erforderlich, für die Rückleitung des Linienstromes zu der Gebestation einen besonderen Leitungsdraht anzubringen, man kann vielmehr auch zur Rückleitung des Stromes die Erde benutzen. Die Enden des Leitungsdrahtes müssen zu diesem Zwecke mit dem Erdboden in sichere leitende Verbindung gebracht werden. Wo es angängig ist, benutzt man zu dieser Verbindung die Wasserleitung des betreffenden Gebäudes. In anderen Fällen versenkt man die sogenannten Grundplatten so tief, dass sie das Grundwasser dauernd erreichen.

§ 49. Das Telephon.

Bei der elektrischen Klingel und beim elektromagnetischen Telegraphen handelt es sich darum, die von einer Stromquelle gelieferte elektrische Energie auf eine geringere oder grössere Entfernung zu versenden und sie an der Empfangsstelle in mechanische Arbeit umzusetzen. Das Arbeitsgebiet des Telephons erstreckt sich weiter. Es sollen bei ihm gesprochene Worte, Töne etc., überhaupt Schallwellen, also mechanische Arbeit, zunächst in elektrische Energie umgesetzt werden. Die elektrische Energie soll weiterhin an eine Empfangsstelle versandt und dort neuerdings in Schallwellen, also in mechanische Arbeit verwandelt werden. Wir haben also eine vollkommene Analogie mit einer durch mechanische

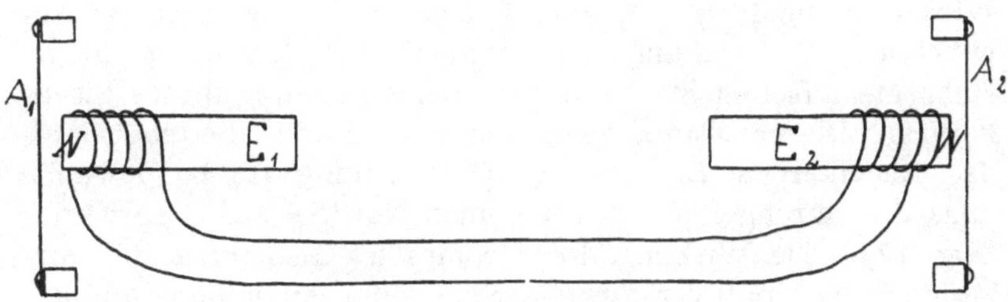

Fig. 105.

Kraft bewegten Dynamomaschine und einem durch den Strom dieser Maschine bewegten Elektromotor Indessen nicht allein hierin, sondern auch in der Art und Weise, wie die zweimalige Energieumwandlung bewirkt wird, liegt die Aehnlichkeit zwischen einem aus Geber und Empfänger bestehenden Telephonpaar und einer aus Dynamomaschine und Elektromotor bestehenden Energieübertragung. Die Abbildung Fig. 105 lässt den Sachverhalt leicht erkennen.

Die beiden Eisenkerne E_1 und E_2 sind Stahlmagnete und besitzen freie Pole. Es sollen N bei beiden freie Nordpole bedeuten. Vor jedem Pol N befindet sich eine kreisförmige Eisenplatte A_1 bez. A_2, welche an ihrem Umfange befestigt ist. Die Platte besteht aus dünnem Eisenblech, vermag sich folglich nach der Mitte hin leicht durchzubiegen und vermöge ihrer Elasticität zu federn. Die vom Nordpol des Eisenkernes E_1 ausgehende magnetische Kraftströmung nimmt ihren Weg durch die Luft zu der vorliegenden Eisenplatte A_1. Nähern wir die Platte A_1 dem Eisenkern E_2, so wird die Kraftströmung stärker, weil die Luftschicht und damit der magnetische Widerstand verringert wird (S. 70). Eine Entfernung der Platte A_1 von dem zugehörigen Eisenkern schwächt aus demselben Grunde die magnetische Strömung. Macht also die Platte A_1 schwingende Bewegungen, d. h. nähert und entfernt sie sich periodisch, so wird die magnetische Strömung vor und folglich auch in dem Eisenkern periodisch verstärkt und geschwächt. Dasselbe ist bei dem Eisenkern E_2 bezüglich der Platte A_2 der Fall. Beide Eisenkerne tragen nun an den Nordpolenden eine Spulenwicklung, und die beiden Wicklungen sind durch Leitungsdrähte zu einem geschlossenen Stromkreis verbunden. Wird nun die Platte A_1 dem Eisenkern E_1 genähert, so bewirkt die Verstärkung der magnetischen Strömung in E_1 einen elektrischen Strom in der Spulenwicklung dieses Eisenkernes. Dieser Strom geht alsdann durch die Wicklung des Eisenkernes E_2, und diese Wicklung ist so gewählt, dass der durchgehende Strom einen Nordpol erzeugen würde (Fig. 17). Die Wirkung des Stromes ist also, dass der vorhandene Nordpol verstärkt wird. Seine Anziehung auf die vor ihm stehende Eisenplatte A_2 wird also verstärkt, und da die Platte A_2 sich leicht durchbiegt, folgt sie dem verstärkten Zug und nähert sich ein wenig dem Eisenkern E_2. Wird umgekehrt die Platte A_1 von dem zugehörigen Eisenkern E_1 entfernt, so bewirkt die entstehende Schwächung der magnetischen Strömung ebenfalls einen Induktionsstrom in der Spulenwicklung von E_1. Dieser Strom aber hat entgegengesetzte Richtung. Infolgedessen umfliesst dieser Strom auch den Eisenkern E_2 in entgegengesetzter Richtung gegen vorhin, würde also dort an dem umwickelten Ende im unmagnetischen Eisen einen Südpol erzeugen. Seine Wirkung auf den Stahlmagneten besteht also darin, dass er der vorhandenen magnetischen Strömung entgegenwirkt, also den freien Nordpol schwächt. Im normalen Zustande zieht der Nordpol von E_2 die Eisenplatte A_1 mit einer gewissen Kraft an, erzeugt also eine Durchbiegung nach ihm hin von bestimmter Stärke. Wird also die magnetische

Anziehung von E_2 schwächer, so wird die Durchbiegung geringer, d. h. die Platte **A_2 entfernt sich etwas von dem zugehörigen** Eisenkerne. Somit bewirkt eine Annäherung von A_1 an E_1 eine Annäherung von A_2 an E_2 und eine Entfernung von A_1 von E_1 eine Entfernung von A_2 von E_2. Macht also die Platte A_1 schwingende Bewegungen, so wird die Platte A_2 gezwungen, dieselben Schwingungen auszuführen. Die auf die Platte A_1 übertragene mechanische Arbeit, durch welche sie zu schwingender Bewegung veranlasst wird, setzt sich also in Wechselströme um, und diese ihrerseits verwandeln sich wieder in mechanische Energie, indem sie die Platte A_2 in Schwingung versetzen. Nun sind bekanntlich Schallwellen schwingende Bewegungen der Luft. Wird also gegen die Platte A_1 etwa gesprochen, so erzeugen die anschlagenden Schallwellen Schwingungen dieser Platte, und die Platte A_2 erzeugt in der umgebenden Luft durch ihre Schwingungen dieselben Schallwellen. Mit anderen Worten, ein Ohr, welches in die Nähe der Platte A_2 gehalten wird, vernimmt die Worte oder Töne, welche auf die Platte A_1 übertragen wurden. Natürlich sind die beiden Elektromagnete mit ihren schwingenden Platten in ihrer Arbeitsweise und Wirkung vollkommen gleichartig. Man kann auch gegen die Platte A_2 sprechen und bei A_1 die gesprochenen Worte wahrnehmen.

Das Telephon hatte zuerst und lange Zeit hindurch die im Vorstehenden beschriebene schematische Einrichtung. Nachdem man das Gesetz der magnetischen Strömung erkannt hatte (S. 70), musste man einsehen, dass die Einrichtung für den beabsichtigten Zweck teilweise unvorteilhaft war. Bei einem ungeschlossenen magnetischen Kreis, also bei jedem Stabmagneten mit freien Polen, muss die Kraftströmung vom Nordpol zum Südpol die Luft durchsetzen. Je grösser die Luftschicht ist, um so grösser ist der Widerstand, um so schwächer also die Strömung. Bei der Einrichtung Fig. 105 ist nun die Entfernung zwischen Nord- und Südpol eines Eisenkernes die überhaupt grösstmögliche. Die Veränderung des Kraftfeldes durch die Induktionsströme in den Spulenwicklungen hängt natürlich ebenfalls von dem Widerstande gegen die magnetische Strömung, also von der Entfernung der Magnetpole ab. Die Wirkung musste also erheblich verstärkt werden, wenn man die Eisenkerne E_1 und E_2 in die bekannte Hufeisenform bog und somit beide Magnetpole jedes Eisenkerns gegen die vorgehaltene Eisenplatte wirken liess. Jedes Ende des Eisenkernes erhält dabei eine Spulenwicklung und zwar so, dass die Induktionsströme in jedem Spulenpaar stets in entgegengesetzter Richtung die Enden des Eisenkerns umfliessen. Ein Nähern der Eisenplatte in dem Geberapparat bewirkt also eine Verstärkung, ein Entfernen eine Schwächung der magnetischen Anziehung in dem Empfänger.

Die Ausführungsformen des Gedankens, die Pole der Eisenkerne im Geber und Empfänger zu nähern und dadurch den Widerstand gegen die magnetische Strömung zu verringern, sind sehr zahlreich. Die Hufeisenform wurde in eine Ringform, Halbkreisform gebracht u. a. Man konnte damit die Leistungsfähigkeit des Apparates erheblich verstärken, jedoch war es immer noch nicht möglich, auf grössere Entfernungen gesprochene Worte deutlich zu übertragen. Man muss bedenken, dass die gegen eine Platte beim Sprechen geworfenen Schallwellen stets eine verhältnismässig geringe Energiemenge darstellen, dass bei der Umwandlung dieser Energie in strömende Elektricität im Geber Arbeit verloren geht, und dass bei der Umsetzung der elektrischen Energie in Schallwellen ebenfalls Verluste auftreten, ferner dass bei längeren Leitungen die Ueberwindung des Leitungswiderstandes eine entsprechende Menge Energie verbraucht, die sich in nutzlose Wärme umsetzt. Ausserdem kommt die Hysteresis der Eisenkerne in Betracht. Die sichere und deutliche Uebertragung der Energie der Schallwellen und somit die Benutzung des Apparates auf weite Entfernungen wurde erst möglich, als man bei der Uebertragung elektrische Energie von aussen, also durch Einschaltung einer besonderen Stromquelle in den Stromkreis, zu Hilfe nahm und gleichzeitig Mittel und Wege fand, äusserst geringe Aenderungen in der Stärke dieses von aussen durch den Kreis gesandten Stromes nutzbar zu machen. Dies gelang durch Anwendung eines Apparates, welcher wegen seiner Empfindlichkeit für die schwächsten Schallwellen Mikrophon genannt wird. Die Einrichtung und Wirkung dieses Apparates kann aus der Abbildung Fig. 106 erkannt werden.

Das Element *E* sendet einen Gleichstrom durch einen geschlossenen Stromkreis. In den Stromkreis ist eingeschaltet: der zugespitzte Kohlenstab *B*, die Kohlenplatte *C* und ein Telephon *T*. Der Kohlenstab *B* ist auf der federnden Platte *A* befestigt und stösst in der Ruhelage mit gelindem Druck gegen die Kohlenplatte *C* an. Diese Berührungsstelle ist die kritische Stelle im Stromkreise. Je fester der Kohlenstab *B* gegen die Platte *C* andrückt, um so weniger Widerstand findet der Strom an der Uebergangs-

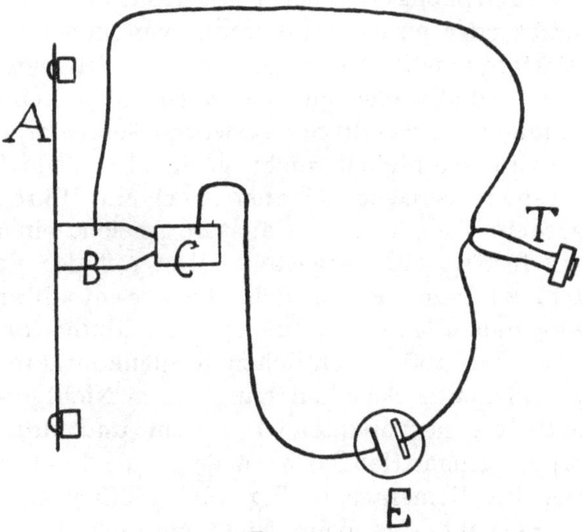

Fig. 106.

stelle. Vermindern wir den Druck von *B* auf *C*, so wächst der Widerstand. Lassen wir also die Platte *A* schwingende Bewegungen ausführen, etwa dadurch, dass wir durch Sprechen Schallwellen gegen sie treiben, so werden wir den Widerstand im Stromkreise fortwährend verringern und vergrössern, folglich auch die Stärke des von dem Element *E* gelieferten Stromes fortwährend entsprechend ändern. Damit aber werden wir die Stärke der magnetischen Strömung in dem Elektromagneten des Telephons *T* ebenfalls entsprechend ändern und somit die Eisenplatte vor diesem Elektromagneten in Schwingung versetzen. Die Schwingungen der Platte *A* werden somit auf die Platte des Telephons *T* übertragen, und die gegen *A* beim Sprechen geworfenen Schallwellen werden bei *T* wieder zum Vorschein kommen und dort vernehmbar werden. Es handelt sich also jetzt darum, nicht wie beim einfachen in Fig. 105 dargestellten Telephon, Ströme durch Umsetzung von mechanischer Arbeit zu erzeugen, sondern die Stärke eines vorhandenen Stromes zu ändern. Bei der ausserordentlichen Empfindlichkeit des aus den Kohlenstäben *B* und *C* bestehenden Mikrophons rufen selbst sehr kleine Schwingungen der Platte *A* grosse Veränderungen in der Stromstärke und damit kräftige Wirkungen auf die Platte des Telephons *T* hervor. Wird nun als Leitungsdraht Kupfer oder gutleitende Bronze genommen, so gelingt es, auf Entfernungen von vielen hundert Kilometern sicher und deutlich Schallwellen zu übertragen, also sich mündlich zu verständigen. Eisendraht ist wegen seiner erheblich geringeren Leitungsfähigkeit nicht geeignet. Jede Telephonstation besitzt als Geber (Transmitter) ein Mikrophon, als Empfänger ein Telephon. Die äussere Ansicht einer solchen Station ist in Fig. 107 dargestellt. Der auf der Vorderseite des Kastens zu Tage tretende Schallbecher enthält am Grunde die schwingende Platte des Mikrophons; hinter ihr befinden sich die aus Fig. 106 ersichtlichen Kohlenkontakte. Das als Empfänger dienende Telephon hängt beim Nichtgebrauch an einem seitwärts hervortretenden Haken und drückt durch sein Gewicht einen Hebelarm nieder. Dadurch wird der Stromkreis des Elementes *E* (Fig. 106) geöffnet und geöffnet erhalten. Es geht also beim Nichtgebrauch des Apparates kein Strom durch die Leitung, und das Element erschöpft sich nicht unnötigerweise. Nimmt man das Telephon vom Haken, so geht der Hebelarm durch Gewicht oder Federkraft hoch und schliesst den Stromkreis, macht dadurch den Apparat gebrauchsfähig. Gleichzeitig kann durch einen Drücker der Stromkreis für eine elektrische Klingel geschlossen und damit die Empfangsstation angerufen werden. Bei einem Zwiegespräch hält jeder Teilnehmer das Telephon ans Ohr und spricht in den Schallbecher des Mikrophons hinein. Nicht selten bringt man an jeder Station zwei in den Stromkreis geschaltete Telephone an, so dass man im stande ist, beide Ohren zu bewaffnen.

In den Stromkreis kann man, wie beim Telegraph, auch die Erde einschalten, so dass ein zweiter Draht zur Rückleitung des Stromes zwischen zwei Stationen entbehrlich wird. Es hat dies jedoch den Nachteil, dass die durch benachbarte Drähte gehenden, ihre Stärke fortwährend ändernden Ströme induzierend auf die übrigen Leitungsdrähte wirken, somit auch Schwingungen auf die Platte der in die betreffenden Stromkreise eingeschalteten Telephone übertragen. Beim Aendern der Stromstärke in einer Leitung werden um diesen Leiter fortwährend Kraftlinien ausgesandt und zurückgezogen (S. 57). Wo diese benachbarte Leiter treffen, erzeugen sie Induktionsströme. Diese machen sich um so störender bemerkbar, je empfindlicher die Apparate an und für sich sind. Es ist bekannt, dass man bei einem ausgedehnten Fernsprechnetz in einer Stadt verworrenes Sprechen vernimmt, sobald man auf einer Station das Telephon ans Ohr hält und damit den Stromkreis schliesst. Es rührt dies von der Induktion durch die durch benachbarte Leitungen gehenden Ströme bezw. Stromänderungen her. Bei sehr langen Leitungen, welche Telegraphendrähten parallel geführt werden, wirken in derselben Weise die zum Telegraphieren benutzten Ströme induzierend, da ja auch bei diesen die Stromstärken fortwährend zu- und abnehmen. Dies führt dazu, dass bei derartigen Leitungen ein deutliches Sprechen bezw. Verstehen nicht mehr möglich ist. Man kann sich dagegen schützen durch Anwendung einer sogenannten Schleifenleitung, d. h.

Fig. 107.

durch Zufügung einer Rückleitung. Die Induktionsströme entstehen alsdann in jeder Leitung, aber die erzeugten Ströme fliessen beide nach derselben Station bezw nach demselben Apparat hin und heben sich dort auf.

Die kritische Stelle, von welcher der ganze Erfolg abhängt, ist bei dem mit Mikrophonen arbeitenden Fernsprechverkehr die Stelle, wo die Kohlenstäbe sich berühren. Es kommt also alles darauf an, dass die Widerstandsänderungen im Stromkreise, welche an dieser Stelle entstehen sollen, möglichst sicher erfolgen und möglichst gross sind. Man hat sich deshalb sehr bald nicht damit begnügt, eine einzige Kontaktstelle zu schaffen, wie es in Fig 106 angedeutet ist, sondern hat die Zahl der Kontaktstellen möglichst gross gemacht. Zu dem Zwecke wendet man entweder eine grössere Zahl von Kohlenstäbchen oder eine grosse Zahl von kleinen Kohlenkörnern an. Man unterscheidet darnach Kohlenstäbchen- und Kohlenkörner-Mikrophone. Die Stäbchen oder Körner stehen mit der Sprechplatte des Mikrophons in Verbindung und machen die auf diese übertragenen Schwingungen mit. Sie berühren andererseits eine zweite Kohlenmasse und verändern bei der schwingenden Bewegung den Druck, mit welchem sie dieser Masse anliegen. Dadurch wird der Leitungswiderstand verändert. Die Wirkungen der einzelnen Kontaktstellen aber addieren sich, und somit werden die Stromänderungen entsprechend vergrössert. Auch schaffen die vermehrten Kontaktstellen eine erhebliche grössere Sicherheit für den Betrieb.

§ 50. Das Messen der elektrischen Energie.

Bei ruhender gespannter Elektricität setzt sich die Energie zusammen aus der gegebenen Elektricitätsmenge und aus ihrer Spannung. Die Masseinheit für sie ist das Voltcoulomb oder Joule (S. 22). Für die praktische Verwendung kommt diese Art der elektrischen Energie nicht in Betracht.

Bei strömender Elektricität besteht die Energie aus der Menge der in einer gegebenen Zeit gelieferten Elektricität und aus der Spannung, mit welcher sie geliefert wird. Die in der Zeiteinheit (= 1 Sekunde) gelieferte Elektricitätsmenge ist gleichbedeutend mit der Stromstärke. Es kommen sonach drei Messinstrumente in Betracht und zwar:

1. Instrumente zum Messen der Stromstärke oder Strommesser,
2. Instrumente zum Messen der Spannung oder Spannungsmesser,
3. Instrumente zum Messen der verbrauchten Energie oder Verbrauchsmesser.

Da die Stromstärke in Ampere, die Spannung in Volt, die Energie in Watt ausgedrückt wird, so nennt man die Instrumente auch bezw. Amperemeter, Voltmeter und Wattmeter bezw. Wattstundenzähler.

Das Verhalten von Gleichstrom und Wechselstrom in Bezug auf Stromstärke und Spannung und damit auch in Bezug auf Verbrauch ist ein verschiedenes. Es ist deshalb bezüglich der Messinstrumente für beide Stromarten zu unterscheiden.

Es sollen hier nur die zum technischen Gebrauch dienenden Messinstrumente berücksichtigt werden.

§ 51. Strommesser für Gleichstrom.

In allen Fällen kann die Stärke eines durch eine Leitung gehenden Stromes nur durch die Wirkungen gemessen werden, welche der Strom ausübt, und die sich im Verhältnis der Stromstärke ändern. Zu diesen Wirkungen gehören:

a) Die chemische Wirkung des elektrischen Stromes.

Jede Lösung einer chemischen Verbindung, welche den elektrischen Strom leitet, wird durch den Strom zersetzt und in zwei Teile gespalten (S. 153). Enthält beispielsweise die Lösung eine Silber- oder Kupferverbindung, so wird an der Kathode Silber bezw. Kupfer als Metall abgeschieden. Die ausgeschiedene Metallmenge hängt von der Menge der durch die Flüssigkeit geführten Elektricität ab und bildet ein ausserordentlich genaues und zuverlässiges Mittel zur Messung der Stärke des Stromes, wesentlich deshalb, weil man die Menge des ausgeschiedenen Metalls mit Hilfe der chemischen Wage sehr genau bestimmen und aus ihr durch einfache Rechnung die Stromstärke ermitteln kann. Messinstrumente dieser Art heissen Voltameter. Sie sind von allen die genauesten, aber für den praktischen Gebrauch und insbesondere für den Betrieb nicht verwendbar. Sie sind aber besonders geeignet, andere und zwar für die Praxis bestimmte Messinstrumente zu aichen. Weil die Ermittelung der Stromstärke eines Gleichstromes durch die Umwandlung der elektrischen Energie in chemische Arbeit mit der grösstmöglichen Sicherheit und Genauigkeit erfolgen kann, ist auch die gesetzliche Festlegung der Masseinheit für die Stromstärke, also des Ampere, auf die chemische Arbeit des Stromes gegründet worden. Das Reichsgesetz vom 1. Juni 1898 betreffend die elektrischen Masseinheiten bestimmt, dass das Ampere die Einheit der elektrischen Stromstärke ist und dargestellt wird durch den unveränderlichen elektrischen Strom, der bei dem Durchgang durch eine wässerige Lösung von reinem salpetersaurem Silber in einer Sekunde 0,00118 g = 1,18 mg Silber abscheidet. Dasselbe Gesetz legt auch die beiden anderen Grundeinheiten, die Masseinheit für den elektrischen Widerstand und für die elektromotorische Kraft, also das Ohm und das Volt fest. Das Ohm wird bestimmt als Einheit des Widerstandes und soll dargestellt werden durch den Widerstand einer Quecksilbersäule von der Temperatur des schmelzenden Eises, deren Länge bei durchweg gleichem, einem Quadratmillimeter gleich zu achtendem Querschnitt 106,3 cm und deren Masse 14,4521 g beträgt. Das Volt soll als Einheit der elektromotorischen Kraft dargestellt werden durch eine elektromotorische Kraft, die in einem Leiter, dessen Widerstand 1 Ohm beträgt, einen elektrischen Strom von 1 Ampere erzeugt.

In Fig. 108 ist das Silber- bezw. Kupfervoltameter dargestellt. Ein weites Platingefäss dient als Kathode und nimmt die Lösung der Silber- bezw. Kupferverbindung auf. In die Lösung taucht ein Barren oder ein cylindrisch gebogenes Blech aus chemisch reinem Silber bezw. Kupfer als Anode. Im übrigen ist die Einrichtung des Apparates aus der Abbildung ohne weiteres verständlich. Vor jeder Messung muss das Gewicht der Kathode festgestellt werden. Das beim Durchgang des Stromes abgeschiedene Metall setzt sich an die Kathodenwandung fest an und vermehrt das Gewicht der Kathode. Nachdem der Strom eine gewisse, genau festgesetzte Zeit durchgegangen ist, wird die Kathode wiederholt sehr sorgfältig ausgespült, warm getrocknet und gewogen. Die Gewichtszunahme ist auf das ausgeschiedene Metall zu setzen. Aus ihr berechnet sich die Stromstärke. Ist beispielsweise durch den Strom in 2 Minuten 0,708 g Silber ausgeschieden worden, so ist die Stromstärke $\frac{0,708}{0,00118.120} =$ 5 Ampere. Am meisten benutzt wird das Silbervoltameter aus dem Grunde, weil bei diesem Metall die unter sonst gleichen Verhältnissen von demselben Strom ausgeschiedenen Gewichtsmengen am grössten sind. Ein Strom von 1 Ampere Stärke scheidet in der Sekunde 0,00118 g Silber, aber nur 0,000347 g Kupfer ab. Je grösser die abzuwägenden Metallmengen sind, um so geringer fallen die bei jeder Gewichtsbestimmung unvermeidlichen Fehler aus.

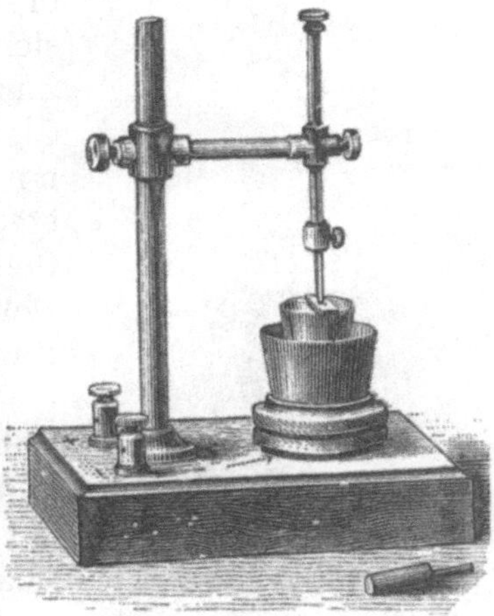

Fig. 108.

Die an der Platinkathode abgeschiedenen Metalle können jederzeit durch Behandeln der Kathode mit Säuren entfernt werden. Platin wird dabei nicht angegriffen.

Das Abwägen der Kathode vor und nach dem Stromdurchgang auf einer chemischen Wage ist umständlich und zeitraubend. Grosse Bequemlichkeit bietet deshalb ein anderes Voltameter, welches bei der Elektrolyse von Körpern benutzt wird, die gasförmige Zersetzungserzeugnisse liefern. Ein solcher Elektrolyt ist eine Lösung von Schwefelsäure in Wasser. Sie liefert bei der Zersetzung ein Gemenge aus zwei Raumteilen Wasserstoffgas und einem Raumteil Sauerstoffgas. Formt man nun das Gefäss so, dass der Rauminhalt des entwickelten Gasgemisches sofort gemessen und abgelesen werden kann, so umgeht man das zeitraubende Abwägen. Man muss alsdann nur wissen, welche Gasmenge ein Strom von 1 Ampere in der Sekunde entwickelt. Das Gemisch aus Wasserstoff und Sauerstoff heisst von altersher, weil es beim Anzünden mit Heftigkeit explodiert, Knallgas, und hiervon heisst das Messinstrument Knallgasvoltameter. Es ist in Fig. 109 dargestellt. Das untere Glasgefäss dient zur Aufnahme eines Vorrates von verdünnter Schwefelsäure. In seine Halsöffnung lässt sich das Messrohr dicht einfügen Durch Umbiegen füllt sich dieses mit Flüssigkeit, und seine untere Oeffnung taucht so tief in das breite Glasgefäss, dass sie auch, wenn das Messrohr gefüllt ist, unter dem Flüssigkeitsniveau im unteren Gefäss sich befindet, Flüssigkeit also aus ihm nicht ausfliessen kann. Die Messröhre besitzt im oberen Teil eine in Kubikcentimeter bezw. Bruchteile von solchen eingeteilte Kalibrierung. Unterhalb dieser befinden sich zwei Platinelektroden, deren Zuleitungsdrähte entweder durch die Glaswandung durchgeschmolzen oder mit Hilfe durchlöcherter Gummistöpsel nach aussen geführt sind Geht der Strom durch, so entwickelt sich an der Anode Sauerstoff, an der Kathode Wasserstoff. Die Gase steigen in Blasen empor und sammeln sich im oberen Teil des Messrohres, indem sie die Flüssigkeit verdrängen Mit Hilfe der aussen angebrachten Skala kann man die in einer bestimmten Zeit entwickelte Gasmenge ablesen. Der an und für sich höchst einfache Messapparat bietet dadurch einige Schwierigkeit, dass der Rauminhalt des ausgeschiedenen Gases auch von der Temperatur und von dem Luftdruck abhängt. Man kann also nur bei einer Temperatur und einem Barometerstand, für welche das Messinstrument geaicht ist, die Ablesungen an der Skala der Messröhre ohne weiteres der Berechnung der Stromstärke zu Grunde legen. Für andere Temperaturen und Barometerstände muss man das abgelesene Gasvolumen erst umrechnen. Ein Strom von 1 Ampere Stärke scheidet in einer Sekunde 0,174 ccm trockenes Knallgas von 0° C und 760 mm Druck ab. Das in dem Messrohr sich ansammelnde Gas ist natürlich

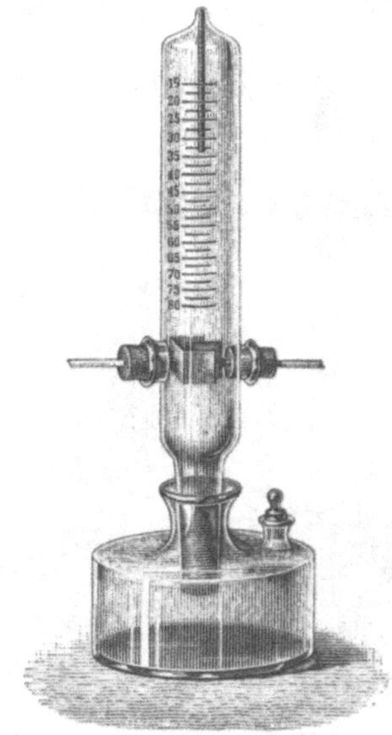

Fig 109.

mit dem aus der Flüssigkeit sich bildenden Wasserdampf vermischt. Man rechnet gewöhnlich so, dass die in einer Sekunde entwickelten Kubikcentimeter Knallgas mit fünf zu multiplizieren sind, um die Stromstärke in Ampere zu erhalten.

b) Die Ablenkung einer Magnetnadel.

Eine in der wagerechten Ebene frei bewegliche Magnetnadel stellt sich bekanntlich unter dem Einfluss des Erdmagnetismus in die Richtung des magnetischen Meridians, d. h. in die Richtung Nord-Süd. Führt man um die im magnetischen Meridian stehende Nadel einen stromdurchflossenen Draht, so wird die Nadel abgelenkt. Der in einer oder in mehreren Umwindungen um die Nadel geführte stromdurchflossene Draht bildet eine Stromspule. Die Kraftströmung geht alsdann in der Axenrichtung durch das Spuleninnere (Fig. 9). Sie sucht die Magnetnadel in ihre Richtung zu stellen, während der Erdmagnetismus die Nadel im Meridian, also senkrecht zur Spulenaxe zu halten bestrebt ist. Zwischen der Stärke des durch den Draht gehenden Stromes und der Grösse des Winkels, um welchen die Nadel abgelenkt wird, besteht eine feste Beziehung, die als Mass für die Stromstärke benutzt werden kann. Es werden auf Grund dieser Thatsache Messinstrumente hergestellt, welche äusserst sicher und genau arbeiten, sie sind aber als Betriebsinstrumente nicht in Gebrauch.

c) Die Einwirkung eines durch den Strom erzeugten Kraftfeldes auf ein im Felde befindliches bewegliches Eisenstück oder auf eine stromdurchflossene Spule.

Zwei mit ungleichen Polen gegenübergestellte Magnetpole erzeugen das in Fig. 14 dargestellte Kraftfeld. Die Stärke dieses Feldes, d. h. die Stärke der von Pol zu Pol gehenden magnetischen Strömung hängt, wenn als Magnet Elektromagnete (S. 61) genommen werden, ab von den Amperewindungen, also bei gegebener Zahl der Windungen von der Stärke des durch die Windungen gehenden Stromes. Bringen wir nun in dieses Feld, und zwar im Mittelpunkt der Verbindungslinie beider Polenden, einen in der wagerechten Ebene frei beweglichen Eisenstab so an, dass er senkrecht zu der Richtung der Kraftströmung steht, so sucht ihn die Strömung solange zu drehen, bis er in der Richtung der Verbindungslinie der beiden Pole steht. In der schematischen Darstellung Fig. 110 ist *AB* der drehbare Eisenstab. In der Ruhelage steht er senkrecht zu der Axenlinie der Feldmagnete *NS*. Sobald der durch die Windungen der Feldmagnete gehende Strom die Eisenkerne erregt, sucht die magnetische Strömung den Eisenstab solange

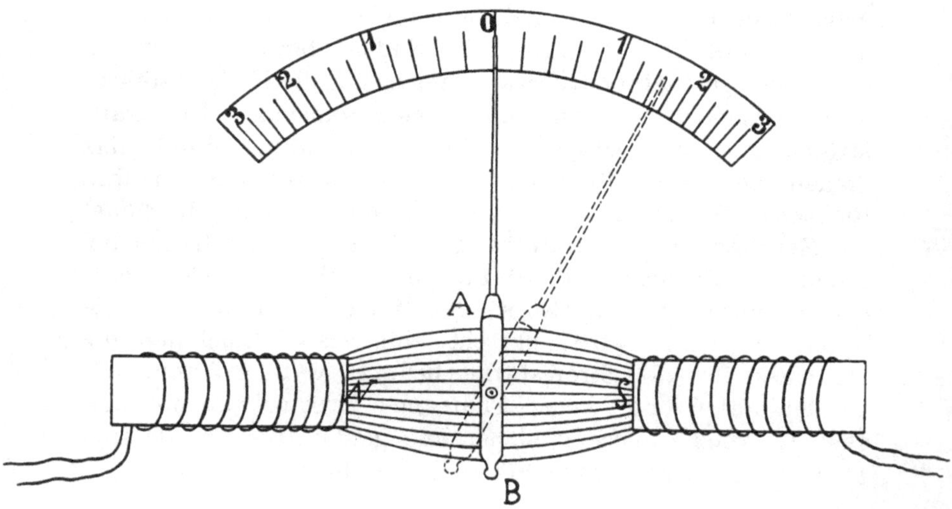

Fig. 110.

zu drehen, bis er das Maximum der Strömung aufnimmt, also bis er in der Axenrichtung von *NS* steht. Die Kraft, mit welcher diese Drehung erfolgt, hängt ab von der Stärke des Kraftfeldes, also auch von der Stärke des das Kraftfeld erzeugenden Stromes. Als Gegenwirkung, welche den Eisenstab in der Richtung senkrecht zu den Kraftlinien zu erhalten sucht, benutzt man die Kraft einer elastischen Feder oder die Schwerkraft, letztere etwa in der Weise, dass man die untere Hälfte des drehbaren Eisenstabes schwerer macht, als die obere. Die Drehung des Eisenstückes wird von seiner Drehungsaxe aus auf einen Zeiger übertragen, der auf einer Skala einspielt. Die Einteilung der Skala muss natürlich auf dem Wege des Vergleichs mit einem Normalinstrument ermittelt, also geaicht werden. Statt des Eisenstückes kann auch eine Spule genommen werden, die ebenfalls von dem zu messenden Strom durchflossen wird.

Die praktischen Ausführungsformen der auf diesem Grundgedanken beruhenden Instrumente sind ausserordentlich mannigfaltig.

d) Die Anziehung eines Eisenstückes durch eine stromdurchflossene Spule.

Eine stromdurchflossene Spule wirkt wie ein Magnet (S. 60). Hängt man über eine senkrecht gestellte Spule ein Eisenstäbchen, so wird es beim Durchgang des Stromes in die Höhlung der Spule hineingezogen. Bei gegebener Windungszahl der Spule hängt die Grösse des Zuges von der Stärke des Stromes ab. Als Gegenkraft, welche das Eisenstäbchen aus der Spule herauszubewegen sucht, benutzt man, wie unter c, den Zug einer Spiralfeder oder die Schwerkraft. Auch hier sind die praktischen Ausführungsformen der Instrumente sehr mannigfaltig. Eine derselben, welche allerdings nicht für den Betrieb passt, wohl aber als Demonstrationsinstrument für Lehrzwecke vorzüglich sich eignet, ist in Fig. 111 dargestellt. Der an einer Spiralfeder hängende Eisenstab ragt mit dem unteren Ende in die Oeffnung der Stromspule hinein und wird beim Stromdurchgang angezogen. Die Arbeitsweise des Instrumentes ist im übrigen ohne weiteres ersichtlich.

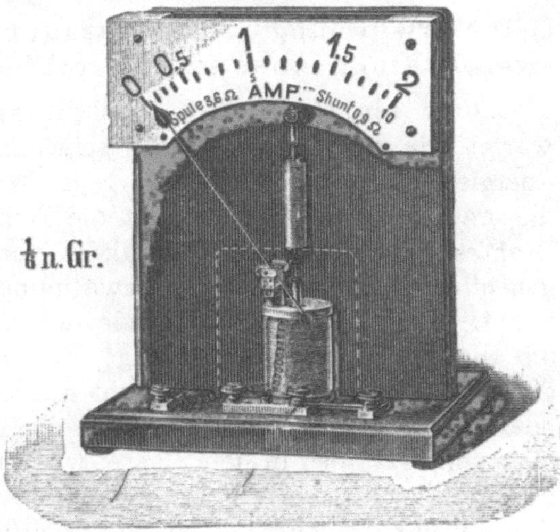

Fig. 111.

e) Die Einwirkung zweier stromdurchflossener Spulen aufeinander.

Bringt man im Innern einer festgelagerten Spule eine zweite frei drehbare an, und schickt man durch die Spulen einen Strom, so sucht sich die bewegliche Spule gleichaxig mit der festen zu stellen. Eine ständige Gegenkraft aber sucht sie senkrecht zu dieser Richtung zu erhalten. Bringt man zwei stromdurchflossene Spulen parallel über- oder untereinander an, so ziehen die Spulen sich an oder stossen sich ab, je nach der Richtung der durchgehenden Ströme. Beide Wirkungen werden zum Messen der Stärke des durch die Spulen gehenden Stromes benutzt.

f) Die Erwärmung und die darauf beruhende Längenveränderung eines stromdurchflossenen Drahtes.

Jeder von einem Strom durchflossene Draht wird erwärmt, da zur Ueberwindung seines Leitungswiderstandes Energie verbraucht wird. Bei gegebenem Widerstand steht die erzeugte Wärme und damit die Temperaturerhöhung des Drahtes in bestimmtem Verhältnis zur Stärke des durchgehenden Stromes. Bei der Erwärmung verlängert sich der Draht. Wird also das eine Ende des eingespannten Drahtes am Umfang einer Rolle befestigt, die ein Gewicht entgegengesetzt zu drehen sucht, so dreht sich die Rolle in der einen oder anderen Richtung, je nachdem der Draht sich verlängert oder verkürzt, also in dem Masse, wie die Stärke des Stromes im Draht sich ändert. Instrumente dieser Art heissen Hitzdrahtmesser; sie sind ausserordentlich einfach, bequem und sicher und werden in neuerer Zeit vorwiegend zu Messinstrumenten im Betriebe benutzt. Die Drehung der Rolle wird wieder auf einen Zeiger übertragen, der auf einer durch Versuch ermittelten Skala spielt.

Zum Messen starker und sehr starker Ströme ist es nicht oder nicht immer möglich, den zu messenden Strom in seiner ganzen Stärke durch das Messinstrument zu führen. Man bringt in solchen Fällen das Messinstrument im Nebenschluss in einer Zweigleitung parallel zu einem bestimmten und bekannten Widerstand an, so dass es einen bestimmten und bekannten Teil dieses Stromes misst. Durch einfache Rechnung ergiebt sich dann die Stärke des Hauptstromes. Es steht natürlich nichts im Wege, bei Zeigerinstrumenten, d. h. bei den im Betriebe benutzten Messinstrumenten, die Skala so zu aichen, dass man unmittelbar auf ihr die Stärke des Hauptstromes ablesen kann.

§ 52. Spannungsmesser für Gleichstrom.

Nach dem Ohmschen Gesetz (S. 42) hängt die Stärke des eine Leitung durchfliessenden Stromes ab von der treibenden Kraft, also von der Spannung, unter welcher der Strom steht, und von dem Widerstande, den die Leitung der Fortbewegung der Elektricität entgegensetzt. Wenn demnach in einer gegebenen Leitung, deren Widerstand also unveränderlich ist, die Stärke des durchfliessenden Stromes zu- oder abnimmt, so muss daraus geschlossen werden, dass die Spannung in gleichem Masse sich geändert hat. Demnach kann die Aenderung der Stromstärke als Mass für die Spannungsänderung benutzt, d. h. ein Strommesser kann gleichzeitig als Spannungsmesser gebraucht und entsprechend geaicht werden. Es ist damit ähnlich, wie mit dem Zusammenhang zwischen Spannung und Wärmegrad von gesättigtem Wasserdampf, also des Wasserdampfes im Dampfkessel. Mit dem Wärmegrad steigt die Spannung des Dampfes. Man könnte also mit einem Manometer auch die Temperatur und mit einem Thermometer auch die Spannung des Dampfes messen. Die Strommesser, welche auf den im § 51 angegebenen Wirkungen des Stromes beruhen, können deshalb auch als Spannungsmesser dienen, sie müssen nur eine entsprechend eingeteilte Skala haben. Im Betriebe benutzt man vorwiegend die Hitzdrahtinstrumente, oder diejenigen, in welchen die Messung auf der Anziehung bezw. Abstossung von weichem Eisen beruht.

Ein Beispiel eines Spannungsmessers ist aus dem in Fig. 112 dargestellten Demonstrationsinstrument ersichtlich. Der Apparat gleicht genau dem in Fig. 111 dargestellten Strommesser, besitzt aber eine Stromspule mit vielen Windungen dünnen Drahtes. Diese besitzt einen verhältnismässig grossen Leitungswiderstand, und es gehört eine entsprechend grosse elektromotorische Kraft dazu, soviel Strom durch die Spule zu pressen, dass der Eisenstab in die Spulenöffnung gezogen werden kann. Die als Spannungsmesser benutzten Instrumente besitzen allgemein Stromkreise von grossem Widerstand, also Spulen mit vielen Windungen feinen Drahtes.

§ 53. Strom- und Spannungsmesser für Wechselstrom.

Wechselströme bestehen aus einzelnen Stromstössen, die abwechselnd in entgegengesetzter Richtung erfolgen. Bei jedem Stoss steigen Spannung und Stromstärke von Null zu einem höchsten Werte an und fallen von da wieder bis zu Null ab. Der Verlauf ist bildlich in Fig. 37 dargestellt. Spannung und Stromstärke ändern sich somit stetig, weshalb man nicht ohne weiteres von der Spannung und der Stärke eines Wechselstromes reden kann.

Diese Eigentümlichkeiten eines Wechselstromes und ferner die S. 127 besprochene Phasenverschiebung zwischen Stromstärke und Spannung nötigen, beim Messen eines Wechselstromes bezüglich der Bedeutung der erhaltenen Ergebnisse gewisse Vorbehalte zu machen.

Senden wir Wechselstrom durch einen Leitungsdraht, so erzeugt er in ihm Wärme, genau wie ein Gleichstrom, denn die Wärmeerzeugung durch strömende Elektricität ist von der Stromrichtung unabhängig. Darauf beruht es ja, dass elektrische Glühlampen und Heizapparate ebensowohl mit Wechselstrom als mit Gleichstrom arbeiten können. Denken wir uns nun, dass wir etwa eine Minute lang einen gegebenen Wechselstrom durch einen Leiter geschickt und die dadurch erzeugte Wärme auf irgend eine Art genau bestimmt haben. Es ist klar, dass wir dieselbe Wärmemenge in dem Leiter in derselben Zeit auch durch einen Gleichstrom erzeugen können, und wir können ferner durch Rechnung genau ermitteln, welche Stärke der Gleichstrom haben muss, um diese Wärme hervorzubringen. Die Stromstärke nun, welche ein Gleichstrom haben müsste, um während einer bestimmten Zeitdauer in einem Leiter dieselbe Wärme zu erzeugen, wie sie der Wechselstrom wirklich erzeugt, nennt man die effektive Stärke des Wechselstromes. Wenn wir also von der Stärke eines Wechselstromes sprechen, so verstehen wir darunter stillschweigend eine gewisse mittlere

Stärke, wie sie ein Gleichstrom haben müsste, der dasselbe leistet, wie der Wechselstrom.

Bezüglich der Spannung eines Wechselstromes liegt die Sache ähnlich. Auch hier verstehen wir unter der am Messinstrument abgelesenen Spannung eine bestimmte mittlere Spannung. Für die Wartung elektrischer Anlagen, die mit Wechselstrom gespeist werden, ist es aber von Wichtigkeit zu berücksichtigen, dass die Spannung, welche der Strom annimmt, und welche dementsprechend die Isolierung der Leitung auszuhalten hat, bis zu weit höheren Werten ansteigt, als sie am Messinstrument verzeichnet werden. Verzeichnet beispielsweise das Instrument 1000 Volt mittlere Spannung, so steigt die Spannung in Wirklichkeit bis zu 1400 Volt an und höher.

$\frac{1}{6}$ n. Gr.

Fig. 112.

Am besten geeignet für Betriebsmessungen bei Wechselstromanlagen sind die Hitzdraht-Strom- und Spannungsmesser. In ihrer Einrichtung und Wirkungsweise stimmen sie mit den gleichnamigen Instrumenten für Gleichstrom überein. Sie sind unabhängig von der Periodenzahl des Stromes und von dem Verlauf von Stromstärke und Spannung während einer Periode. Sie kommen deshalb auch mehr und mehr zur Verwendung. Andere für Wechselstrom benutzte Strom- und Spannungsmesser beruhen auf der Anziehung bezw. Abstossung von weichem Eisen oder auf der Drehwirkung, welche eine feste Spule auf eine in ihr drehbar gelagerte ausübt (§ 51 e), wenn beide Spulen vom Strom durchflossen werden. Da bei jedem Stromstoss die Stromrichtung an beiden Spulen sich umkehrt, so bleibt die Drehwirkung dieselbe, d. h. die bewegliche Spule wird immer im selben Sinne gedreht. Diese Instrumente unterliegen jedoch der Einwirkung der Selbstinduktion, also insbesondere der

Frequenz des Wechselstromes. Man kann deshalb für Gleichstrom bestimmte Instrumente nicht ohne weiteres für Wechselstrom benutzen, muss sie vielmehr hierzu besonders aichen.

Messinstrumente, welche auf der Ablenkung der Magnetnadel und die, welche auf der Zersetzung chemischer Verbindungen durch den Gleichstrom beruhen, sind für Wechselstrom nicht verwendbar. Eine Ausnahme macht allerdings das Knallgasvoltameter (Fig. 109). Da bei ihm an der einen Elektrode Wasserstoffgas, an der anderen Sauerstoffgas entwickelt wird, die Gase vereint aufgefangen werden, auch keine weiteren chemischen Umsetzungen bewirken, so ist es gleichgiltig, welche Elektrode als Anode bezw. als Kathode dient. Die beiden Elektroden können also jederzeit und beliebig oft ihre Rolle vertauschen, d. h. man kann auch einen Wechselstrom zu der Zersetzung des Elektrolyten benutzen.

§ 54. Energiemesser und Energieverbrauchsmesser.

Die Grösse der von strömender Elektricität transportierten Energie ist bei einem Gleichstrom sehr leicht zu bestimmen; sie ist stets das Produkt aus Stromstärke und Spannung, wird also erhalten, indem man die vom Strommesser angezeigte Zahl der Ampere mit der vom Spannungsmesser angezeigten Zahl der Volt multipliziert. Ein Strom von 10 Ampere mit einer Spannung von 110 Volt besitzt eine Energie von $10 \times 110 = 1100$ Watt. Für Wechselstrom berechnet sich die Grösse der Energie in gleicher Weise aus der effektiven Stromstärke und aus der effektiven Spannung, wie sie am Strom- und Spannungsmesser abgelesen werden, sofern keine Phasenverschiebung zwischen Stromstärke und Spannung vorhanden ist. Besteht eine solche, so muss man bei der Berechnung den Phasenfaktor (S. 128) berücksichtigen. Es giebt Instrumente, sogenannte Wattmeter, welche die Grösse der Energie direkt messen, sie finden aber im Betriebe keine Verwendung.

Hervorragend wichtig aber sind, namentlich wenn es sich um die Verteilung elektrischer Energie durch eine Centrale an eine Anzahl von Abnehmern handelt, die Verbrauchsmesser. Sie sollen angeben, welche Energiemenge ein Abnehmer während einer gewissen Zeit verbraucht hat. Man nennt sie auch Wattstundenzähler.

Eines der ältesten hierhin gehörigen Instrumente ist der Wattstundenzähler von Aron. Er enthält zwei gleiche gewöhnliche Uhrwerke mit gleich langen Pendeln. Eines der Pendel trägt unten eine Spule, und unter ihm befindet sich fest gelagert eine zweite Spule. Durch die letztere geht der Hauptstrom, die Spule am Pendel liegt im Nebenschluss, also parallel. Geht kein Strom durch die Spulen, so ist die Schwingungsdauer der beiden Pendel dieselbe. Werden aber die Spulen vom Strom durchflossen, so ziehen sich die Spulen an, und das spulentragende Pendel schwingt infolgedessen schneller. Der Gangunterschied der beiden Uhrwerke wird durch ein drittes Uhrwerk auf ein Zählwerk übertragen. Die am Pendel befestigte Nebenschlussspule enthält viele Windungen dünnen Drahtes, bietet also grossen Leitungswiderstand. Sie berücksichtigt also aus denselben Gründen die elektromotorische Kraft des zu messenden Stromes, wie die vorhin erklärten Spannungsmesser, die in ihrer Einrichtung mit den Strommessern übereinstimmen. Wird die Stromspule am Pendel durch einen Eisenstab ersetzt, so erfolgt die Anziehung dieses Eisens und damit die Gangbeschleunigung des Pendels nur von der Hauptstromspule aus. Es kommt also dann nur die Stärke des zu messenden Stromes zur Wirkung, und in dieser Form ist das Instrument ein Strommesser. Der mit Haupt- und Nebenspule ausgestattete Apparat dient sowohl für Gleichstrom, wie für Wechselstrom, da bei den entgegengesetzten Stromstössen der Strom in beiden Spulen seine Richtung umkehrt, die Anziehung also dieselbe bleibt.

Die zweite neuere Art der Wattstundenzähler besteht aus kleinen Elektromotoren. Das magnetische Kraftfeld wird von dem Hauptstrom gebildet, die Ankerwicklung liegt im Nebenschluss. Der Nebenschluss besteht aus einer Spule mit vielen Windungen aus dünnem Draht. Es kommt also bei ihr, wie bei der im Nebenschluss liegenden Pendelspule des vorhin besprochenen Aronschen Wattstundenzählers, die elektromotorische Kraft des Stromes in Frage, welche beim Durchpressen von Elektricität durch die Spule den grossen Leitungswiderstand zu überwinden hat. Somit hängt die

Geschwindigkeit, mit welcher der Anker umläuft, sowohl von der Stärke des zu messenden Stromes ab, als auch von seiner Spannung. Die Stromstärke bestimmt die Stärke des magnetischen Feldes für den Motor, die Spannung die Stromstärke in der Ankerwicklung. Von beiden Faktoren hängt die Leistung eines Elektromotors ab (S. 207). Um den Gang des Ankers gleichmässig zu erhalten, wird der Anker gebremst. Zu dem Zwecke trägt die Ankeraxe auf ihrer Verlängerung eine dünne Scheibe aus Kupfer oder Aluminium,

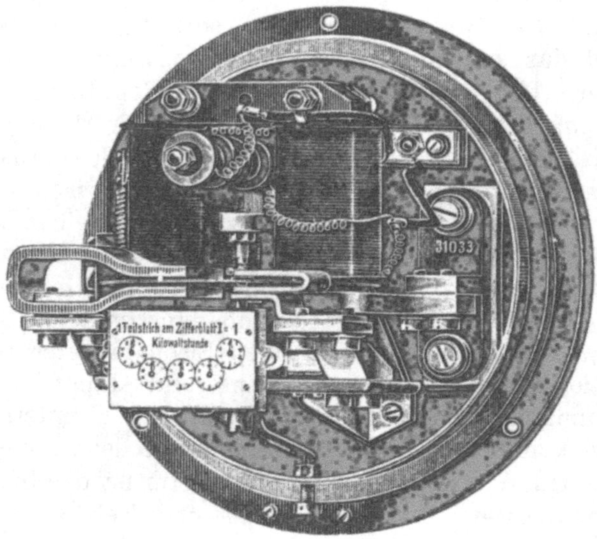

Fig. 113.

welche sich zwischen Stahlmagneten oder Elektromagneten bewegt. Die durch ihre Bewegung im magnetischen Feld hervorgerufenen Wirbelströme hemmen die Scheibe. Die Umdrehungen des Ankers werden in üblicher Weise auf ein Zählwerk übertragen.

Als Wattstundenzähler für Wechselstrom benutzt man asynchrone Motoren (S. 214), also Motoren, deren Anker unter Einfluss eines Drehfeldes umläuft. Bei mehrphasigem Wechselstrom arbeitet dieser Apparat wie jeder asynchrone Motor ohne weiteres, bei einphasigem Strom wird, um ein Drehfeld zu erzeugen, in den Nebenschluss des Stromes eine Drosselspule eingeschaltet (S. 220), welche eine Phasenverschiebung zwischen Haupt- und Nebenstrom hervorruft. Die Bremsscheibe ist, wie üblich, vorhanden.

Ein Motorzähler für einphasigen Wechselstrom von Schuckert in Nürnberg, ist in Fig. 113 dargestellt. Der Anker besteht aus einer Metallscheibe; unter ihr liegt die Hauptstromspule, über ihr befinden sich, von einem T-förmigen Träger gehalten, Hufeisenmagnete, auf welche die Nebenschlusswicklungen aufgeschoben werden. Das Hufeisen mit grossem Eisenquerschnitt erhält eine sehr grosse, das andere eine kleine Windungszahl. Das Haupthufeisen ist unmittelbar, das Hilfshufeisen unter Vorschalten eines induktionsfreien Widerstandes an die Betriebsspannung angeschlossen. Infolgedessen entsteht in dem Haupthufeisen ein Kraftfeld mit grosser und im Hilfshufeisen ein solches mit geringer Phasenverschiebung gegen die Betriebsspannung. Das Kraftfeld der Hauptstromspule und diejenigen der beiden Nebenspulen erzeugen Drehfelder, welche die Scheibe in Bewegung setzen Die Scheibe bewegt sich vor den Polen eines Stahlmagneten und wird dadurch gebremst.

Alphabetisches Sachregister.

(Die Zahlen bezeichnen die Seiten.)

RICHARD HAHN (H. OTTO), LEIPZIG